给所有人的 Python(第 4 版)

[日]柴田 淳　编著
汤怡雪　李冉亭　译

北京航空航天大学出版社

内容简介

本书由浅入深地从软件安装环境到基础语法与应用来讲解面向对象脚本语言 Python。本书共 13 章，主要讲解 Python 的语法以及 Python 的相关应用，最后还比较了 Python 2 与 Python 3 之间的差别，以供读者参考。

本书既可作为 Python 开发入门者的自学用书，也可作为高等院校相关专业的教学参考书。

图书在版编目(CIP)数据

给所有人的 Python / (日) 柴田 · 淳编著 ; 汤怡雪，李冉亭译. -- 4 版. -- 北京 : 北京航空航天大学出版社，2019.5

ISBN 978-7-5124-2989-5

Ⅰ. ①给… Ⅱ. ①柴… ②汤… ③李… Ⅲ. ①软件工具—程序设计 Ⅳ. ①TP311.561

中国版本图书馆 CIP 数据核字(2019)第 069442 号

给所有人的 Python(第 4 版)

[日] 柴田 淳 编著

汤怡雪 李冉亭 译

责任编辑 孙兴芳

*

北京航空航天大学出版社出版发行

北京市海淀区学院路 37 号(邮编 100191) http://www.buaapress.com.cn

发行部电话：(010)82317024 传真：(010)82328026

读者信箱：emsbook@buaacm.com.cn 邮购电话：(010)82316936

三河市华骏印务包装有限公司印装 各地书店经销

*

开本：710×1 000 1/16 印张：21.75 字数：464 千字

2019 年 7 月第 4 版 2019 年 7 月第 1 次印刷 印数：3 000 册

ISBN 978-7-5124-2989-5 定价：69.00 元

北京市版权局著作权合同登记号 图字:01-2018-3865

前　言

本书是面向对象脚本语言 Python 的入门书。Python 是一种在美国、欧洲、包括日本在内的亚洲各国广为使用的一种程序设计语言。Python 不仅简洁易懂，而且是一种可以在比较严谨的程序设计中使用的语言。近年来，在以机器学习与深度学习(deep learning)为代表的人工智能基础领域，或是数据科学(datascience)领域中，Python 也作为一种常用的程序设计语言而被大家所关注。例如，Google(谷歌)、Microsoft(微软)等知名企业都在使用 Python。

本书是第 4 版修订版，从问世以来，已经过了 10 年。

第 1 版出版是在 2006 年，当时正是一种新的 Web 萌芽与脚本语言都广受关注的时代。在欧美国家，知名的 Web 服务在开发时使用 Python 的事例很多。但是在日本，Python 还没有很高的知名度。那时作为第一本 Python 日语书，第 1 版主要是将 Python 的优点广泛传达给了日本社会。

第 2 版出版时，正处于"云"概念被广泛接受的时代。以虚拟机监视器 Xen、Google 的云服务(cloud service)AppEngine 为代表，在云领域中，Python 也受到了广泛关注。

在第 3 版中，以几年前发布的 Python 3 为中心，大规模地修改了第 2 版。以 Linux 的包管理为代表，Python 作为基础被继续使用。在第 3 版中，对革新后的新 Python 进行了介绍。Python 3 提高了一惯性，可以更安心、更长久地使用。

接下来是第 4 版。第 4 版增加了有关近年来广受关注的数据科学与机器学习的章节。另外，近来不以软件开发为专业的，也就是"非工程师"使用 Python 的情况渐渐增多。考虑到这一点，本版将基础讲解部分大篇幅改写得更加易读易懂。

回首这 10 年，我认为 Python 是时常引导时代的先驱者。从 Web 开始，云以及数据科学、人工智能等，Python 总是开启新技术的起点。介绍这样优秀的 Python，是本书最大的使命。

最后，要对审查本书的岩井雅治、太田芳行、奥野慎吾、kabihiko、木村明治、乡田 mariko、樱井骏、铃木润、高田美纪、高野隆一、中村让、minakawamisaki、通口千洋、福岛真太郎、松泽太郎(50 音顺序)，以及本书的编辑、参与本书出版工作的所有工作人员表达最真挚的谢意。

同时也希望，通过本书，能有更多的人喜爱 Python，喜爱 indent。

写给最深爱的妻子、儿子、女儿和狗狗，同时也写给 10 年后的自己

2016 年 11 月吉日

目　　录

第 1 章

程序设计语言 Python

本章将简单讲解程序设计语言 Python 的特征、魅力等，另外还会介绍 Python 的安装方法、学习时所使用环境的构造方法、创建简单的 Python 程序以及运行的方法。

1.1 Python 的魅力

Python 是一种面向对象的计算机程序设计语言，容易上手，在正式的程序开发中也可以使用。Python 可以运用在各个领域的程序设计中，是一种非常有吸引力的程序设计语言。Python 所使用的领域如图 1.1 所示。

Python 是一种容易记忆的程序设计语言。以 MIT（麻省理工学院）为代表的很多大学，都在程序设计的入门教材中采用了 Python。在日本也一样，教授 Python 的大学数量颇多。作为程序设计的入门语言，Python 在许多方面都得到了充分运用。

Python 的另一大魅力在于，它可以用于一些正式的程序开发。例如，以 Google、Microsoft、Cisco Systems 为代表的众多知名企业也都在使用 Python。无论是在科学领域还是在数据科学领域，Python 都被广泛运用着。机器学习和深度学习给近年来被大家所关注的人工智能提供着强有力的技术支持，在机器学习和深度学习领域中，Python 是最常被使用的程序设计语言。例如，在驱动 Softbank（软银）的机器人“Pepper”的人工智能中，Python 就功不可没。更有趣的是，在被称作“物物相连的互联网”的“IoT”所使用的超小型计算机里，也可以使用 Python。

为什么 Python 在如此多的领域里都广受好评？在具体学习 Python 之前，先为大家介绍一下 Python 深受大家喜爱的原因。

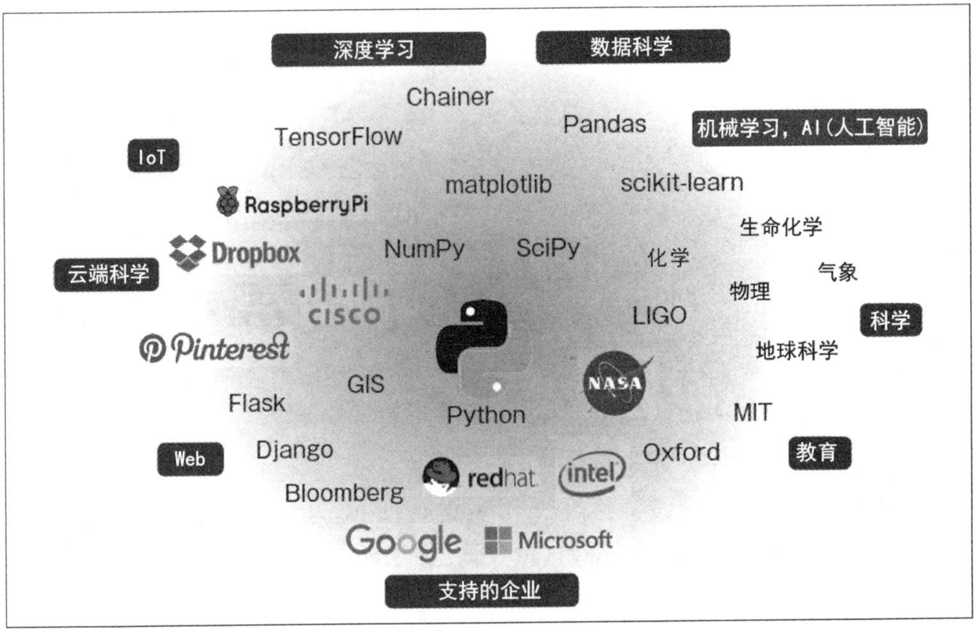

图 1.1　Python 所使用的领域

1.1.1　Python 很容易记忆

Python 活跃在大学等程序设计语言教育的最前线，它之所以被选择的原因有许多，其中最重要的原因就是它简洁明了的设计。

程序是遵循既定的规则进行编写的，而 Python 中的规则却很少，规则越少，在记忆时花费的时间就会相应减少，即刻就可以开始程序的编写。Python 之所以被选为面向程序设计初学者的语言，也正是这个原因。

那么，Python 究竟有多简洁呢？为了观察 Python 这一程序设计语言的简洁程度，这里对几种程序设计语言中保留字的数量进行比较，如表 1.1 所列。

注意：保留字，是程序设计语言所特有的单词列表。if、for 等是在程序的基本功能中使用的单词，它们作为保留字被添加在其中，但不能像变量名称或函数名称那样，作为定义在程序中的标识符使用。规则越复杂的语言，就拥有越多的保留字。

表 1.1　程序设计语言的保留字数量

语　言	保留字数量
Python 3.3	33
Ruby 2.3	41
Perl 5.22	约 220
Java 8	50
PHP 5.6	63
JavaScript (ECMAScript 5.1)	42

观察表 1.1 可以发现，Python 的保留字是最少的，甚至比 Ruby、JavaScript 程序设计语言的还要少。

除了保留字数量少以外，Python 在设计初期就被赋予了相似功能不重复出现这样一个理念。也就是说，想要执行某个处理动作，一般情况下只需记住一种方法即可。正是因为有这样的设计理念，使得 Python 成为简洁又容易记忆的程序设计语言。

从前，程序设计语言是只有软件专家才使用的工具，但是近来很多非软件开发专业的人士也遇到了需要设计程序的情况。无论是学生、科学家，还是处理大批量商务数据的数据科学家等，各个领域的人士编写程序的机会都在增加。Python 就是这样一种不论是软件专家还是非专业人士都可以使用的程序语言。

1.1.2　Python 很容易使用

Python 的魅力还在于，它可以在各个领域得到广泛使用。

2016 年 2 月，全美科学财团与国际研究小组在世界上首次检测出重力波，如图 1.2 所示。他们使用一个叫 LIGO 的特殊望远镜，观测到由两个黑洞所创造出的宇宙空间倾斜。那时，在处理庞大的数据分析中大显身手的正是 Python。研究小组

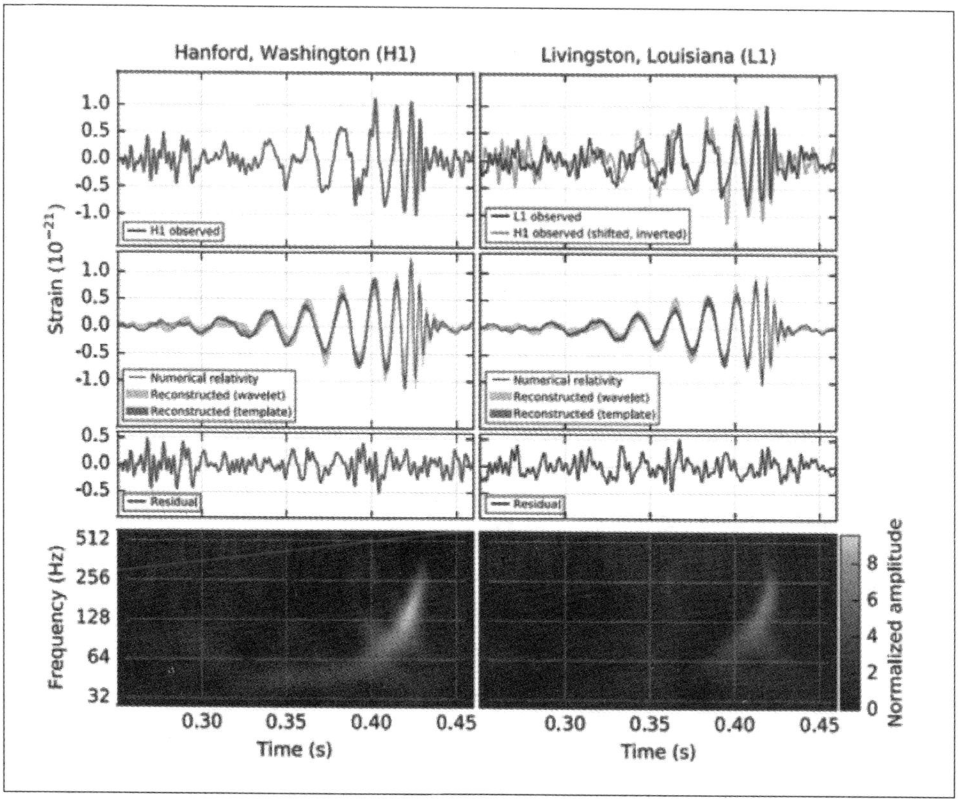

图 1.2　使用 Python 创建的检测出重力波的画面

不仅在分析中使用了 Python,在测量器械的控制、数据管理这样的广泛领域中也用到了 Python。研究者只需记住 Python,就可以将许多工作自动化,而节约出来的时间就可以用于其他的工作了。这些是 Python 在科学领域中立下的真实功劳。

研究者、数据科学家之所以如此喜欢用 Python,除了容易记忆之外,还有一些其他理由,例如科学技术计算、统计数据处理的库(扩展 Python 功能的零件)非常丰富。因为可以使用提前准备好的零件,所以在更短的时间内可以开发出所需的软件。

在最近备受关注的人工智能领域中,广泛使用了科学技术计算和统计处理的方法。越来越多的人使用日益壮大的 Python 的库作为基础,进行机器学习和深度学习。另外,在 Python 中,不仅有数据处理,而且有语言分析、图像处理、与数据库的合作等,可以使用跨多领域的库。正是因为 Python 作为语言易于处理且拥有丰富的关联库,所以其深受使用者的欢迎。

此外,Python 也在以 Google、Microsoft 为代表的知名 IT 企业中广泛使用,在这些企业里,软件专家使用 Python 进行高级系统的开发。例如,Google 的视频服务 YouTube,至今依然在高频端与 API 中使用着 Python;照片共享服务 Pinterest,也因积极使用 Python 而闻名;文件共享服务 Dropbox,不仅拥有网页客户端,而且在 Windows 和 macOS(macOS X)还可以使用它的应用程序进行操作,而这些系统中使用的 Dropbox 的应用程序也是 Python 开发的。

同样,Python 之所以在知名 IT 企业中广泛使用,也是因为 Python 的库非常丰富。Python 中集合了所有类型的库,将 Python 与库组合起来可以在更短的时间内开发出自己想要的软件。其中,很多库都可以免费使用,这也是 Python 的魅力所在。

1.1.3 Python 有广阔的前景

1989 年,荷兰人 Guido van Rossum 在圣诞节假期中便开始了开发工作,随后 Python 就诞生了。之后,面向公众公开的 Python 瞬间引来了许多开发者的关注。从那之后,2000 年第 2 版 Python 问世,2008 年第 3 版 Python 问世,Python 自身不断地进行着版本升级,且不断地扩大着可以使用的领域。时至今日,Python 已是一种被连续使用 20 年以上,有着历史渊源的程序设计语言了。

Python 能被这样长时间使用,是不无理由的。用 Python 编写的程序,都可以长时间使用,这是因为 Python 在进行版本升级时,都考虑到让旧功能尽量地可以照常使用。

程序设计语言在增加新功能时,可能会出现旧功能不能使用的情况。那么,在版本更新时,包含已经不能使用的旧功能的程序会怎么样呢?答案是:如果不手动修改,那么这个程序便不能正常运行。大家应该也遇到过将计算机或者手机操作系统更新后,应用程序不能正常使用的情况吧。同样,程序设计中也会出现相同的情况。

但是，功能更新并不是一件百利而无一害的事。

当增加新功能时，保持旧功能的照常使用被称为程序间的兼容。Python 在进行版本升级时，最大限度地考虑了程序兼容。因此，用 Python 编写的程序可以被长期使用下去。

Python 的简洁性，在编写可以长期使用的程序中，也功不可没。Python 将制作循环、条件分支等程序设计语言的基本功能做得很简洁，因此，无论是谁进行创建，都可以做出相似的程序。另外，Python 把块（在特定条件下执行的程序的总和）的结构用缩进来表现。所以，从视觉上，程序的结构变得显而易见。使用 Python，很自然地就可以创造出内容通俗易懂的程序。

程序的易读程度称为可读性，使用 Python 可以编写出可读性高的程序。比如在读取别人编写的程序，或者是自己编写的程序（可能经过一段时间后内容已经被遗忘）时，在可读性高的程序中，就可以很容易地理解程序处理的内容。程序的内容越容易理解，在此之后要进行功能添加或者程序修改也越简单。这样一来，编写过一次的程序只要不断地修改升级便可以长期使用了。

原本 Python 仅是作为 Guido 先生的兴趣而创造出来的，现在以 PSF（Python Software Foundation）为核心的团队正在进行 Python 的开发工作，PSF 担任将制作 Python 的开发者们集合在一起的任务。

Python 被称为开放源代码类型的软件，任何人都可以无偿使用，并且它不用于销售。因此，通过 Python 自身是无法获得资金的。虽然 Python 的开发者们几乎都是在无偿工作，但是在程序语言的开发过程中，除了开发工作本身之外，还有许多需要资金的地方，所以采取募集资金的形式来维持软件开发所需要的成本。因此，PSF 向使用 Python 的企业募集资金，并且负责管理资金，将其用于服务器运营，源代码管理，举办推广、交流等活动。

虽然 Python 是一款免费的软件，但这并不意味着它的品质不如付费软件。在软件开发方式上，与付费软件相比，Python 有过之而无不及的体制。PSF 这个中立的组织有 Google、Microsoft 等知名 IT 企业做强力后盾，承担着 Python 的开发和产品宣传活动。由此可以看出，Python 有着广阔的发展前景。

综上所述，Python 是一款简洁好记的，在众多领域受到初学者、科学家、专家喜爱的，一经编写便可长期使用的，身后有知名 IT 企业做强力后盾的程序设计语言。

MIT（麻省理工学院）讲授 Python 的理由

MIT 汇集了世界各界精英，在美国是屈指可数的知名学府。此外，MIT 也因在程序设计教育中讲授 Python 而闻名。

MIT 的计算机专业在编程教学中曾经使用的是 SICP（计算机程序的构造和解释）这一教材，其中，SICP 是一本关于计算机程序设计的总体性观念的基础教科书。但是近年来，教学相关人员认为 SICP 的教学可能已经落后于现代社会的发展了。

因此,2000 年以后,MIT 用 Python 的教材取代了 SICP。其理由为,当今程序设计模式并不是直接操作计算机,而是将现有的各种零碎化指令整合,做出自己想要的程序。Python 拥有丰富的库,并且便于记忆,可以说与当今需要的程序设计模式相吻合。

本节主要讲述了 Python 在各个领域被广泛使用且被喜爱的理由,即使是汇集世界各界精英的大学,也是因为这些理由在使用 Python。

1.2 Python(Anaconda)的下载和安装

接下来,把 Python 安装好,试着操作使用一下吧!Python 在装有 Windows、macOS(macOS X)、Linux 等系统的计算机中都可以免费下载使用,安装也十分简单。将安装程序下载以后,只需单击几次就可以完成了。

一般情况下所说的 Python,指的是从 Python 网站(https://python.org)上下载的软件,本书中将其称为本家版 Python。除了本家版以外,还有根据特殊的使用目的增加了一部分功能的 Python。本书中使用的是名为 Anaconda 的、功能强化版本的 Python。包括本家版 Python 在内,根据用途量身打造的 Python 被称作发行版 Python,其中,Anaconda 也是发行版 Python 的一种。

1.2.1 什么是 Anaconda

Anaconda 在标准 Python 中加入了在数值运算、数据科学、机器学习等中经常使用的功能,是一种特别版的 Python。与 Python 相同,它的名字取自南非的一种蟒蛇,听上去是不是有些毛骨悚然?据说是因为 Anaconda 的功能比 Python 更强大,所以把它命名为更凶猛的蟒蛇。Anaconda 的网站如图 1.3 所示。

图 1.3 Anaconda 的网站

使用 Anaconda，可以更轻松地执行在数据的高速运算、统计处理、数据科学中常出现的功能，以及执行机器学习。Anaconda 中已经事先安装了本家版 Python 中没有的功能（库），因此，只需要安装 Anaconda 就可以直接使用那些便捷的功能了。另外，Anaconda 还包含了绘图那样的数据可视化功能。

1.2.2　必要的学习环境

在 Python 的众多版本中，本书主要以版本 3 的功能为中心进行学习。其中一个原因是版本 3 是最新版本的 Python，而更重要的原因是学习版本 3 是现在学习 Python 最好的方法。

实际上，在 Python 在版本 2 向版本 3 升级的过程中，为了简化程序语言，增加并改动了许多功能，这导致版本之间的兼容性出现了问题。因此，用 Python 2 编写的某些程序无法用 Python 3 运行，同样，用 Python 3 编写的程序也会出现用 Python 2 无法运行的情况。

在编写本书之际，之前的 Python 2 确实仍然可以使用。究竟应该学习 Python 2 还是 Python 3，这着实是一个恼人的问题。直到有消息称，数年之后 Python 2 的维护工作将会终止，这就意味着使用 Python 2 编写的程序，为了能在 Python 3 中运行，必须在这数年之内完成相应版本的更新。

因此，即使是有时需要使用 Python 2 编写程序的读者，也最好在了解 Python 3 的功能之后，再学习 Python 2 与 Python 3 的不同。这样可以编写出容易向 Python 3 升级的程序，也可以说是为数年后的 Python 2 维护终止而提前做准备。

本书第 13 章介绍 Python 2 的相关内容，主要以与 Python 3 相比较的形式来讲解 Python 2 的功能。使用 Python 2 的读者可以阅读第 13 章内容，这样就可以掌握并兼顾 Python 2 和 Python 3 的使用方法了。

另外，本书所涉及的程序均是以使用 Anaconda 运行为前提而编写的。正如前面提到的那样，所谓 Anaconda，是可以一次性安装 Python 本身和常用的 Python 包的一种特殊 Python。

Anaconda 中汇集了在 Python 中使用数据科学、机器学习、在第 3 代 AI（人工智能）开发中功不可没的深度学习所需要的功能。另外，若使用 Jupyter Notebook 功能，则可以使用 Web 浏览器操作 Python 或是可以简单地显示出图表。

在 Anaconda 中，拥有安装新库的 conda 功能。使用 conda 有一个很大的好处，就是可以轻松地安装在本家版 Python 中难以安装的附加库。

Anaconda 中装载的很多功能都是由原本使用 Python 的研究者们不断开发出来的。近年，数据科学家、AI 研究人员等，灵活应用 Anaconda、Jupyter Notebook，将 Python 的使用范围不断扩大。可以说，Anaconda 是超越本家版 Python 的新一代 Python。因此，本着将 Anaconda 的优越操作环境介绍给更多 Python 爱好者的初衷，本书选择了以 Anaconda 为中心进行讲解。

虽然 Anaconda 与本家版 Python 相比所占空间较大,安装时所需的内存空间也很大,但是,它的使用价值确实不容小觑。Anaconda 是一个非常完美的发行版 Python,希望大家可以通过这个机会安装并使用。

不过,或许会有一部分读者由于以下原因并不想要安装 Anaconda。

➢ 已经下载了 Python,不想破坏现有的使用环境;

➢ 计算机的内存不足,或者不想占用太多内存;

➢ 想要通过智能手机、平板电脑进行 Python 的学习。

针对具有以上情况的读者,希望可以尝试使用稍后将要介绍的名叫 tmpnb 的服务。若使用 tmpnb,则可以通过 Web 浏览器使用 Anaconda 中的很多功能。也就是说,只要有 tmpnb 和网络,即使没有安装 Anaconda,也可以通过执行本书所介绍的程序来学习 Python。

接下来,给大家讲解一下安装 Anaconda 的方法,关于本家版 Python 的安装方法将放到本节的最后进行介绍。

1.2.3 在 Windows 系统中安装 Anaconda

在 Windows 系统中安装 Anaconda 时,使用 Web 浏览器,在网站 https://www.continuum.io/downloads 中下载安装程序进行安装,如图 1.4 所示。

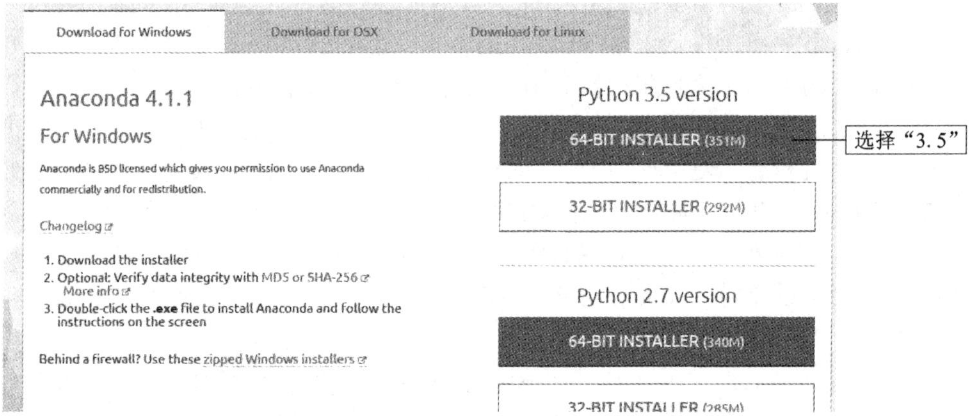

图 1.4 Windows 版 Anaconda 的下载页面

在图 1.4 中的 Download for Windows(Windows 系统下载用)选项卡中可以下载“Python 3.5 version”(Python 3.5 版本)的安装程序。是选择 64 位版本还是 32 位版本,需配合读者自己所使用的环境。

安装程序下载完成后就可以安装了。单击几次 Next 按钮即可完成安装。在此过程中,会有是否通过管理员权限(Adiministrator)进行安装的问题,此时不要去理会该问题,直接使用用户权限进行安装即可。

Windows 版的 Anaconda 安装程序如图 1.5 所示。安装 Anaconda 之后,会自动

调节环境变量等，可以从命令提示符启动 Anaconda 的 Python。

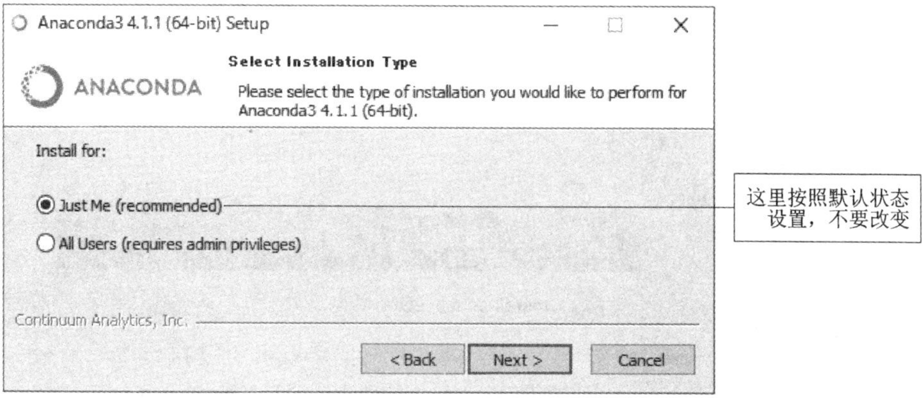

图 1.5　Windows 版的 Anaconda 安装程序

1.2.4　在 macOS(OS X)系统中安装 Anaconda

也有给 macOS 系统使用的 Anaconda 的安装程序。与 Windows 系统一样，安装程序在网站 https://www.continuum.io/downloads 中，请使用网页浏览器进行下载，如图 1.6 所示。

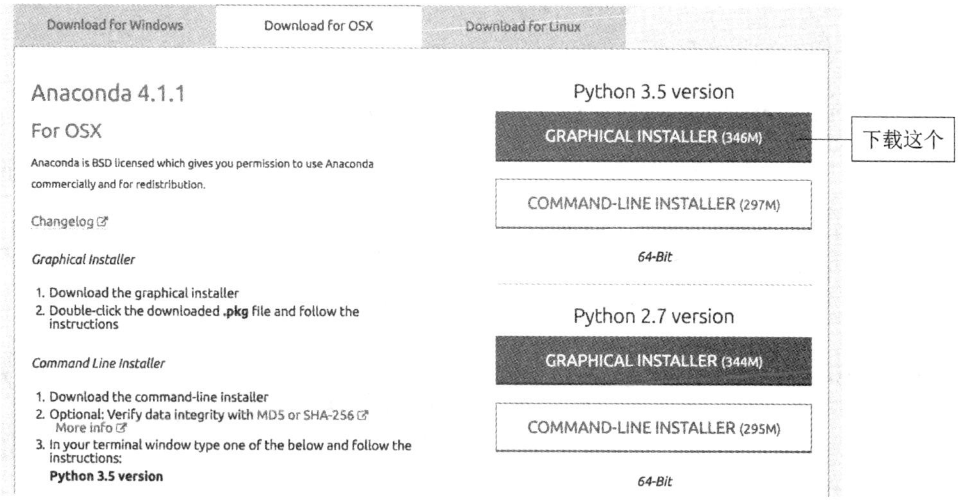

图 1.6　macOS 版 Anaconda 的下载页面

在图 1.6 中的 Download for OSX(OS X 系统下载用)选项卡中可以下载“Python 3.5 version”(Python 3.5 版本)中的“GRAPHICAL INSTALLER(346M)”。下载完以后，即可进行安装。单击几次 Next 按钮即可完成安装。在此期间，会出现选择安装位置的界面，这里不需要特别的操作，选择“Install for me only”即可，如图 1.7 所示。

安装完成后，环境变量会发生改变，可以从 shell 执行。安装结束以后，请从终端

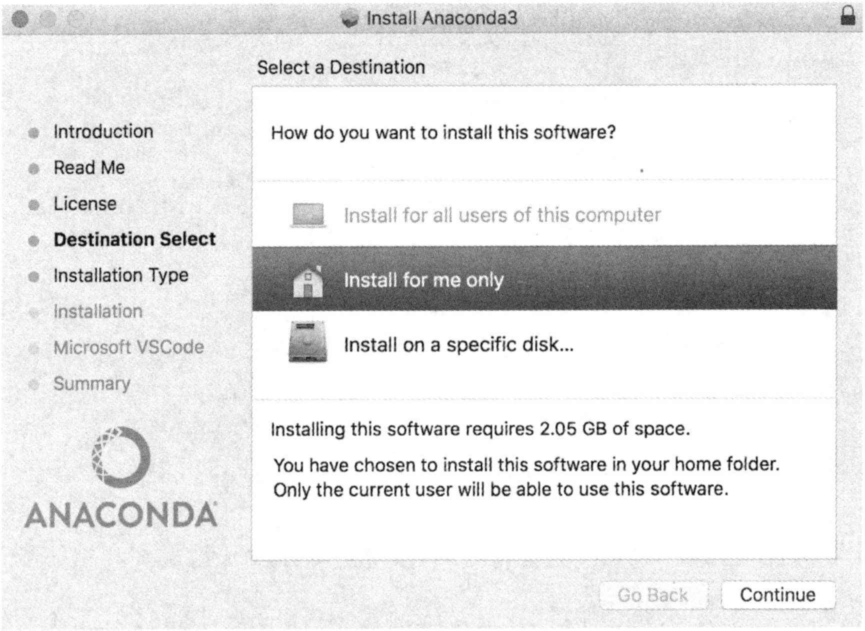

图 1.7　macOS 系统用的 Anaconda 的安装程序

输入"python"启动 Python,如果此时显示的启动信息变为"Anaconda 4.2.0",就代表成功地安装了 Anaconda。

1.2.5　在 Linux 系统中安装 Anaconda

为了在 Linux 系统中安装 Anaconda,需要下载并运行 shell script。和 Windows、macOS 系统一样,网页中有 shell script 的链接,单击该链接即可下载。

如图 1.8 所示,在 Download for Linux 选项卡中(Windows 系统下载用)下载

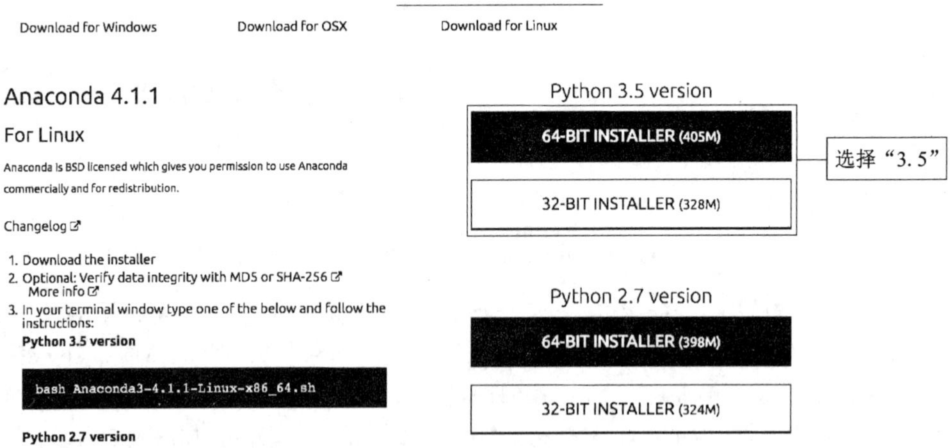

图 1.8　Linux 版 Anaconda 的下载页面

"Python 3.5 version"(Python 3.5 版本)的安装程序,然后可根据使用的环境选择64位版本还是32位版本。下载完成以后,运行 shell script,然后安装 Anaconda。

安装完 Anaconda 以后,和 macOS 系统一样,请从终端输入"python"来启动 Python。如果显示的启动信息变成"Anaconda 4.2.0",就代表成功地安装了 Anaconda。若正在使用的发行版、shell 等发生了改变,请手动更改环境变量,否则可能出现不能启动 Anaconda 的 Python 的情况。请根据各自的情况进行处理。

1.2.6　已经安装 Python 的情况

对于在程序设计中没有使用过 Python 的读者,基本上不会有什么问题,可以按照前面介绍的方法安装 Anaconda。对于正在使用 Python 或者有过使用 Python 经验的读者,可能会有一些麻烦。若使用本书讲解的方法安装 Anaconda,然后从末端、命令提示符等的 shell 启动 Python,那么启动的是 Anaconda 的 Python 3,这样一来就会发生用旧版本(Python 2)编写的程序不能运行的情况。为了避免此类事情发生,可使用1.5.8小节介绍的方法。

由于本书是 Python 的入门书籍,所以主要是将第一次接触 Python 的读者作为对象。考虑到这类读者的需求,因此介绍了如何将名为 Anaconda 的 Python 强化版安装到用户本地环境中。有过一些 Python 使用经验的读者,请在不更改环境变量的情况下安装 Anaconda,并在启动时向 Anaconda 明确路径等,这可能需要花一点时间进行学习。

注意:有一个叫作 pyenv 的工具可以巧妙地分别使用多个 Python。它可以有效地区分已存在的 Python 和新安装的 Anaconda。具体操作请读者根据网址 https://github.com/yyuu/pyenv 的内容自行学习。

1.2.7　安装本家版 Python

虽然本书使用的是 Anaconda,但如果不需要使用很多的附加功能,则可以下载比 Anaconda 更简洁的本家版 Python。这里将简单介绍如何安装本家版 Python。若不打算安装该版本的 Python,则可跳过这部分内容。

本家版 Python 和 Anaconda 一样,都是使用安装程序进行安装的。打开如图1.9所示的网页,然后单击 Downloads 标签,就会跳转到相应的下载页面。在下载页面中,安装程序会自动判断正在访问的环境,进而显示出和用户系统相匹配的安装程序,如"Python 3.5.1"和"Python 2.7.11"。单击以"Python 3"开头的版本的链接即可下载安装程序。

与下载 Anaconda 一样,单击几次安装程序的按钮即可完成本家版 Pythons 的安装。若使用的是 Windows 系统,则选中"Add Python 3.5 to PATH"复选框(见图1.10),这样会自动添加环境变量,从而可以通过命令指示符来启动 Python。

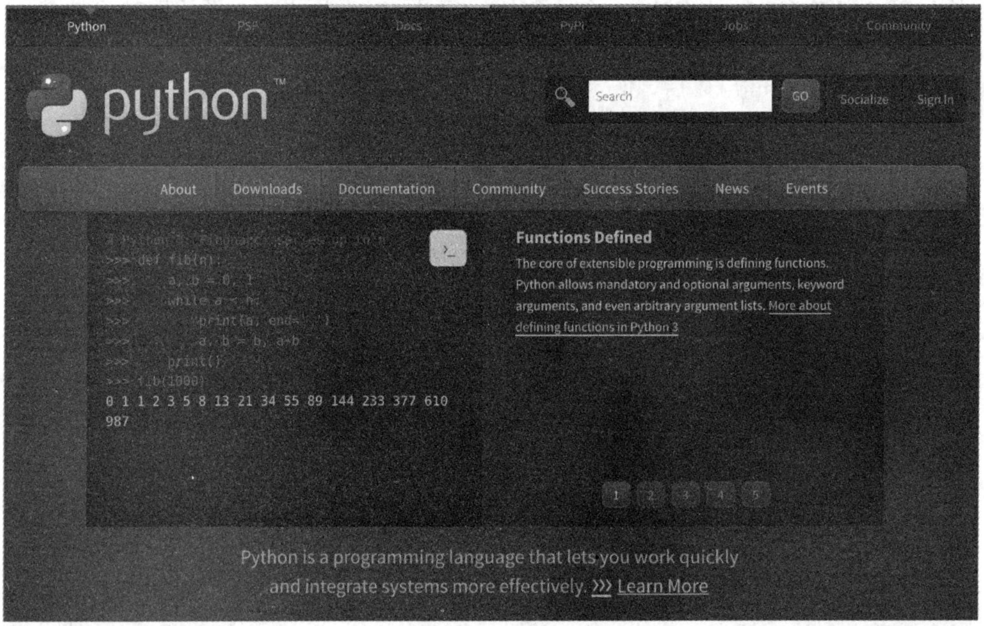

图 1.9　Python 的网页

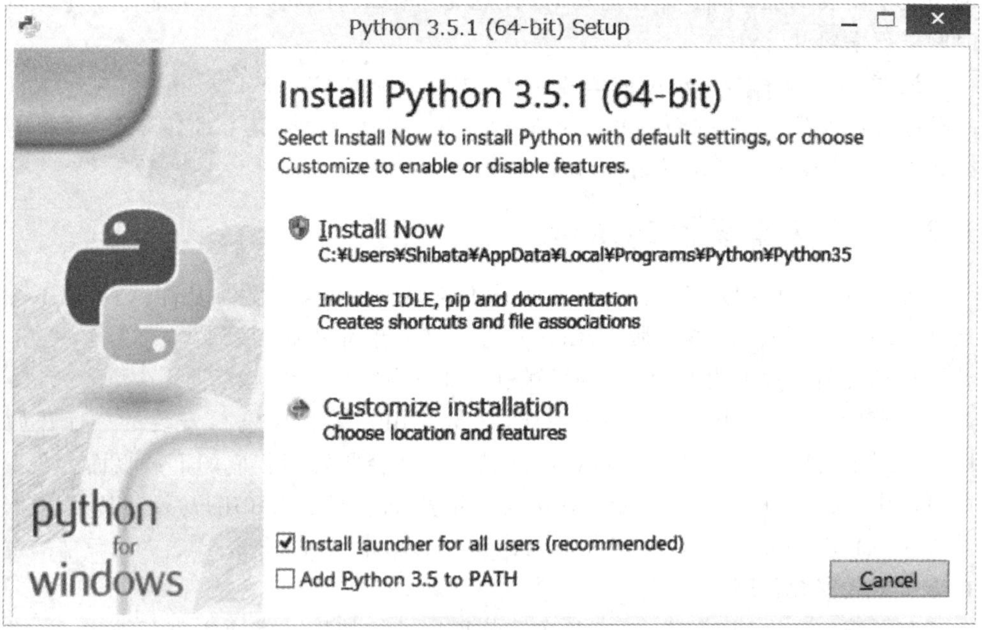

图 1.10　本家版 Python 的 Windows 系统用安装程序

1.3　交互式脚本(对话型脚本)

Python 具有交互式脚本(对话型脚本)的功能,该功能就是一种不必将程序写入文件中,仅仅通过键盘输入就可以轻松使用 Python 的功能,就像与 Python 对话一样来执行程序。Python 的交互式脚本如图 1.11 所示。

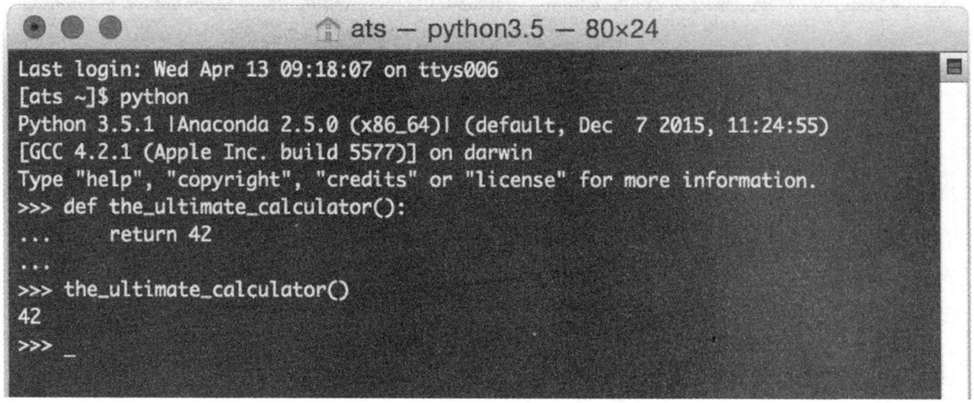

图 1.11　Python 的交互式脚本

交互式脚本根据所使用的环境,可按照下述几种方法进行启动。

1.3.1　在 Windows 系统中启动交互式脚本

在 Windows 系统中安装 Anaconda 后,启动交互式脚本有好几种方法。如果是 Win 10,则右击左下角的 Windows 标志,在弹出的快捷菜单中选择"指定文件名运行",然后在弹出的对话框中的"名称"文本框中输入"python. exe",单击 Ok 按钮即可,如图 1.12 所示。

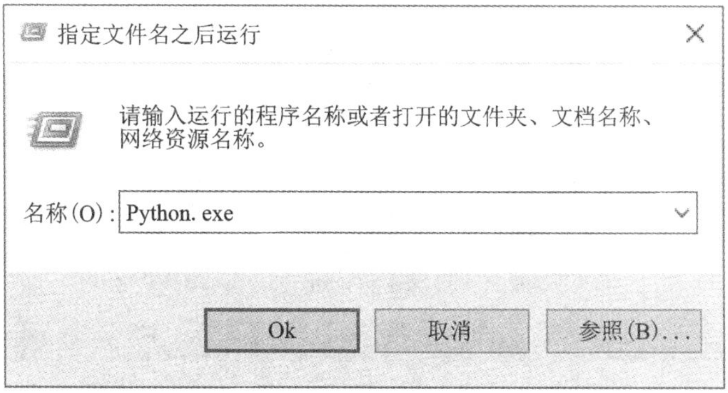

图 1.12　在弹出的对话框中输入"python. exe"

如果是 Win 7,则在“开始”菜单中的“搜索程序和文件”文本框中输入“python. exe”,如果从检索结果中启动 python. exe,则交互式脚本就会开启,如图 1. 13 所示。

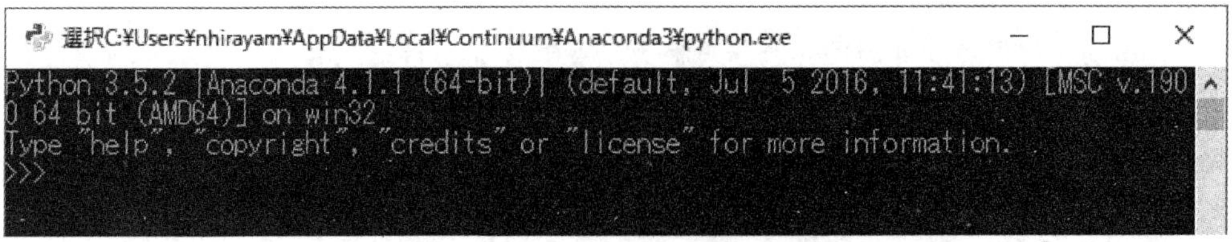

图 1. 13　Windows 的交互式脚本

保险起见,请注意确认启动信息中是否出现“Python 3”“Anaconda”这样的文字,如果有其中一个没有显示,或者出现了“Python 2”,请再次确认是否安装了正确的环境。

另外,在命令提示符里输入“python”也可以开启交互式脚本。如果安装的是 Anaconda 之外的 Python 环境,则可尝试一下该方法。

1. 3. 2　在 macOS、Linux 系统中启动交互式脚本

在 macOS 系统中,使用叫作终端的应用程序来启动交互式脚本,如图 1. 14 所示。若使用终端,则可以从键盘将指令输入到名为 shell(脚本)的环境中来控制 Mac。注意,终端在 Mac 的“Application”(应用程序)文件夹的“实用工具”文件夹里。

图 1. 14　在 Mac 中使用终端启动交互式脚本

在 Linux 系统中，虽然有终端、终端仿真器等各种各样的叫法，但是，通过输入指令来启动交互式脚本这一点与 macOS 系统是一样的。

启动应用程序后，通过键盘输入以下指令即可启动交互式脚本（见图 1.15）。

```
$ python
```

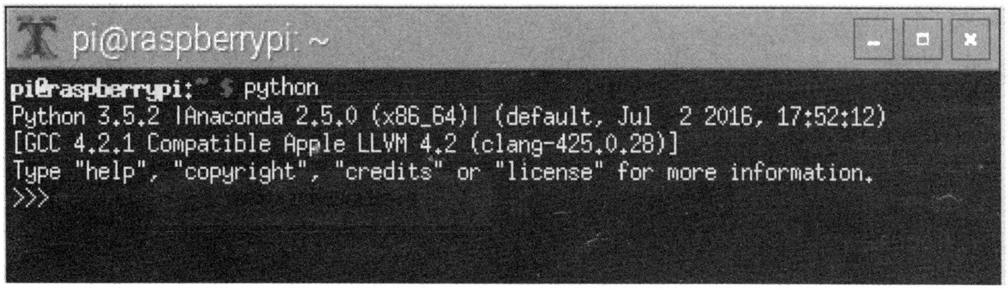

图 1.15　将 python 输入指令中就会启动交互式脚本

交互式脚本启动后显示简单的启动信息，然后变成等待输入的状态。与 Windows 系统一样，请确认启动信息中是否出现了“Python 3”“Anaconda”这样的文字。如果有一个没有出现，或者出现了“Python 2”，请仔细确认是否安装了正确环境以及环境变量的设定是否出现了错误等问题。

1.3.3　输入 Python 代码

交互式脚本启动后，屏幕上会出现“〉〉〉”提示符，此为提示符的记号，用于表示等待输入状态。

注意：在 tmpnb（见 1.5.8 小节）中，虽然不能使用交互式脚本，但可以尝试没有使用 turtle 的代码。在 tmpnb 中运行代码时，请将提示符之后的部分输入到单元，然后再运行。

首先，使用 Python 设计一个简单的计算。使用 4 个不一样的个位数，试着进行结果为 10 的计算。注意，提示符“〉〉〉”不需要输入。另外，请一定要输入半角数字。不只是数字，用于书写指令的英文也需要使用半角字符。

表达式输入完成后，请按下 Enter 键（回车键）或 Return 键。

指令的执行

```
>>>1 + 2 + 3 + 4
10
```

于是，计算结果就显示出来了。在交互式脚本中，最后输出的结果显示在输入行的下一行。

试着使用其他数字，再进行一次结果为 10 的计算。使用 1、1、2、3 这 4 个数字，思考出 3 个结果为 10 的计算公式。如果不使用括号，则无法得到 10 这个结果。这里举 3 个例子,请逐个输入,确认计算结果是不是 10。

```
(1 + 1) * (2 + 3)
(1 + 1 + 3) * 2
3 * (2 + 1) + 1
```

接下来,试着使用变量。用双引号(" ")将字符包围起来定义字符串,然后放入变量中。将数字、字符串放入变量这个动作称为代入。然后,只需要输入“red”后按下 Enter 键,变量的内容就可以显示出来了。

变量的使用

```
>>>red = "さ～さき!!"
>>>red
'さ～さき!!'
```

再创建一个代入字符串的变量。这次将进行字符串和字符串的加法运算,然后再把相加的结果代入另一个变量中,最后接收。这种使用称为 print()功能,用于确认连接的字符串。

字符串的连接

```
>>>yellow = "おい!!"
>>>pink = red + yellow
>>>print(pink)
さ～さき!! おい!!
```

为了显示字符串而使用的 print( )称为函数。print( )函数拥有将想要显示的变量等放入括号中,然后执行,就会将结果显示在屏幕中的功能。

在 Python 中,也可以对字符串做乘法运算。将上述代码中的字符串进行乘法运算会显示怎样的结果呢? 参见如下代码:

字符串的乘法

```
>>>print(pink * 3)     # 进行字符串的乘法运算
さ～さき!! おい!! さ～さき!! おい!! さ～さき!! おい!!
```

注意:#符号右边的部分是注释。注释是对程序的一种说明,在执行程序时是被忽略的,所以即使不输入也没有关系。

接下来,用 Python 绘制一个简单的图形。使用内置在 Python 中的一个叫作 turtle 的模块,其具有绘图功能。为了使用 turtle 功能,需要先输入一个咒语,然后调用 forward( )函数。执行以下代码时会打开 Python Turtle Graphics 窗口,线就画在该窗口中,如图 1.16 所示。

使用 turtle 模块

```
>>> from turtle import *                  # 为了使用 turtle 的咒语
>>> forward(100)                          # 使用 turtle 画线
```

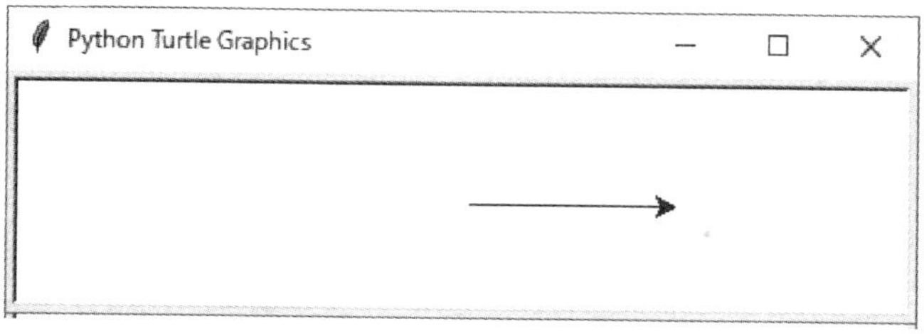

图 1.16 使用 Python 绘制图形

注意:使用 turtle 功能的代码不能在 tmpnb 中使用。请参考使用 Python 制作程序。另外,安装 Anaconda 后,在使用 turtle 绘制图形时,有时会显示提醒的界面,一般没有什么问题,可继续执行程序。

下面将介绍如何使用更多种类的函数来绘制简单的图形。这里试着画一个正方形。

编写程序的基本思路是:将想要做的事情按步骤分开,然后按顺序将代码写出来,最后对计算机发出指令进行操作。

将以下两步重复 4 次即可绘制一个正方形。

① 将光标旋转 90°;

② 画线。

如何用 Python 来编写以上两步呢?

首先让光标向左转 90°,即在 left()函数中输入数值 90,然后调用;然后使用 forward()函数画线。请在刚才画了线的交互式脚本中继续输入以下代码。因为第一条线已经绘制完成,所以旋转 90°,然后向前 100。将这个步骤执行 3 次,就可以再绘制出 3 条线了。

绘制正方形

```
>>>left(90)                      # 光标向左旋转 90°
>>>forward(100)                  # 向前 100
>>>left(90)
>>>forward(100)
>>>left(90)
>>>forward(100)
```

使用 Python 绘制正方形如图 1.17 所示。

如果重复处理的次数只有 4 次,那么输入的代码也不会非常复杂。但如果有更多次的重复,或者想要重复相同处理,则使用循环会更方便。

在 Python 中使用循环需要使用 for 命令,那就使用 for 来绘制一个稍微复杂的图形吧!在书写了 for 的下一行的开头空 4 个格,然后再输入。需要输入缩进的地方会显示"..."字符,这也是指示符的一种。"..."后面输入 4 个空格,作为缩进。

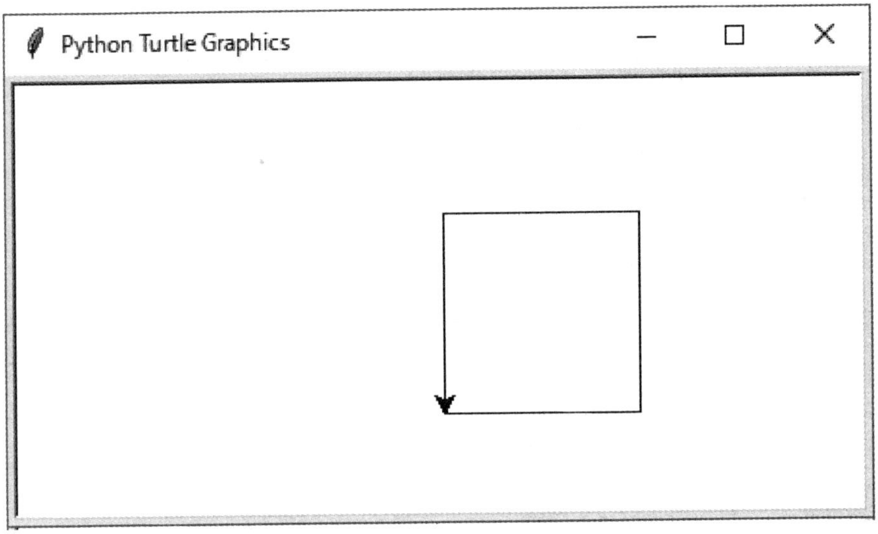

图 1.17　使用 Python 绘制正方形

在交互式脚本中,Tab 键被赋予了另外的功能,所以这里不要使用 Tab 键。

使用编辑器输入 Python 代码时,最好进行将 Tab 转换为空格的设置。最害怕的就是 Tab 和空格混用的情况,关于这一点会在 1.4.5 小节中的"选择编辑器的窍门"中进行讲解。

下面是使用 Python 绘制圆形的代码。

绘制圆形

```
>>> for cnt in range(36):              # 将代码块重复执行 36 次
...     forward(20)                    # 此行与下一行缩进
...     left(10)
...                                    # 不放入缩进,换行就可以执行
```

结果如图 1.18 所示。

在这个操作中,在距端点 20 的地方画线、向左转 10°,这样的操作反复 36 次后,圆就绘制出来了。

像"将从这里到这里的操作反复进行"这样在特定的条件下执行的代码的集合叫作块。在 Python 中,为了标识块就需要使用缩进。

接下来,试着使用函数画一个更加复杂的图形吧!

将刚才绘制圆形的操作定义为名叫 circle()的函数。作为函数来执行的处理,在 Python 中也需要缩进后作为块进行记述。在函数中,还可以使用 for 循环。因为这里有缩进的块,所以缩进使用了两行。

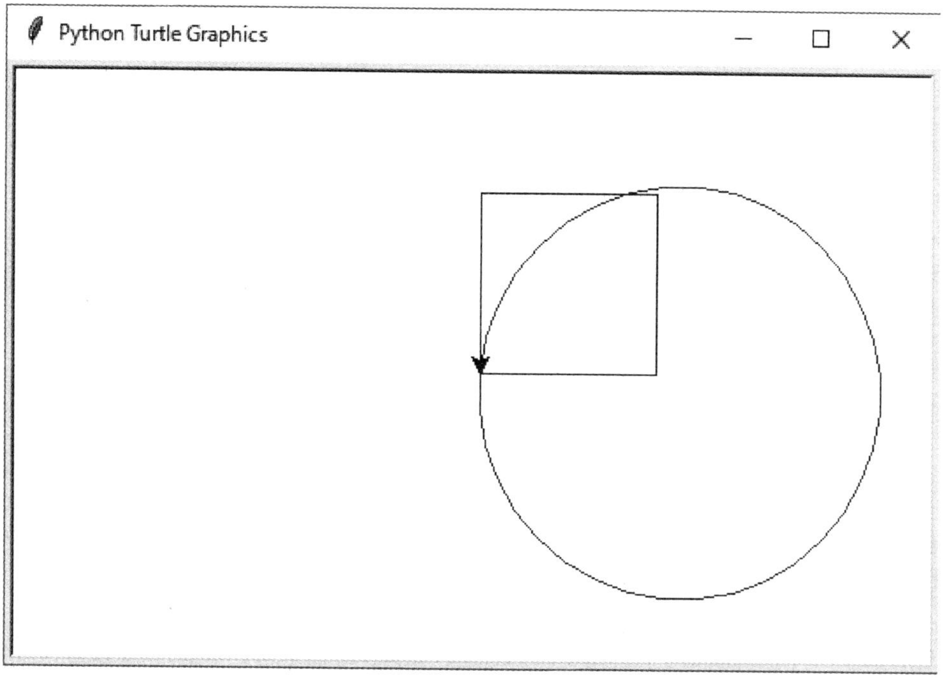

图 1.18　使用 Python 绘制圆形

circle()函数的制作代码如下：

circle()函数的制作

```
>>> def circle():                     # 制作函数
...     for cnt in range(36):         # 重复 36 次
...         forward(20)
...         left(10)
...
```

试着将 circle()函数调用 10 次，并且在每次调用该函数绘制一个圆后，让光标向左边旋转 36°。这样最终能绘制出一个花的图案。

circle()函数的执行代码如下：

circle()函数的执行

```
>>> for i in range(10):       # 重复 10 次
...     circle()              # 执行函数
...     left(36)
...
```

结果如图 1.19 所示。

使用交互式脚本时，一边介绍了简单的代码，一边学习了 Python 的功能。接下

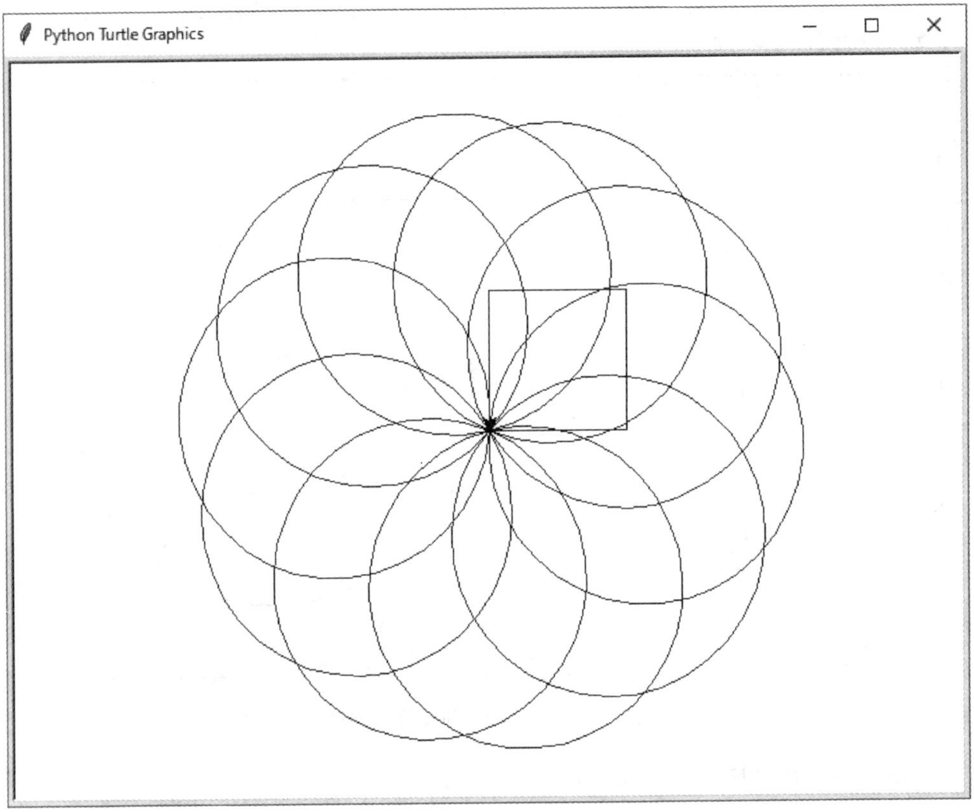

图 1.19 使用 Python 绘制复杂的图形

来,不需要使用交互式脚本了,那就来讲解一下关闭交互式脚本的方法吧!

1.3.4 关闭交互式脚本

在 Windows 系统中,结束交互式脚本时需要按 Ctrl+Z 键,然后按 Enter 键;在 macOS 或 Linux 系统中,需要按 Ctrl+D 键(或输入^D)。

1.4 在文件中编写 Python 程序

交互式脚本可以简单地执行 Python 代码,很方便。但是,一旦关闭了交互式脚本,输入过的代码就会消失,输入的代码也没有办法修改。所以,交互式脚本比较适合小程序或者测试一下程序的情况,不合适编写较大的程序。

要制作大程序则需要将 Python 的代码写进文件中,只要将程序写进文件,就可以将同一个程序反复执行,同时修改程序也很方便。

注意:使用 tmpnb 的情况不能执行本节中所写的程序。请阅读本节的内容,然后将程序写入文件时可以参考本部分内容。

1.4.1　使用 Editor(编辑器)编写程序

为了保存编写完成的程序,需要使用一款名为 Editor 的、编辑文本文件的应用软件。如果能使用 UTF－8 字符代码进行保存,那么用什么软件都可以;但是,如果使用的是 Word 软件,则勿使用。

对于使用 Windows 系统的读者,若想不安装新软件就能直接开始编写程序,那么请使用 Python 中内置的 IDLE。IDLE 的启动和交互式脚本启动一样,打开“开始”菜单,在“搜索程序和文件”文本框中输入“idle.exe”就可以启动使用了。

IDLE 中有脚本模式和编辑模式两种,启动之后默认的模式是脚本模式。所以,请选择 File→New File 菜单项,打开编辑模式的窗口,如图 1.20 所示。

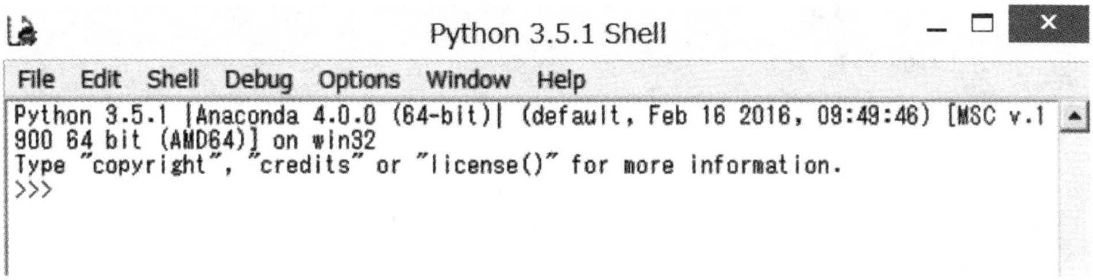

图 1.20　Windows 的 IDLE

如果是 macOS 系统,则可以使用 TextEditor。但是,请选择“格式”→“制作纯文本格式”菜单项,如图 1.21 所示。在变更格式之后再输入代码。

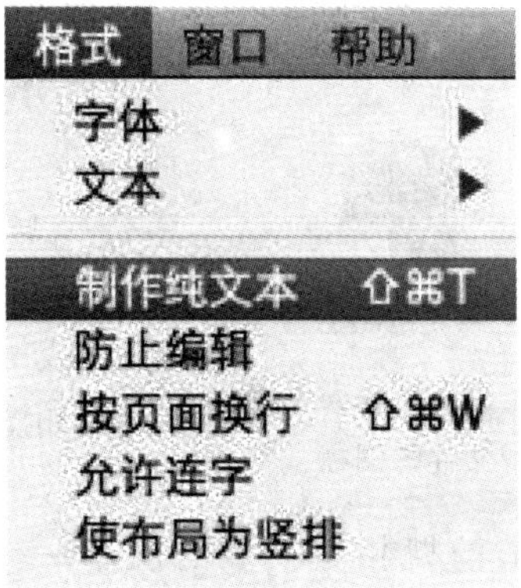

图 1.21　有关 TextEditor 的设置

如果是 Linux 系统,则可以在 GUI 环境或脚本中使用编辑器等进行脚本文件的编辑。

另外,网上有很多免费使用的编辑器或开发环境,根据自己的需求,找到适合自己的编辑器也是一件很愉快的事情。有关选择编辑器的方法将在 1.4.5 小节中讲解。

1.4.2　保存 Python 程序

接下来,启动 Editor,试着制作一个 Python 程序吧! Python 的程序文件在本书中称为脚本文件。请使用 Editor 试着编辑以下程序。注意,与交互式脚本不同,在脚本文件中编写的代码是没有提示符的。

draw_tree.py

```
#! /usr/bin/env python
# -*- coding: utf-8 -*-

from turtle import *                # 读取 turtle 功能

def tree(length):                   # 绘制树木的函数
    if length >5:
        forward(length)
        right (20)
        tree(length-15)
        left(40)
        tree (length-15)
        right(20)
        backward(length)

color("green")                      # 将光标颜色变成绿色
left(90)                            # 向左旋转 90°后光标箭头向上
backward(150)                       # 光标箭头向下
tree(120)                           # 调用绘制树木的函数

input('type to exit')               # 绘制完成后输入等待
```

图 1.22 Python 脚本文件的图标

最开始的两行是经常在脚本文件中输入的类似咒语一样的代码。现阶段,如果不能完全理解这些代码也没有关系,只需将写了这个代码的文件以“draw_tree.py”命名然后保存。

Python 的脚本文件必须是以“.py”为后缀。在 Windows 或 macOS 系统中,Python 的脚本文件用特殊的图标表示,如图 1.22 所示。因为安装 Python 时,名为“.py”的后缀和 Python 进行了关联,所以只要看一下文件,就知道是 Python 的脚本文件,真的很方便。

接下来将介绍如何运行已写出的 Python 的脚本文件。运行 Python 脚本文件的方法会根据运行环境的不同而不同。

1.4.3 在 Windows 系统中运行 Python 的脚本文件

在 Windows 系统中,运行 Python 的脚本文件有两个方法。一个方法是双击 Python 的脚本文件,然后 Python 会自动读取文件中的代码来运行。这是因为安装 Python 时,“.py”后缀和 Python 进行了关联。另一个方法是从命令提示符运行。在“draw_tree.py”文件中输入下面的指令即可运行。如果安装时环境变量 PATH 发生了更改，则可以将 python 作为指令启动，脚本文件名称作为指令参数传递，然后执行程序。

```
〉python   draw_tree.py
```

1.4.4 在 macOS、Linux 系统中执行 Python 的脚本文件

在 macOS 或 Linux 系统中运行 Python 的脚本文件需要使用终端或者 shell。前往刚刚保存了脚本文件的目录输入以下指令，将文件名称作为参数传递给 Python，就可以运行了。

```
$ python draw_tree.py
```

如果给 draw_tree.py 配置执行权限，就可以直接执行文件。因为在文件的第一行写着以“#!”开头的释件(shebang)。“/usr/bin/env python”的含义是参照环境变量 PATH 来运行 Python。这就像是咒语一样，所以只要记住“只要这么写，就会有好事发生”就可以了。

在了解了 Python 的脚本文件运行方法以后，自己试着执行 draw_tree.py 文件。是不是通过光标的移动，就能绘制出像树木一样的图案呢？结果如图 1.23 所示。

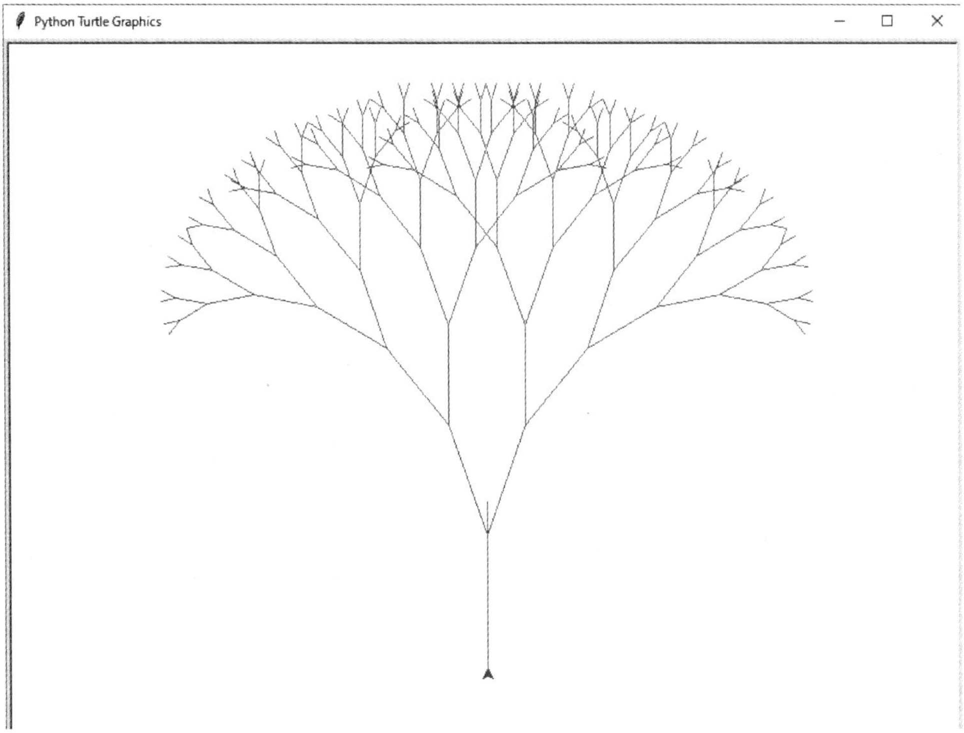

图 1.23　使用 Python 绘制树木

将 draw_tree. py 文件中的程序改编一下也是比较有意思的。例如,改变函数括号里的数值,树的大小和形状就会发生变化;在 color( )函数的前面追加一行"speed(0)",绘制树木的速度就会变快。

1.4.5 推荐的编辑器和选择方法

如果想要正式地使用 Python,请使用与程序设计相适应的编辑器吧!一般情况下,越是技术好的人越讲究使用的工具。选择越好用的编辑器,程序设计的效率也会越高,程序就可以在更短的时间内制作出来。

这里将要介绍两款在编写本书的这个时间点,可以免费使用的值得推荐的编辑器——Atom 编辑器和 PyCharm。

1. Atom 编辑器

Atom 是 Social coating service GitHub 开发的一款编辑器,在 Windows、macOS、Linux 等各种环境下都可以免费使用,其下载网址为 http://atom. io/。Atom 编辑器如图 1.24 所示。

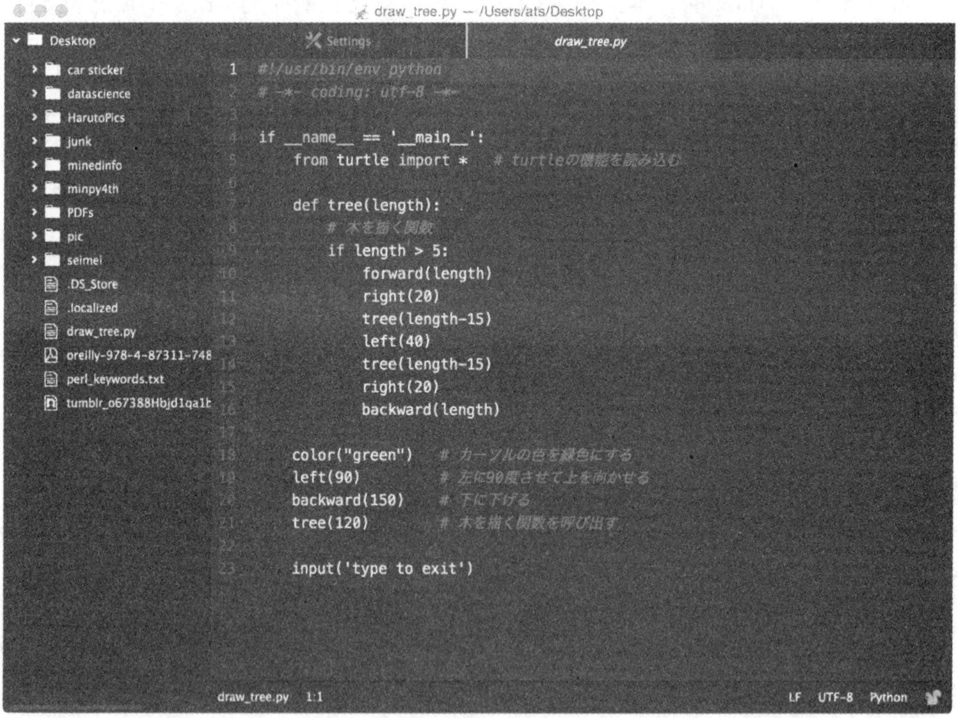

图 1.24 Atom 编辑器

Atom 编辑器拥有编写 Python 代码一般都需要的方便的功能,比如将代码中重要的部分标识出来的语法高亮功能、自动将代码块的部分进行缩进的功能等。另外,

Atom 编辑器除了拥有插件扩展功能以外，还有可以将颜色、图标等更改为自己喜欢的设计主题等的多种功能。

2. PyCharm

PyCharm 除了拥有 Atom 所拥有的基本功能以外，还拥有更高级的功能，而且在 Windows、macOS、Linux 系统中都可以使用，其下载地址为 http://www.jetbrains.com/pycharm/。值得高兴的是，在两个编辑器中，Community Edition 都是免费的。

PyCharm 如图 1.25 所示。

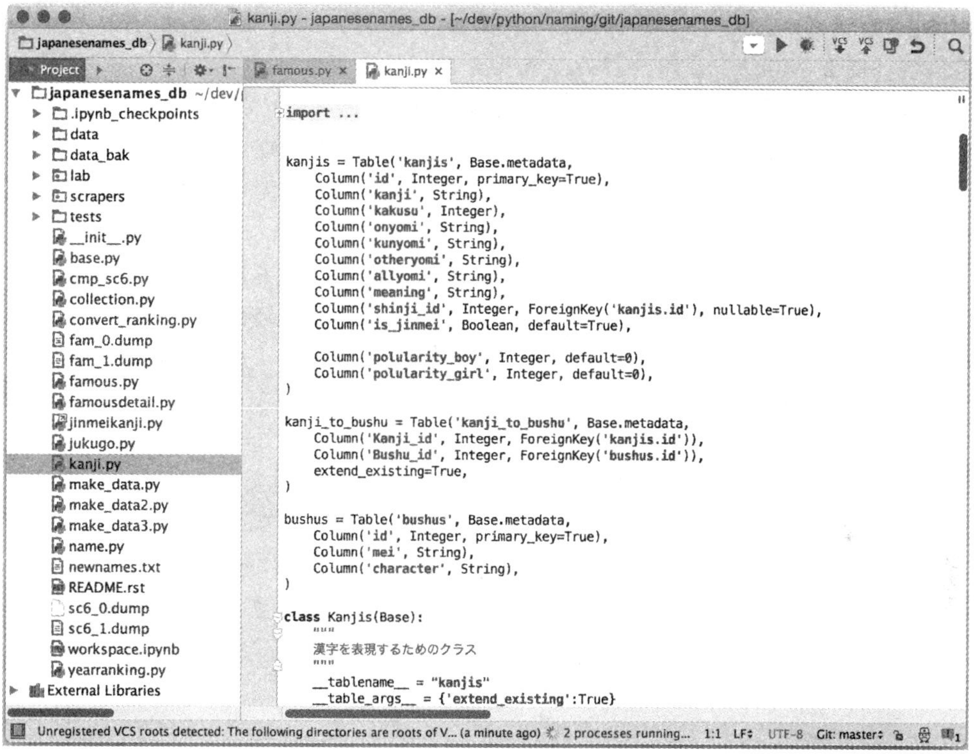

图 1.25 PyCharm

PyCharm 不仅是编辑器，而且也是 IDE(集成开发环境)，除了拥有作为程序设计用的编辑器功能以外，还拥有推测接下去应输入的代码，即代码补全的高级功能。另外，PyCharm 还搭载了按照源代码确认程序流程的同时，调试源代码程序的功能。

选择编辑器的窍门

在网页中若以“Python 编辑器”为关键词进行搜索，则除了出现上面介绍的编辑

器以外,还会出现很多别的编辑器。读者在寻找编辑器时,应选择有以下功能的编辑器:

- 自动缩进功能;
- 可以设定不使用 Tab 键缩进,而是使用空格(空白字符)进行缩进的功能;
- 正确处理日语的功能。

Python 中是用缩进来表示块的,如果编辑器不能自动进行缩进,每次都需要输入,那么输入代码就会变得比较麻烦。

Python 编辑器所需要的自动缩进方法有两种:第一种是代码换行时,保持上一行缩进的样式,在本行的开头自动输入空白字符;第二种是可以自动判断需要缩进的地方,然后在那一行的开头进行缩进。一般说到自动缩进,指的都是第一种方法,如果编辑器能有第二种方法中那样的功能就会更加便捷。

清楚、正确的 Python 的缩进被规定为 4 个字符的空格(空白字符)。虽然输入缩进时会用 Tab 键来代替空格输入,但是这时被输入编辑器的 Tab 字符不能被 Python 识别。根据所使用的编辑器,有时会通过将 Tab 键转换为空格的设置进行操作,这是没有问题的。

为什么 Tab 字符不适合缩进? 因为 Tab 字符的长度在不同的环境中是不一样的,如果使用 Tab 字符进行缩进,那么在不同的环境中相同的代码看上去就会不一样。另外,如果 Tab 字符和空格混用,更会造成很多的麻烦。若缩进的长度发生了偏差,则块的范围也就不好理解了。因此,最好还是选择可以简单输入 4 个空格进行缩进的编辑器吧!

最近,虽然不怎么见的到了,不过也有一些编辑器是不能输入日语的。虽然 Python 的命令使用英语、数字进行编写,但是写入程序中的一些注释等还是需要使用日语。因此,请避免使用不能用日语进行输入或检索等操作的编辑器。

编辑器类似于在程序设计中使用的笔或者笔记一样的东西,所以选择编辑器,有着在文具店挑选文具一样的乐趣。各位读者,请一定要挑选到自己觉得好用的编辑器。

1.5 使用 Jupyter Notebook

到目前为止,已经学习了使用 Python 的交互式脚本编写代码的方法,以及在文件中编写程序的方法。这两个方法各有优点和缺点,即交互式脚本虽然简单方便,但是代码不能保存,也不容易修改;写在文件中的代码虽然可以保存,可以边修改边做程序开发,但是执行方法上又稍微有些麻烦。其实,在 Anaconda 中有综合以上两个方法优点的功能,那就是接下来要介绍的 Jupyter Notebook。Jupyter Notebook 的界面如图 1.26 所示。

使用 Jupyter Notebook 时,可以通过网页浏览器输入 Python 的代码,然后执

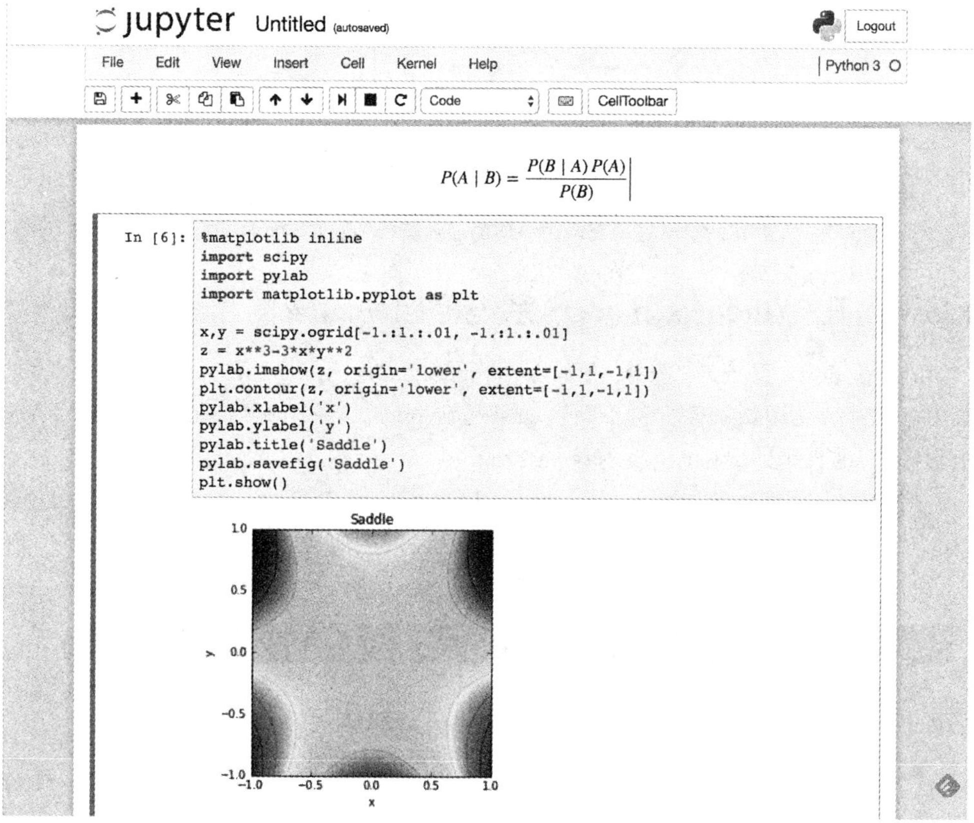

图 1.26　Jupyter Notebook 的界面

行；可以像交互式脚本一样，轻松地编写 Python 的代码，而且修改代码也很容易；还可以将编写的代码作为 Python 的脚本文件进行保存。另外，Jupyter Notebook 还具有隔几分钟就自动保存代码的功能；像自动缩进、语法高亮这样的功能，也基本都有。这是因为在网页中搭建了编辑器和 Python 的运行环境。

如果使用了 tmpnb 这个服务，则在智能手机中也可以运行 Python。即使不安装 Anaconda 或 Python，只要有网络和浏览器就可以运行 Python。有关 tmpnb 的使用方法将在 1.5.8 小节中讲解。

本书中大多数示例代码都能使用 Jupyter Notebook 运行。在深入学习 Python 之前，先来介绍一下 Jupyter Notebook 的使用方法。

在使用 Jupyter Notebook 之前，要先启动一个叫作内核的 Python 程序。Jupyter Notebook 是通过网页和内核间的通信运行的，如图 1.27 所示。

下面介绍启动 Jupyter Notebook 内核的方法，根据自己所使用的环境对应解说。

图 1.27　通过网页和内核间的通信运行 Jupyter Notebook

1.5.1　在 Windows、macOS 系统中启动内核

在 Windows 系统时,选择"开始"→Anaconda3→Anaconda Navigator 菜单项。菜单名称可能会因版本而有所不同。如果是在 macOS 系统中启动内核,则运行"应用程序"文件夹中的 Anaconda-Navigator.app。

启动应用程序后就会显示 Jupyter Notebook 的内容,单击 Launch 按钮,如图 1.28 所示,内核就启动了。

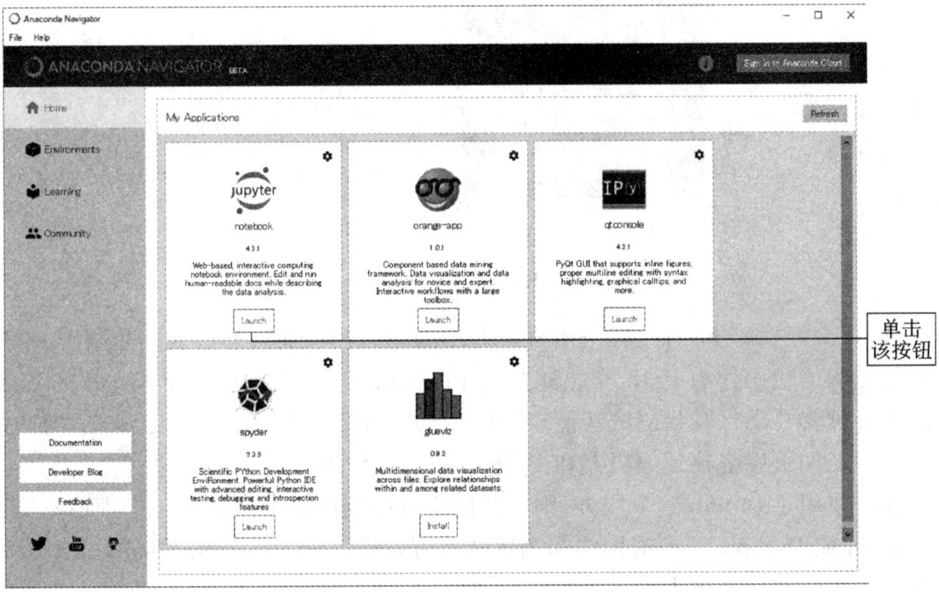

图 1.28　Anaconda Navigator 的界面

1.5.2　在 Linux 系统中启动内核

在 Linux 系统中,是使用脚本启动内核的,即输入以下指令:

```
$ jupyter notebook
```

1.5.3　使用主面板

Jupyter Notebook 的内核启动后，首先打开的界面如图 1.29 所示。主面板(dashboard)是操作 Jupyter Notebook 的系统服务站，如同 Windows 系统的资源管理器、macOS 系统的 Finder 这样的事物。如果使用主面板，则可以执行移动文件系统的层次或是启动文件的操作。

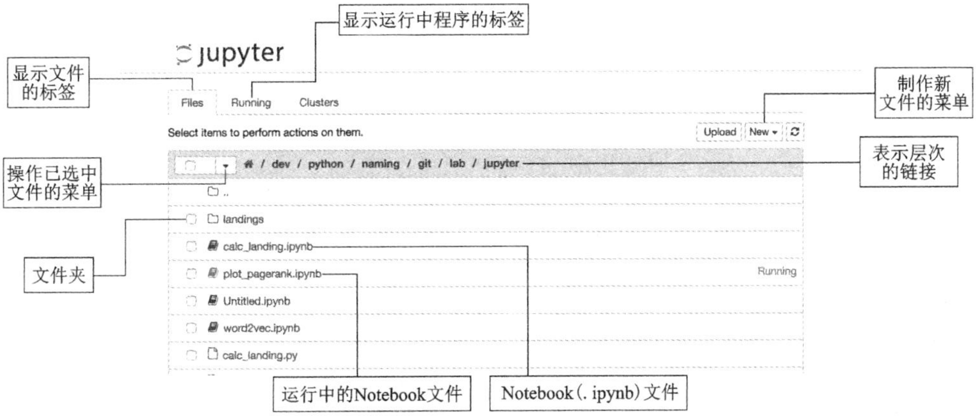

图 1.29　主面板的界面

在 Windows 系统下，Jupyter Notebook 的应用程序所位于的文件夹，与在同样层次的文件、文件夹被显示为列表。在 macOS、Linux 系统下，Jupyter Notebook 启动时的当前目录的文件等被显示为列表。图 1.29 中，界面显示 Files、Running 等标签 New 菜单，以及当前层次的字符，可以通过列表的文件、文件夹、标签、菜单来操作主面板。

1.5.4　制作 Notebook

Jupyter Notebook 运行 Python 的代码需要使用 Notebook，而 Notebook 实际上就是带有“.ipynb”后缀的文件。在主面板中，Notebook 的图标如图 1.30 所示。

图 1.30　Notebook 的图标

打开主面板的界面，从中选择 New→Python[Root]菜单项，如图 1.31 所示。该菜单项会根据环境的不同而变成 Python[condaroot]、Python3 等。

此时，新的 Notebook 就制作完成了。制作完成的 Notebook 会显示在网页浏览器的新窗口或标签里。Notebook 的界面如图 1.32 所示，上方显示着菜单、工具栏，使用这些可以操作 Notebook。Python 的代码显示在工具栏下方单元(cell)的文本

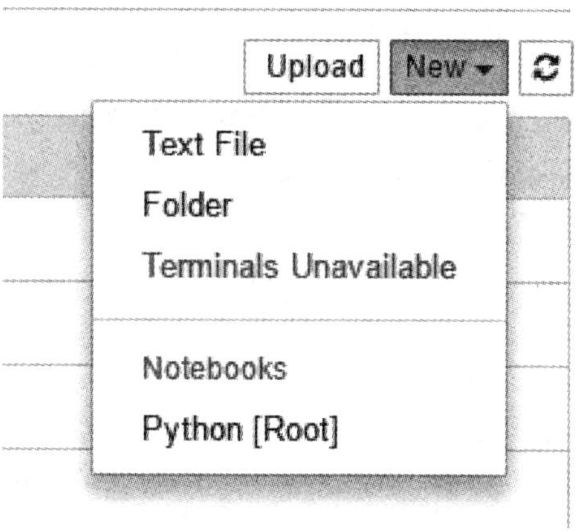

图 1.31 选择 Python[Root]菜单项制作 Notebook

框中,可以在这里输入 Python 的代码。

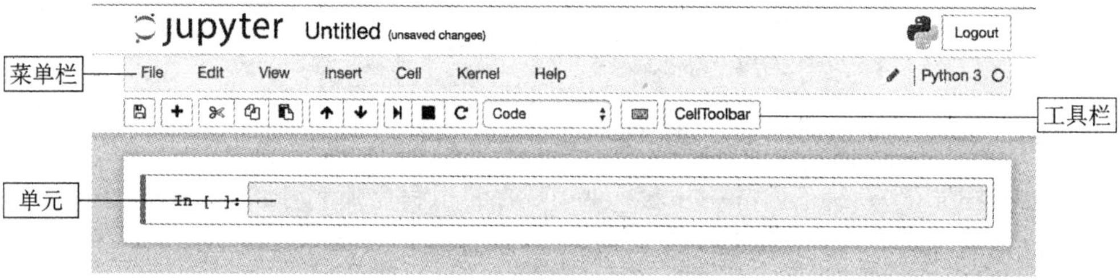

图 1.32 Notebook 的界面

工具栏的功能如图 1.33 所示。

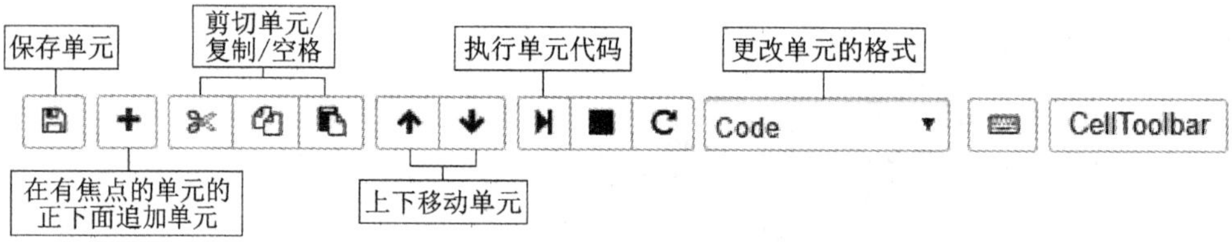

图 1.33 工具栏的功能

另外,虽然制作 Notebook 时的文件名是 Untitled,但是选择 File→Rename 菜单项后可以进行更改文件名的操作。

1.5.5 使用 Notebook 运行程序

在 Notebook 的界面中写了“In[1]:”等的单元显示在工具栏下方。试着在单元中输入 Python 的代码,使用 print( )函数(命令)显示字符。

```
print("スパムおいしい!")
```

输入完代码后，试着运行一下吧！

运行单元中的代码有多种方法，这里仅介绍两种常用的方法：

① 单击工具栏的 ⏭ 图标；

② 按 Shift+Enter/Return 键。

如果用智能手机操作 Notebook，推荐方法①。

运行结果如图 1.34 所示。

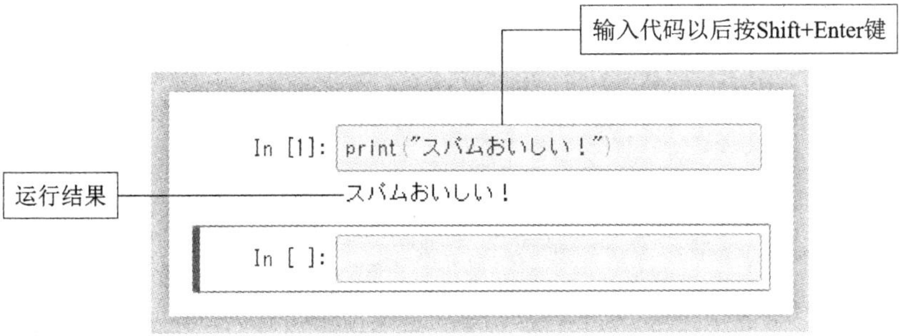

图 1.34　代码的执行

执行代码后就会显示出新的单元，此时可以继续编写代码。使用 Enter/Return 键可以编写多行代码，需要缩进的地方会自动进行，因为具有自动缩进功能。

接下来，试着使用一下内置在 Anaconda 中的，名为 numpy 和 matplotlib 的库（扩展功能）。其中，numpy 是用来处理数据的库，matplotlib 是数据分析、绘图使用的库。现在，使用这两个库试着绘制简单的图表。

```
In [2]: %matplotlib inline
        import matplotlib.pyplot as plt          # 读取 matplotlib
        import numpy as np                       # 读取 numpy
        x = np.linspace(0, 3 * np.pi, 500)       # 制作 Array
        plt.plot(x, np.sin(x * * 2))             # 绘制图表
Out[2]: [<matplotlib.lines.Line2D at 0x1e5ab9f2da0>]
```

代码的第一行是为了嵌入图表而使用的咒语。然后，读取所需要的库，发出绘制图表的命令。将代码都输入进去后，就可以绘制出图 1.35 中所示的图表了。

使用 Notebook 嵌入算式或语句

在 Jupyter Notebook 中，除了执行 Python 代码以外，还有很多别的功能。其中，比较有趣的是将算式嵌入单元的功能。例如，从选择单元种类的菜单中（显示为“Code”的部分）选择 Markdown，然后输入以下字符：

```
$$ F(k) = ¥int_{-¥infty}^{¥infty} f(x)e^{2¥piik} dx $$
```

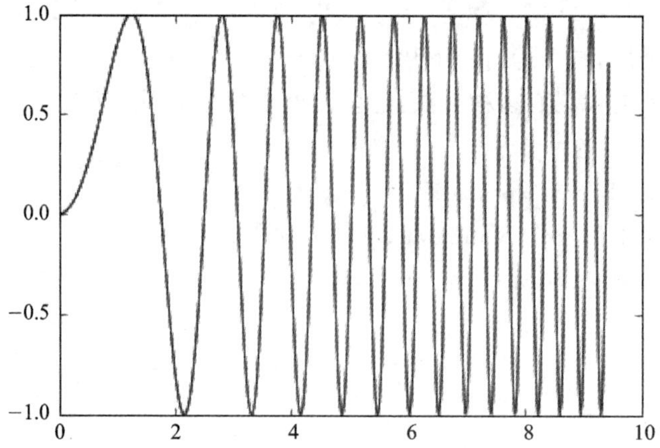

图 1.35　使用 Jupyter Notebook 绘制图表

算式就被嵌入到单元中了,如图 1.36 所示。在 macOS 或 Linux 系统中,请将“¥”改为“\”之后再输入。

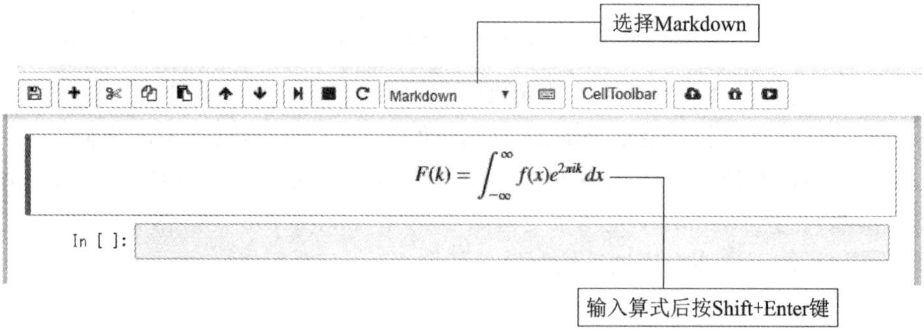

图 1.36　可以在 Notebook 中嵌入算式

LaTex 可以将算式作为图像写出,然后显示在单元中。可以简单地嵌入算式,是一个很方便的功能。

Markdown 是被 Wiki 等使用的一种简易标记。在 Markdown 类型的单元中,除了算式外,还可以编写使用 Markdown 标记的语句。使用该功能,可以制作嵌入了 Python 的代码解释等的 Notebook,非常方便。

1.5.6　保存 Notebook

每隔几分钟 Notebook 就会自动保存。若想要手动保存,或者退出前确认保存状态,那么选择 File→Save and Checkpoint 菜单项即可。另外,如果选择 File→Download as→Python(.py)菜单项,则写在 Notebook 中的代码可以作为 Python 的脚本文件进行下载。

接下来返回到主面板。此时应该可以从刚刚打开的 Notebook 中看到"Untitled.ipynb"这个名称,Notebook 的图标变成绿色,右侧写着 Running(运行中)。

图 1.37 所示是强制关闭 Notebook 的图标,但与 Notebook 界面相对应的进程依然保留着状态。这样的程序其实是没有与 Notebook 关联的僵尸进程。僵尸进程的数量增加太多不是一件好事情,比如,Notebook 的运行速度变慢,可能引起内存不足,导致无法打开新建的 Notebook。

图 1.37 强制关闭 Notebook 的图标

1.5.7 结束 Notebook

强制关闭浏览器窗口的方法并不是正确关闭 Notebook 的方法,应通过选择 File→Close and Halt(关闭后退出)菜单项来关闭 Notebook。如果像刚才那样把界面关掉,则请根据 1.5.9 小节中的"Jupyter Notebook 的运行结构"中讲解的方法退出程序。

保存之后关闭 Notebook,将保存单元的内容。当再次打开 Notebook 时,就会恢复已经输入的 Python 的代码和输出的一部分内容。

另外,再次打开已经保存的 Notebook 时,单击单元等,焦点就会聚集在单元上,按 Shift+Enter/Return 键可以再次执行 Python 的代码;也可以重新编写单元代码,再次执行。

1.5.8 使用 Jupyter Notebook 的 tmpnb

本小节介绍如何通过网络来使用 Jupyter Notebook 的 tmpnb。如果使用 tmpnb 这个服务,则可以仅通过网页浏览器来执行 Python 的代码,如图 1.38 所示。

即使没有安装 Anaconda,也可以使用 tmpnb。针对不想在学习 Python 的计算机中安装 Anaconda,或者不能安装 Anaconda,以及想要使用智能手机、平板电脑学习 Python 的读者,可以试着使用一下 tmpnb。

通过网页浏览器访问 https://tmpnb.org/来使用 tmpnb,这样就会自动从网络上访问 Jupyter Notebook 的环境了。

在 tmpnb 的主面板中,可以执行和 Jupyter Notebook 基本相同的内容,比如,执行 Python 代码,显示图表,还可以使用内置于 Anaconda 中添加的扩展功能。另外,操作方法也和 Jupyter Notebook 相同。想要用智能手机等试着操作本书内容的读者,请务必尝试一下。

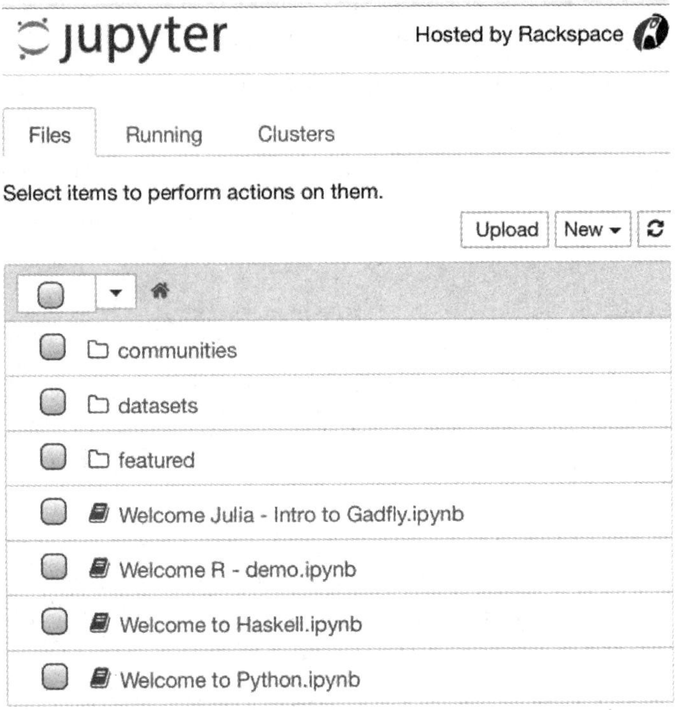

图 1.38　使用 tmpnb 时用智能手机也可以执行 Python 的代码

注意:本书的一部分代码不能在 tmpnb 中执行,具体哪些代码不能在 tmpnb 中执行都已在注意事项中说明。

1.5.9　示例代码的运行方法

本书中的大部分示例代码都是通过使用 Jupyter Notebook 执行的,有一部分示例代码在执行时需要写入数据的文件。和本书中示例代码相关的文件可以从 http://coreblog.org/ats/stuff/minpy_support/网址中下载,请务必下载。

示例代码是每一章按照目录分开保存的。在每一章的目录中,按照每一节来保存 Notebook 文件(.ipynb 文件),利用 Jupyter Notebook 打开该文件,就可以执行示例代码了。对于使用主面板显示示例代码的层次,如果按照每章的层次进行,则可以较容易地执行示例代码。

使用主面板显示示例代码的层次时,需要在 macOS 或 Linux 系统中从下载了示例代码的目录中启动 Jupyter Notebook。如果是 Windows 系统,则请将示例代码的文件夹移动到有 Jupyter Notebook 应用程序的层次之后再启动内核。如果使用 tmpnb,则请一边上传示例代码和需要的文件,一边执行示例代码。

Jupyter Notebook 的运行结构

在 1.5.6 小节中讲解了如果强制关闭 Notebook 窗口，就会出现僵尸进程的事情。如果不能正确关闭 Notebook，就会有程序作为残余程序留存下来。请在强制关闭 Notebook 窗口后，立即单击主面板中的 Running 标签，切换到的 Running 选项卡中将显示工作中的 Jupyter Notebook 进程，如图 1.39 所示。

图 1.39　Running 选项卡

所谓进程，是指打开 Notebook 的网页浏览器和 Jupyter Notebook 后，为了产生通信而启动的程序。列表中应该仅显示一个工作中的进程。每当 Notebook 的窗口被强制关闭时，不能使用的残余程序就会增加，如图 1.40 所示。

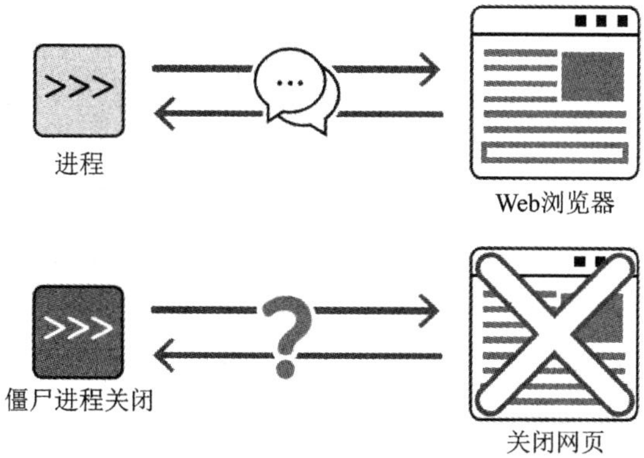

图 1.40　强制关闭 Notebook 的窗口时僵尸进程就会增加

在 Running 选项卡的进程列表中有一个 Shutdown(退出)按钮，单击该按钮，可以强制退出没有使用的进程。但是，如果关闭了正在工作的进程，就无法执行 Python 代码或保存代码了。因此，请尽量按照正确的方法关闭 Notebook，仅在不小心造成错误时才使用强制退出进程的方法。

第 2 章

用 Python 开始程序设计

本章将讲解使用 Python 编写程序出现的一些基本问题。学习像数值、字符串那样的基本数据的处理方法，以及条件分支、循环、函数的制作方法，从而达到能够使用 Python 编写简单程序的目的。

2.1　使用数值

从现在开始，终于要进入讲解有关使用 Python 编写程序的内容了。程序的种类有很多，比如，使用交互式脚本尝试计算是非常简单的程序；智能手机的应用软件也属于程序的同类；在计算机中使用的文字处理功能，或者图表计算功能，以及网页浏览器，属于大型的程序。广义上来说，Python 本身也是程序的一种。

虽然程序的种类非常多，但是它们之间却有着共同的特点，不论是什么样的程序，都具有接收输入、返回输出的功能。所谓输入，指的是计算机可以理解的数据；所谓输出，是指通过输入所制作的数据。根据这样的模式，也可以说，程序就是实现接收数据，加工数据，然后返回结果的功能。

所谓数据，简单点来说，指的就是数字。计算机在处理数据时必须转换为数字。将数字组合之后进行计算，然后得到结果，这样的处理是程序最基本的动作。因此，不管是多么复杂且巨大的程序，都是通过简单操作的叠加，按照规定好的顺序去操作，来实现其复杂功能的。

数字，是编写程序时最基本且最重要的元素。让我们从学习数字的处理方法开始，一起进入 Python 的程序设计世界吧！

使用数字可以表现出世间各种各样的物品、事件或者事实。如果用 100 cm 这个数值表示长度，则可以体现出物品的大小。质量可以用 400 g 这样的数值进行表示。通过 CD 的销售张数、歌曲的下载量、演唱会的入场人数可以体现出偶像团体的人气。如果想要体现坦克的防弹强度，是不是也可以通过装甲的厚度来体现呢？

在计算机里，使用数值来处理各种物品的特征或事件。根据规定的顺序来处理数据，是计算机的基本操作。在程序中，也是根据一定的规则来编写这些顺序的。数值是程序中最基本的元素，在 Python 的程序中也使用了很多的数值。接下来，学习一下用 Python 使用数值的方法以及使用数值进行计算的方法。

2.1.1 使用数值的四则运算

在第 1 章中，使用交互式脚本或 Jupyter Notebook，试着做了一些简单的计算。在那些例子中，是通过键盘直接将数字输入计算机的，这是使用 Python 处理数值的基本做法。在 Python 中可以通过数值和"＋""－"符号的组合来进行计算。

下面利用 1、5、5、9 这 4 个数字进行随意组合，来做一个求结果为 10 的"十点游戏"（译者注：同"二十四点游戏"）。由于方法有很多种，这里设置一个规则：计算时，4 个数字必须是以 5、5、1、9 这样的顺序出现。使用 Jupyter Notebook 的单元思考一下能有几种解法吧！只要输入计算式，结果就会显示在输出的单元中。

例如，可以使用如下 3 种计算式得到 10 这个结果。

```
5 - 5 + 1 + 9
5/5/1 + 9
5/5 + 1 * 9
```

请逐个将上述算式输入单元，然后执行单元，计算结果将显示在输入公式的单元下面。在 Jupyter Notebook 的单元中输入的表达式结果、变量（后述）内容会自动表示出来。

如果使用"**"运算符，则可以进行乘方运算。如果规则是可以使用乘方，那么也可以用以下的方法得到 10 这个结果。

```
5/5 ** 1 + 9
```

进行计算时使用的"＋""*"符号称作算术运算符。在 Python 中，经常使用如表 2.1 所列的算术运算符。

表 2.1　算术运算符

运算符	说　明
+	做加法
-	做减法
*	做乘法
/	做除法
%	求除法的余数
**	做乘方的计算

2.1.2 四则运算和优先顺序

在减法、加法、乘法、除法多种运算混合的复杂计算中,有一些需要注意的事情,就是乘法和除法先计算,加法和减法后计算,乘方先于乘法和除法计算。与在学校学习的或考试中考过的那些规则是一样的,四则运算是有优先顺序的。

请回忆一下刚刚介绍的,用 4 个数字得到结果为 10 的几个计算式中的"5/5+1*9"这个计算式,在这个计算式中,并不是从左至右进行计算的,而是先计算加法左右两边的除法和乘法,除法和乘法的结果分别是"1"和"9",因此,"1+9"的结果是 10。

与在学校中学到的一样,使用小括号"()"可以控制计算的顺序。如果使用小括号,则可以再增加几种结果为 10 的计算方法,如下:

```
5/5*(1+9)
5/(5/(1+9))
```

2.2 使用变量

用 2.1 节中提到的"10"这样的数值直接作为数据的表记称为字面量,英文表示为 literal,意思是"按照字面上的含义"。

在程序中会处理很多的数据,但是,直接用数值,也就是直接将数值作为字面量写入程序中的数据还是比较少的,大多数的数据是进入变量之后存在于程序中的。

所谓变量,用一句话来说就是装数据的容器。请把它想成一个盒子,在盒子里装入数据,在程序中进行数据交换。另外,在变量这个盒子上还贴着写了名字的标签,如图 2.1 所示。把给变量起的名字说的简洁一些就是变量名称。

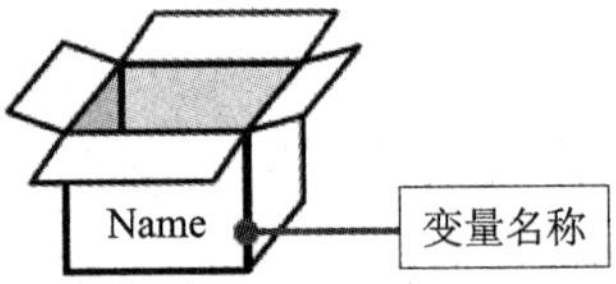

图 2.1 变量是有名字的盒子

将数据放入已命名的容器内,然后通过管理数据,可以将很多数据进行分类,并可以显示出数据的种类或目的。在程序中就是以这样的目的来使用变量的。

另外,在变量中放入数据这个动作称为代入。在 Python 中,将数据代入变量时需要使用一个等号(=)来连接变量和数据,如图 2.2 所示。

2.2.1 定义变量

因 Python 制作变量,也就是定义变量是很简单的,只要将数据代入到已经命名(变量名称)的变量中即可。

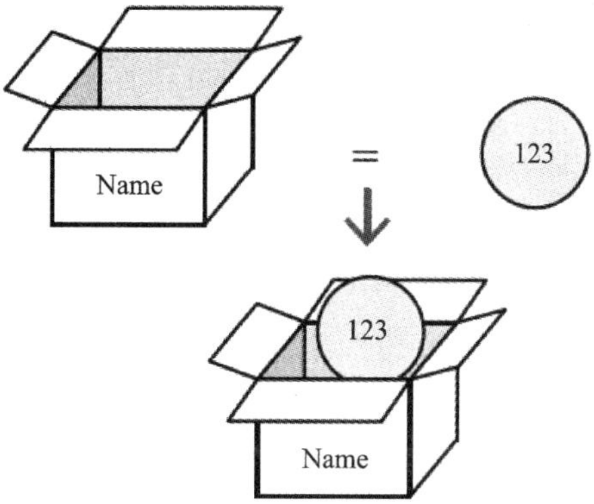

图 2.2　所谓代入就是使用等号将数据放入变量

句法：变量的定义方法

```
变量名称 = 数据
```

在 Python 中，只需给变量命名然后代入就会自动制作变量。根据程序设计语言的不同，有时制作变量需要做特殊声明。不过，Python 在想要使用变量时可以立刻制作，既简单又方便。例如：

```
champernowne = 0.12345678910
```

等号左边是变量名称，其必须以英文小写字母开始。也可以像下面这样，将数字、下画线等符号的一部分进行组合来制作变量名称。

```
champernowne_19  = 0.12345678910111213 14
```

2.2.2　使用变量进行计算

将数值代入变量可以将变量或数值组合并进行计算，因为代入了数值的变量与数值是相同对待的。那么，使用变量进行一下计算吧！

首先，将数值代入两个变量中。在下述代码的第 3 行中仅输入使用了变量的乘法，如果使用 Shift＋Enter 键执行这个单元，则最后的计算结果将显示在单元的下面。

在 Jupyter Notebook 中，请仅输入下述代码中的最上面 3 行代码，第 4 行代码是输出的例子。在本书的示例代码中，采用了同样的方法，一起记载了代码和输出内容。

计算沿赤道地球的圆周

```
pi = 3.141592                    # 圆周率
diameter = 12756.274             # 赤道上地球的直径(km)
pi * diameter                    # 计算沿赤道的地球圆周
40075.008348208
```

计算结果也可以用变量接收。使用等号可以将计算结果代入变量中。在单元的

最后一行只输入了变量,这样一来就会显示出变量的内容了。示例代码如下:

计算燃烧 1 kg 的脂肪需要慢跑多长时间

```
cal_per_1kg = 7200                                # 燃烧 1 kg 脂肪需要的卡路里
cal_per_1minjog = 7.76                            # 慢跑 1 min 所消耗的卡路里
min_to_lose1kg = cal_per_1kg/cal_per_1minjog      # 减掉 1 kg 需要慢跑多长时间
hours_to_lose1kg = min_to_lose1kg/60              # 将分钟变为小时
hours_to_lose1kg                                  # 显示变量的内容
```

```
15.463917525773196
```

由以上结果可知,想要燃烧 1 kg 脂肪,需要慢跑 15 h 以上。

如果将结果代入变量,则可以轻松地保存结果,或者传递给别的处理。

变量的命名方法

给变量命名时有简单的规则。作为给程序设计语言规定的规则,只要不是以数字开头,其他任何字符串都可以作为 Python 的变量名称使用。

在 Python 3 中,也有使用日语给变量命名的。有一些虽然表面看上去比较幽默,但是却不能表达出是什么程序,这样的就不是好的变量名称,如下:

```
旺 = 1
喵 = 2
```

如果随意命名变量名称,程序就会不好辨别。因此,在 Python 中制作程序时有一些应该遵守的规则。如果遵守以下规则,就可以编写出简洁易懂的程序了。

1. 将字母、数字、下画线(_)组合制作

基本上都需要使用小写字母给变量命名。比起"name1""name2"这样通过数字来区分含义的名称,使用"firstname""lastname"这样具体的英文名词或者是使用像"sei""mei"这样的罗马字可以制作出更易于理解的变量名称。

划分多个单词时,可以像"some_word"这样使用下画线,也可以像"someWord"这样在划分单词时使用大写字母。命名时并不存在哪种方法更好,只要选择容易看,容易使用,并且统一规则的方法即可。

在定义想要进行特别处理的变量时,使用大写字母。因为 Python 中没有常量(不能更改内容的变量),所以定义仅拥有大写字母的变量名称的变量,有时会将其作为常量来对待。

2. 开头的一个字符是字母

变量名称的开头不能使用数字,因为不能将其和数值进行区分。在 Python 中,对于应该小心处理的特殊变量,有一些是以下画线开头来进行命名的。对于改写时会引起麻烦的变量,则大多数都以下画线开头。

3. 字母的大小写有差别

在 Python 中，"girlsundpanzer"与"girlsUndPanzer"是当作不同的变量处理的，因为大小写字母是有差别的。

4. 大概有 30 个左右不能用于给变量命名的单词

称为保留字的单词不能作为变量名称使用，如果将这些单词作为变量使用，就会出现语法错误(syntax error)。例如，"and""not""if"等已经作为保留字，就不能作为变量名称使用。

2.3 使用字符串

如果没有语言，就无法描述任何概念。通常说，文字是人类最伟大的发明，通过使用文字可以处理和传达各种各样的信息。

数字、符号组合起来记述的数值也是文字的一种。但是，数值一般都伴随着表达什么东西的数字这个信息才开始具有真正的意义。因此，有必要使用更多种类的文字。

例如，如果只有"36"这个数字，那么我们并不知道它要表达什么含义。但像"36 ℃"这样，通过添加其他文字，就能知道这个数值是在表示温度了。

同样是表示温度，如果再继续加上其他文字，意思就会发生变化。如果是"体温是 36 ℃"就没有任何问题，但如果是"气温是 36 ℃"，则大多数人就会觉得燥热了。通过使用文字可以更加准确地传达详细的信息。

程序中会将字符的集合作为字符串来处理。例如像"Python""VI 号重型坦克 Tiger Ⅰ"这样的单词或固有名词，都属于字符串的一种；像"这个世界上存在的一切都在变化，任何事情都不相同"这样的句子也属于字符串；像小说或论文这样的长篇文章也可以作为字符串处理。

将字符的集合作为字符串处理如图 2.3 所示。

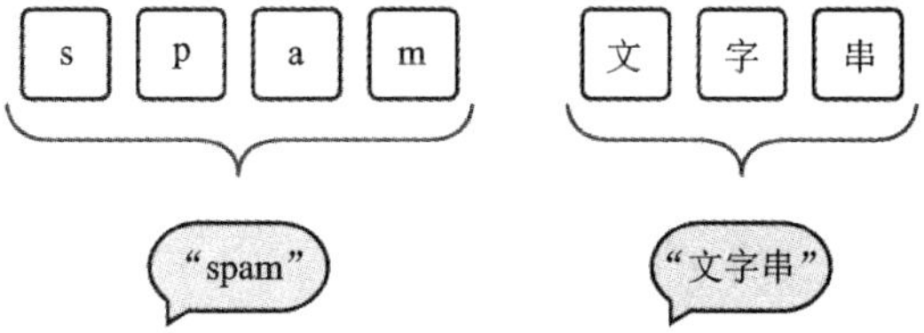

图 2.3　将字符的集合作为字符串处理

2.3.1 定义字符串

定义字符串时需要使用双引号(" ")或者单引号(' ')，这两种均叫作引号。最初的引号和最后的引号所闭合(包围)的范围就是字符串。

句法:字符串的定义方法

```
"字符串"
```

引号必须要成对使用。如果只使用一个而忘记闭合,就会不知道到哪里为止是字符串,也就会出现错误(语法错误)。

使用Jupyter Notebook输入一个引号(' 或 "),光标的前方就会自动输入另一个引号,这是字符串的输入辅助功能。也就是说,输入单个引号之后,直接输入字符串就好了。只要不出现不小心删掉引号的情况,就不会出现由于忘记输入另一个引号而导致错误出现的情况,非常方便。

注意:由于所使用的网页浏览器不同,此功能不能保证一直都能正常使用。例如,虽然在Google Chrome中没有问题,但在Safari中就不能进行恰当的补充。如果不能正常使用此功能,请更改默认的网页浏览器。

定义字符串之后,试着将其代入变量中吧!例如:

```
spam = "spam"
```

在Python中,处理变量时也使用像"spam"这样的字符集合。字符串是用引号包围的,而变量名称可以说是以光秃秃的形式写入程序中的,据此就可以区分变量名称和字符串数据(字符串字面量)了。

如果使用Jupyter Notebook,则被引号包围的字符串部分就会被着色然后显示出来。这是因为语法高亮这个输入辅助功能在发挥作用。在许多程序设计所用的编辑器中,也拥有类似的功能。

不仅是字母,日语也可以作为字符串处理。与之前的例子相同,使用引号将日语的字符包围起来即可,如下:

```
a_lylic = "でもね私のエネルギーは"
```

2.3.2 字符串的连接

如果将字符串和字符串做加法,就可以将字符串之间进行连接了,如图2.4所示。

接下来,使用刚刚定义的a_lylic变量,实际操作一下吧!示例代码如下:

```
a_lylic = a_lylic + "すでにインフィニティだよ。"
```

在这个例子中,将放入变量中的字符串加上别的字符串。将两个字符串相加的结果使用等号代入最初的变量中。结果就是,最初的变量内容被替换成将两个字符串连接得到的新字符串。在单元的最后一行仅输入变量名称,表示出变量的内容,请确认变量的内容是否发生了变化。示例代码如下:

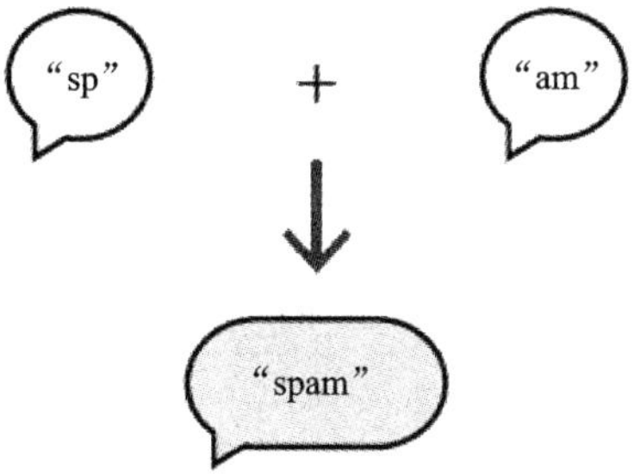

图 2.4　字符串和字符串相加可以进行字符串的连接

连接字符串

```
a_lylic = "でもね私のエネルギーは"
a_lylic = a_lylic+"すでにインフィニティだよ。"
a_lylic
```

'でもね私のエネルギーはすでにインフィニティだよ。'

将连接字符串的结果代入变量并接收，这一部分是重点。

是否可以看见在单元下方显示的字符串是用单引号(')包围的呢？这样表示是为了说明显示的数据是字符串。

另外，虽然在代码中使用的是双引号("")包围字符串，但是在显示的字符串中会变成单引号。之前也有讲过，在 Python 中，不论是用哪种引号都可以定义字符串，但是由于单引号容易和重音符(`)混淆，所以在示例代码中全部使用的是双引号。

2.3.3　复合运算符

程序中经常会编写将某一个字符串和别的字符串连接起来的代码。在刚刚的例子中，在变量中加上别的字符串，其结果就是编写出了将制作出来的副本代入变量中这样的代码。

有更加简便的方法可以编写出这样的代码，那就是使用"＋"运算符和代入的等号"＝"相结合的"＋＝"运算符。使用这个运算符，一次就可以执行加法(连接)操作和代入操作了，因为它同时拥有"＋"、"＝"两种功能。因此，该运算符被称为复合运算符。

复合运算符的功能如图 2.5 所示。

使用"＋＝"运算符试着编写一个连接字符串的代码吧！示例代码如下：

使用复合运算符

```
lylic2 = "ずっと笑顔ばかりを選んで"
lylic2 + = "泣き顔見せるのを迷ってた"
lylic2
```

'ずっと笑顔ばかりを選んで泣き顔見せるのを迷ってた'

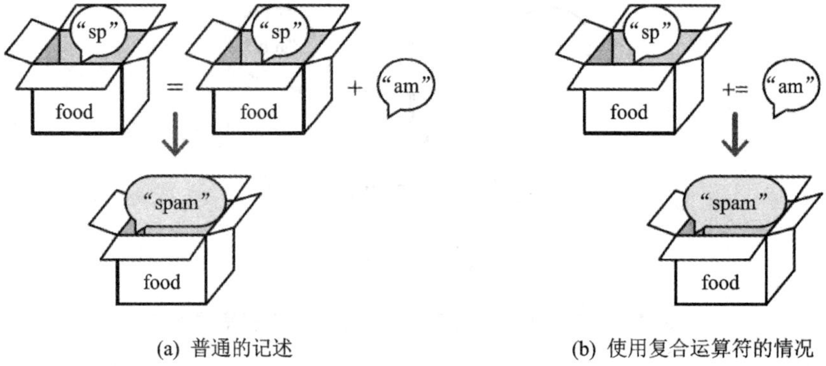

图 2.5　复合运算符的功能

不仅字符串可以使用复合运算符,数值等其他的数据也可以使用。在字符串的运算中,经常使用"+="这个复合运算符。在数值类型的运算中,经常使用减号和等号组成的复合运算符等。在 Python 中,可以使用如表 2.2 所列的复合运算符。

表 2.2　复合运算符

复合运算符	说　明
+=	做加法后代入
-=	做减法后代入
*=	做乘法后代入
/=	做除法后代入

在使用复合运算符时需要注意的是:对于没有定义的变量,是不可以使用复合运算符的。在 Python 中,如果进行代入,变量就会被定义。也就是说,在使用复合运算符以前,需要事先将值代入变量中。

如果 Python 在进行代入之前想要运算,则运算时需要观察放在左侧变量中的数据的值,如果左侧是没有定义的变量,就不能取出数据。因此,如果对没有定义的变量使用复合运算符就会产生错误。

另外,在程序设计语言中,有的还拥有像++或--这样的运算符,分别具有加 1、减 1 的功能,但是 Python 中没有这样的运算符。

字符串定义的应用

在 Python 中,可以像"".""这样使用一对引号来定义字符串。另外,如果将 3 个连续的引号作为一组来使用,还可以定义包括换行的字符串。示例代码如下:

```
lylic3 = """強い人になろうとして
弱い僕を封じ込めて
ひとりぼっちになった"""
```

2.3.4　统一类型的 Python 风格

程序中处理着各种各样的数据,如数值、字符串。根据目的或性质的不同,数据被分成了很多种类。数据种类也被叫作类型(type)。像“数值”“字符串”这样,在数据种类后面加上“类型”这个词,就被称作数值类型、字符串类型。有时还会将数据的种类综合起来称为数据类型。

之前已经展示过字符串与字符串相加进行连接的例子了,那么,如果将字符串和数字相加,也就是在不同类型的数据之间做加法又会怎样呢?

思考一下,如何将天数代入变量中,然后加上“天”这个字符串,最终制作出“24天”这样的字符串。试着使用 Python 编写以下代码,并执行。

将不同类型的数据相加时出现的错误

```
day = 24
date = day + "天"
```

```
TypeError                          Traceback(most recent call last)
<ipython-input-2-c8d90539af15> in <module>()
          1 day = 24
----> 2 date = day + "天"

TypeError: unsupported operand type(s) for + : 'int'and'str'
```

在 Jupyter Notebook 的输出部分出现了错误,错误的内容是用英语书写的,意思是不能使用“+”运算符来计算数值和字符串。

虽然有时会觉得,既然数值要和字符串进行连接,那么数值自动转换成字符串就好了。事实上,像 JavaScript、PHP 这样的程序设计语言,是可以将不同类型的数据进行完美地处理的。但是,不能这样进行操作是 Python 的作派。

Python 中,基本上只能是数值和数值,或者字符串和字符串之间的计算。也就是说,统一类型后再进行操作是 Python 的作派。实际上,这样做是有很多优点的。

假如有 100 和 8 924 两个数字,对于这两个数字,根据不同的情况会进行不同的处理。比如,它们可能是长度或质量这样带有单位的数值,这样就会将其作为数值来进行计算。另外,也有可能是像邮政编码一样,两个数字就这样放在一起,意思就会成立。这时,它们就要作为字符串进行处理。“100-8924”是国会会议厅(众议院)的邮政编码,如果把“100-8924”作为数值的算式进行处理,就变成了减法算式。如果将邮政编码当作减法计算,那么得到的就是一个负数的数值,也就没有任何意义了。

使用程序想要做什么,或者数据含有怎样的性质、应该如何处理,都是根据具体的情况决定的。怎样处理数据并不是由程序设计语言本身决定的,而是由编写程序的人明确规定的,这就是 Python 的作派。

2.3.5 字符串与数值的转换(类型转换)

像上面的那个例子,想要将数值作为字符串处理,然后和其他的字符串相连接,那么在 Python 中怎么做才好呢? 此时需要将数值转换为字符串,将数据种类统一后,再将字符串和字符串进行连接这件事清楚地编写成程序就好了。

转换数据种类也称为类型转换,将数值转换为字符串也是类型转换。

Python 进行类型转换时需要使用函数。如果使用函数,则可以执行如加工数据一样的处理,如图 2.6 所示。

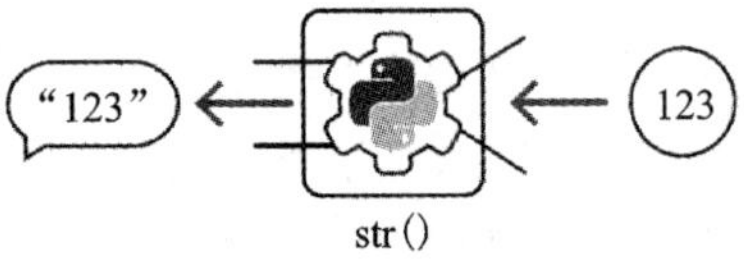

图 2.6　使用函数可以执行如加工数据一样的处理

通过 Jupyter Notebook 使用的 print()函数,是一个拥有显示数据内容功能的函数,就像 print("スパムおいしい")这样,将数据放入小括号中,就可以使用函数处理数据了。

使用 str()函数,可以将数值转换为字符串。将想要转换为字符串的数据放入函数的括号中,字符串就会作为结果返回。在下面的例子中,将含有数值的变量 day 放入了函数的括号中。

使用 str()函数

```
day = 24                    # 日期的数值
str_day = str(day)          # 将数值转换为字符串,代入变量
date = str_day + "天"       # 将转换成数值的日期和字符串进行连接
date
```

```
'24 天'
```

像 str()这样的函数称为内置函数。所谓内置,就是事先不需要经过任何准备就可以使用的意思。因为非常方便且使用率高,因此只要是 Python 的程序,无论在哪里都可以使用。

相反,如果想要将字符串转换为数值,那该怎么办呢?有两个内置函数可以完成这个操作:一个是 int(),另一个是 float()。int()是转换相当于整数(不包含小数的数字)的字符串而使用的内置函数,float()是转换与包含了小数点的数值相当的字符串而使用的内置函数。

那么,实际使用一下 int()函数吧!将仅由数字构成的字符串传递到函数的括号中,字符串转换成数值的结果显示在输出用的单元中。示例代码如下:

```
int("200")
```

接下来,使用一下 float()函数吧!将仅由数字和小数点构成的字符串传递到 float()中,如下:

```
float("3.14159265358979")
```

2.4 使用列表

数值、字符串是创建程序时最基本的数据类型。这里将要介绍的列表也与数值一样，是数据类型。列表是将数据按照顺序排列并管理(见图 2.7)，同时可以对数据进行有效率的处理。

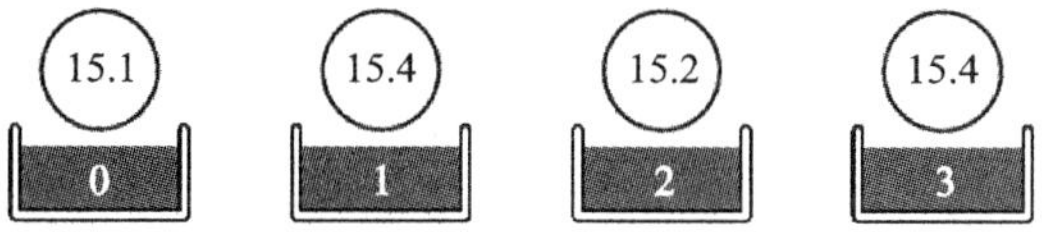

图 2.7　列表是将数据按照顺序排列并管理

如果脑海中浮现出记入数值、字符串的表，应该会比较容易想象列表的样子。工作中使用的 Excel 表，也可以作为列表数据进行处理。像暑假作业中书写的从 8 月 1 号到 31 号的气温一览表，学生或者公司职员等的名单也是列表的一种。

另外，根据列表的目的、种类，写入列表中的数据种类(数据类型)也会发生变化。比如在刚才的例子中，气温表中因为要记入数值，所以是数值列表，但是名单表则属于字符串列表。

列表中不仅可以放入数值、字符串，而且只要是使用 Python 处理的数据，都可以放进去。利用这个性质，Python 的列表不仅可以作为表使用，而且还可以作为整理物品的架子或是柜子使用。这是因为 Python 列表的灵活性很高。

2.4.1 定义列表

Python 定义列表类型时需要使用方括号([ ])，在方括号里将列表的元素进行排列，使用逗号(,)划分列表的元素。列表的定义方法如下：

句法：列表的定义方法

```
[元素 0, 元素 1, 元素 2, …]
```

定义列表后，试着代入变量。将 1950—2000 年东京白天的平均气温，以每十年为单位，做成数值列表，代入变量中，如下：

将列表代入变量

```
tokyo_temps = [15.1, 15.4, 15.2, 15.4, 17.0, 16.9]
```

在输入列表时，输入第一个方括号([)之后，在 Jupyter Notebook 中，光标就会自动将闭合方括号(])补上。这也属于 Jupyter Notebook 的输入辅助功能。因为会自动输入闭合括号，所以不容易出现由于忘记闭合括号而造成的语法错误。这个与输入字符串引号的操作相同。

对于拥有每隔一段时间(年数)的数值(平均气温)这样元素的列表，如果将其制作成图表样式，就能清楚地表现出平均气温是如何逐年发生变化的了。使用 Jupyter Notebook 时，只要稍加一点咒语，就可以简单地显示出图表来。

首先在 Jupyter Notebook 的单元中输入以下两行代码，这是一个读取绘制图表并将图表显示在输出单元中的咒语。详细介绍请参照 15.2 节中相关内容的讲解。

显示图表的准备

```
%matplotlib inline
import matplotlib.pyplot as plt
```

将写有平均气温的列表传递给名为 plt.plot( )的函数。这样一来，图表就会显示在 Jupyter Notebook 的单元中。操作非常简单，实际操作一下吧！

图表的显示

```
plt.plot(tokyo_temps)
```

在 Jupyter Notebook 的单元中显示出越是靠右侧数值越高的图表，如图 2.8 所示，通过该图表可以清楚地知道，东京的平均气温在这 50 年间有着逐年上升的趋势。

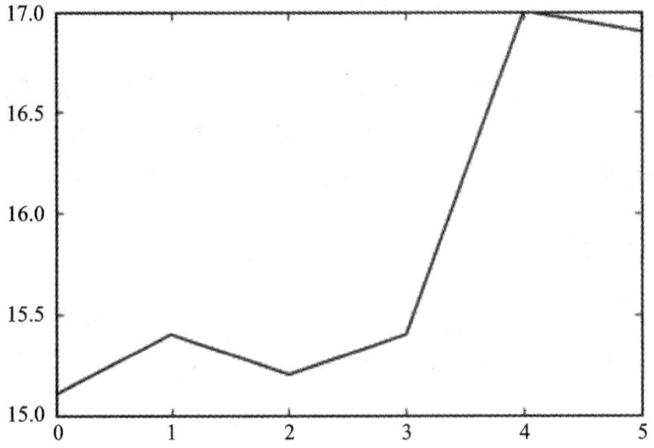

图 2.8　东京平均气温的图表

2.4.2　指定索引取出元素

列表中含有多个元素，给列表中的每个元素都标上名为索引(目录序号)的序号。列表的索引是以 0(零)开始的。在刚刚定义的东京的平均气温列表中有 6 个元素，那么在这个列表中就会标上从 0 到 5 的索引。

使用索引可以取出列表中的元素。给列表添加上方括号，将索引以数字的形式写入方括号中，这样就可以取出列表中的元素了，如图 2.9 所示。

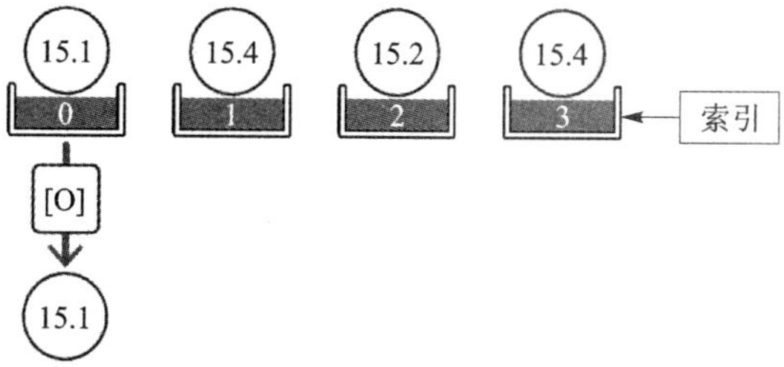

图 2.9 指定索引获取列表中的元素

句法：取出列表中元素的方法

```
列表名称[元素的索引]
```

1950 年的平均气温在 tokyo_temps 列表中为 0 号，如果要取出它，请按照以下代码进行操作。

```
tokyo_temps[0]
```

列表的最后，也就是索引的 5 号元素是 2000 年的平均气温。将此数值和 0 号元素(1950 年的平均气温)相比较，就可以知道在这 50 年里平均气温上升了多少摄氏度。为了知道它们的差值，这里使用减法就可以了。示例代码如下：

列表元素的减法

```
tokyo_temps[5] - tokyo_temps[0]
1.7999999999999999
```

由上述显示的结果可知，东京的平均气温在 50 年里上升了大概 1.8 ℃。

如果在方括号中放入超过元素数量的索引，那么会出现什么情况呢？在 tokyo_temps 列表中包含了 0～5 的 6 个元素，但如果在这个列表的索引中输入 6，就会出现错误。因为这个操作是想要取出原本就不存在的 7 号元素。

另外，也可以给予索引负的数字。例如，给予索引－1，可以指定列表中最后一个元素。将刚才计算温度差的公式使用索引－1 改写一下吧！示例代码如下：

指定列表中最后一个元素

```
tokyo_temps[-1] - tokyo_temps[0]
1.7999999999999999
```

使用－1 与列表的长度没有关系，但可以指定列表中的最后一个元素。因为不需要数列表的长度，所以非常方便。－2 就是从最后向前数第二个的意思。同样，可以指定负数数值来表示列表的总长度。如果输入了超过列表总长度的负数数值(tokyo_temps 中为－7)，就会出现错误。

2.4.3 列表的连接

在 Python 中列表也可以做加法。当列表做加法时,可以用两个连接的列表做出一个新的列表,如图 2.10 所示。这一点与字符串的连接很像。

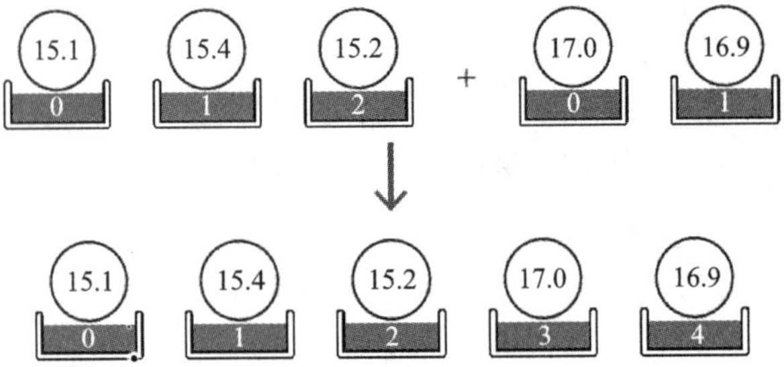

图 2.10 将列表做加法可以进行连接

实际操作一下列表的加法运算吧!就在刚刚平均气温列表的前面加上之前 50 年的平均气温吧!将 1900—1949 年的东京平均气温作为另外一个列表进行定义。通过将这个列表和刚刚定义过的 1950 年到 2000 年的平均气温列表相加,试着连接这两个列表。示例代码如下:

列表的加法运算

```
e_tokyo_temps = [13.6, 13.5, 14.2, 14.8, 14.8]
tokyo_temps2 = e_tokyo_temps + tokyo_temps
```

列表相加的结果是返回连接了两个列表的一个新列表。为了接收这个新列表,请注意代入其他变量。在做字符串加法运算时,也书写了类似的代码。

使用新列表,试着再绘制一次图表吧!将 tokyo_temps2 变量传递到 plt.plot( ) 函数中,代码如下:

图表的显示

```
plt.plot(tokyo_temps2)
```

通过图 2.11 所示的曲线可知,东京的平均气温在这 100 年的时间里处于不断上升的状态。

2.4.4 元素的置换和删除

使用索引可以对列表进行各种操作。例如,若指定索引并用等号进行代入,则可以替换列表元素,如图 2.12 所示。

试着替换一下列表元素吧!首先,定义字符串的列表;然后仅输入列表的变量,内容显示在单元中;最后进行确认。示例代码如下:

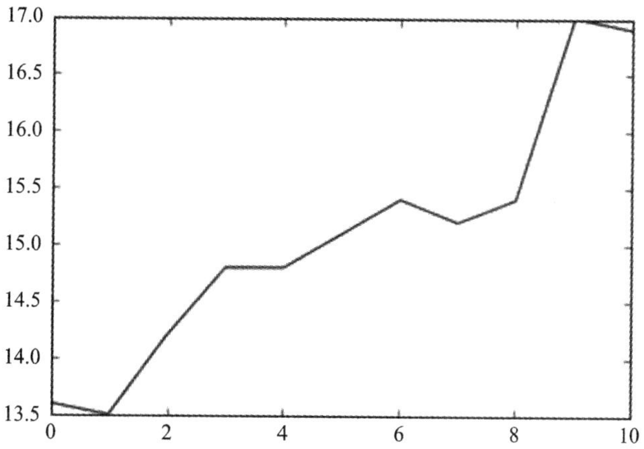

图 2.11　东京平均气温的图表

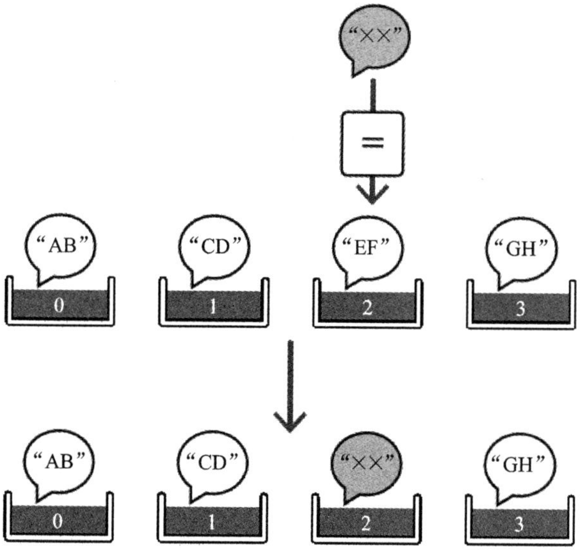

图 2.12　指定索引进行代入可以替换列表元素

列表"mcz"的创建

```
mcz = ["れに", "あかり", "かなこ", "しおり", "あやか", "ゆきな"]
mcz
```

['れに', 'あかり', 'かなこ', 'しおり', 'あやか', 'ゆきな']

要更换列表中最后元素(从 0 开始数到第 6 个(注:第 6 个元素的序号为 5))的字符串,确认列表中的变量,就可以知道最后一个元素被替换了。示例代码如下:

改写第 6 个元素

```
mcz[5] = 'ももか'
mcz
```

['れに', 'あかり', 'かなこ', 'しおり', 'あやか', 'ももか']

重点在于:操作列表元素时,列表本身会被改写。

接下来,指定索引,试着删除列表元素。使用相同的列表,试着删除从 0 开始数的第二个元素,如图 2.13 所示。删除列表元素需要使用 del 语句,示例代码如下:

删除元素

```
delmcz[0]
mcz
```

['あかり', 'かなこ', 'しおり', 'あやか', 'ももか']

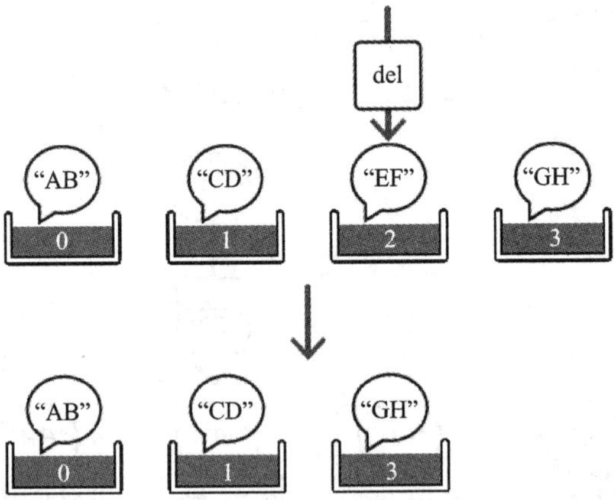

图 2.13 使用 del 语句删除元素

由显示列表的单元可知,列表自身发生了改变,第一个元素被删除了。

删除了第一个元素,列表就缩短了一个元素的长度,元素之间产生了错位,因此,删除前元素的索引也就发生了变化。例如,"かなこ"在删除前是从 0 开始数的第二个元素,但是删掉"れに"后,它的索引就变成了 0,变成了最前面的元素。

2.4.5 使用切片取出多个元素

Python 列表中有一个很有趣的功能,名为切片。切片就是在列表中的元素中指定连续多个元素的标记方法。

使用切片可以取出列表的一部分,如图 2.14 所示。

切片是将使用索引进行元素指定的表记方法进行了扩展。指定列表元素时需要使用方括号,在方括号中用冒号(:)来记述划分了的索引。

句法:切片的表记方法

```
列表名称[第一个元素的索引:最后一个元素的索引+1]
```

写在冒号右边的索引,需要在想要取出的元素索引上加 1。切片[1:3],就像

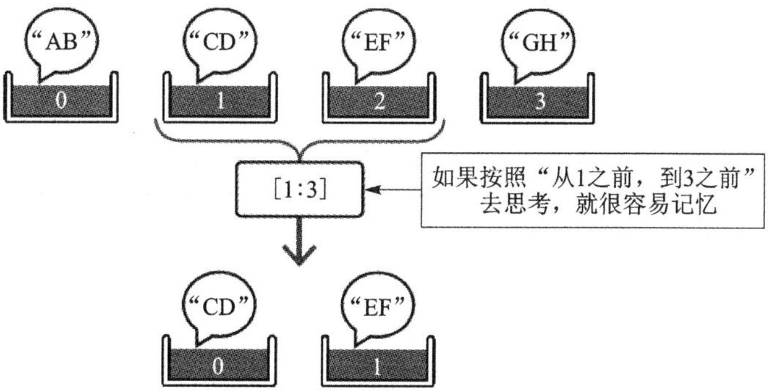

图 2.14　使用切片可以取出列表的一部分

图 2.14 所示的那样,"指定将第一个和第三个元素前的元素包围的元素"去想象可能会比较容易记忆。

试着操作一下切片功能吧！假设,在刚刚使用的字符串列表中取出从 0 开始数的第一个和第二个元素,并想要将其代入新的变量中。使用切片功能的代码如下：

使用切片的示例

```
momotamai = mcz[1:3]
momotamai
```

['かなこ', 'しおり']

在切片中,返回取出了元素的副本。因此,原始的列表并不会发生改变,还是之前的样子。另外,切片返回的是列表。即使切片结果返回的元素仅有一个,其结果也会以列表的形式返回。

在切片中,可以省略在冒号左右的索引。省略左侧时,从第一个元素开始;省略右侧时,直到最后一个元素都作为操作对象。示例代码如下：

使用切片的例子

```
mcz[:2]
```

['あかり', 'かなこ']

```
mcz[1:]
```

['かなこ', 'しおり', 'あやか', 'ももか']

2.4.6　列表的列表——二维数组

像刚刚例子中出现的气温列表那样,数值是横向排列的,并且用一个数值就能显示出元素的表,称为一维数组。与此相对,像 Excel 表那样,元素是横向纵向排列的,显示元素需要使用两个数值(横轴、纵轴)的表,这样的表称为二维数组。那么,使用 Python 想要处理像 Excel 表那样的二维数组需要怎么做呢？无论是什么种类的数据都可以添加到列表中。通过制作列表中的列表,可以达到二维数组的效果。

那么,试着用 Python 处理二维数组吧!对秋田和熊本两个城市从 1930 年到 2000 年的平均气温也做了调查,整理结果如表 2.3 所列。

表 2.3　东京、秋田和熊本的平均气温

年份 / 平均气温 / 城市名称	1930	1940	1950	1960	1970	1980	1990	2000
东京	14.8	14.8	15.1	15.4	15.2	15.4	17.0	16.9
秋田	10.0	10.4	11.5	11.2	10.9	10.6	11.8	12.2
熊本	16.0	15.5	15.9	16.4	15.9	15.6	17.5	17.1

以横轴为年份(西历),纵轴为城市制作出表 2.3,想要将此表在 Python 中处理。因为是二维数组,所以就出现了定义列表中的列表的表记方法。

试着在 city_temps 这个变量中定义列表中的列表,如下:

各城市平均气温的列表

```
city_temps = [
[14.8, 14.8, 15.1, 15.4, 15.2, 15.4, 17.0, 16.9],        # 东京
[10.0, 10.4, 11.5, 11.2, 10.9, 10.6, 11.8, 12.2],        # 秋田
[16.0, 15.5, 15.9, 16.4, 15.9, 15.6, 17.5, 17, 1]        # 熊本
]
```

因为是列表中的列表,所以看上去有些复杂,不过只要能抓住重点,就可以简单地处理。例如,秋田的长期平均气温收纳在 city_temps 从 0 开始数的第一个列表中,按照以下方法可以将其取出。

显示秋田平均气温的列表

```
city_temps[1]
```

```
[10.0, 10.4, 11.5, 11.2, 10.9, 10.6, 11.8, 12.2]
```

接下来,将熊本 1930 年和 2000 年的平均气温做一个对比吧!请回忆一下列表中包含列表这件事。首先,将熊本的平均气温列表作为“city_temps[2]”取出;然后,从这个列表中将 1930 年(第 0 个)、2000 年(第 7 个)的气温取出,连续两次指定索引就好了。示例代码如下:

平均气温的比较

```
city_temps[2][7] - city_temps[2][0]
```

```
1.1000000000000014
```

按照同样的方法,分别调查了东京和秋田的温度差,结果分别是 2.1 ℃和 2.2 ℃。虽然稍有差异,但可以得知日本整体的气温具有逐年上升的趋势。

刚好 Python 中涉及了很多数值，就将这些绘制成图表看看吧！将刚才绘制图表时使用的 plt.plot( )函数按照以下方法调用 3 次，就可以显示出拥有 3 根不同颜色线的图表。使用列表的索引指定，将城市的平均气温列表逐个传递给函数。

绘制 3 个城市的平均气温图表

```
plt.plot(city_temps[0])              # 绘制东京的图表
plt.plot(city_temps[1])              # 绘制秋田的图表
plt.plot(city_temps[2])              # 绘制熊本的图表
```

如图 2.15 所示，东京应是用蓝色的线表示的，秋田应是用绿色的线表示的，熊本应是用红色的线表示的，各条线自动用色彩区分，非常易于理解(注：由于本书为黑白印刷，故不能分辨颜色，但可以从数值判断出 3 个城市的曲线)；另外，从图 2.15 中也可以再次证实平均气温具有逐年上升的趋势。

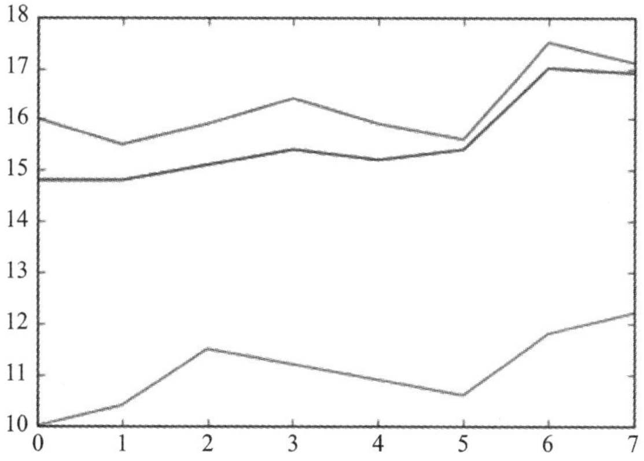

图 2.15　3 个城市的平均气温图表

2.4.7　列表的合计、最大值和最小值

在仅拥有数值元素的列表中，可以进行简单的合计，以及求最大值、最小值计算。这些都是使用内置函数进行计算的。

求列表的合计需要使用内置函数 sum()。sum 是表示数字、重量合计含义的英语单词“Summary”的缩写，也就是说，将这个英语单词直接用做了函数名称。

定义列表，然后试着计算一下列表合计。这里将茨城县一所高中在校学生的身高作为例子。将身高定义在列表中，然后代入变量。将这个列表作为内置函数 sum()的参数传递之后再调用，得到的结果显示在单元中。示例代码如下：

计算列表合计

```
monk_fish_team = [158, 157, 163, 157, 145]
sum(monk_fish_team)
```

```
780
```

接下来,计算一下列表的最大值和最小值。计算最大值需要使用内置函数 max(),计算最小值需要使用内置函数 min()。最大值的英文单词是 Maximum,最小值的英文单词是 Minimum,max 和 min 经常被作为以上两个英语单词的缩写使用。

试着使用刚才的身高列表,计算一下最大值和最小值,结果显示在单元中。示例代码如下:

输出最大值和最小值

```
max(monk_fish_team)
```

```
163
```

```
min(monk_fish_team)
```

```
145
```

2.4.8 查看列表长度

要知道列表中包含几个元素,也就是查看列表的元素数量,就需要使用内置函数 len(),这个是将表示长度的英语单词 length 的缩写作为了函数名称。

使用刚才的身高列表,查看一下列表的长度,结果显示在单元中。示例代码如下:

使用 len()函数的示例

```
len(monk_fish_team)
```

```
5
```

知道了列表的长度和合计,就可以计算其平均值了。将合计除以长度(元素数量)就可以算出其平均值。将计算结果代入变量,显示出数值。示例代码如下:

输出平均值

```
monk_sum = sum(monk_fish_team)                # 计算合计
monk_len = len(monk_fish_team)                # 查看长度
monk_mean = monk_sum/ monk_len                # 计算平均值
monk_mean
```

```
156.0
```

每个人的身高和平均身高相差多少呢?将其做成图表看看吧!使用 plt.bar()函数绘制一个柱状图,然后使用 plt.plot()制作一个曲线图。将曲线图和柱状图重合,即可描绘出一条平均值的线。示例代码如下:

显示图表

```
plt.bar([0, 1, 2, 3, 4], monk_fish_team)
plt.plot([0, len(monk_fish_team)], [monk_mean, monk_mean], color='red'
```

所得到的身高图如图 2.16 所示。

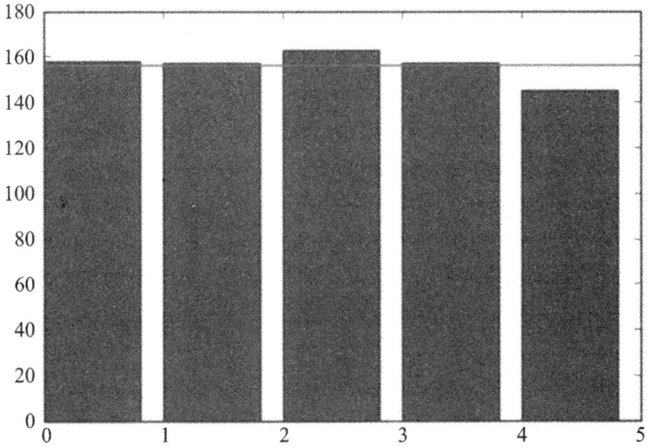

图 2.16 anko 队的身高图

2.5 用 for 语句进行循环操作

像列表那样，拥有多个元素的数据类型叫作序列(sequence)。列表是序列，由多个字符构成的字符串也是序列。

程序在处理像列表这样的序列时，经常使用循环结构。所谓循环，简单来说，就是反复处理的意思。对待多个数据，想要重复相同的处理时，就可以使用循环操作。

如果脑海中能够浮现出工厂传送带的情景，那就能够比较容易地联想到 Python 的循环处理。在传送带上放着要处理的数据，传送带向前运动就会逐个加工传送带上的数据，这就是 Python 循环操作的大致流程，如图 2.17 所示。

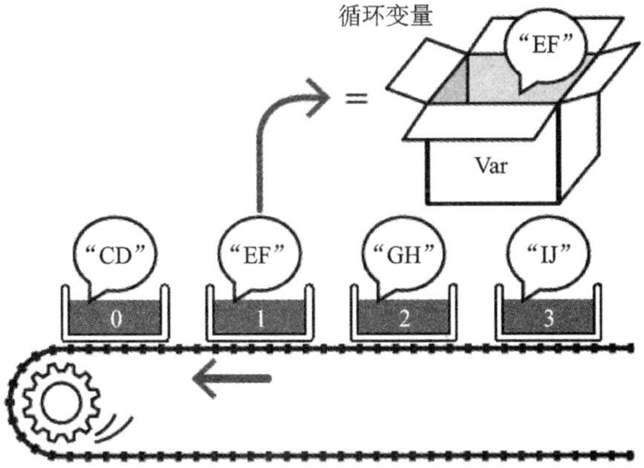

图 2.17 使用 for 语句可以执行循环操作

在 Python 中,可以使用 for 语句进行循环操作。在 for 语句中添加序列(列表等)然后书写。在 for 和序列之间放置叫作循环变量的变量,在循环变量和序列之间放置叫作 in 的关键词。序列的元素逐个被代入到循环变量中,从而执行循环操作。

想要用循环操作,则需要在 for 语句的后面进行缩进,然后记述。使用循环处理的代码范围是使用缩进来表示的。通过特定条件,执行的代码范围叫作块。在 Python 中,块是稍微往右边错开进行书写的,所以从外观上可以很容易地辨别处理内容,如图 2.18 所示。

图 2.18　在循环内执行的代码块需要缩进

在以 for 开头的那一行的最后要写上一个冒号(:)。在 Python 中,像块这样需要缩进的地方的前面必须要写冒号。

句法:for 语句的表记方法

```
for 循环变量 in 序列:
    在循环里执行块
```

使用 for 语句制作一个简单的循环吧! 例如,使用 print()函数逐个显示列表元素。

在使用了缩进的块中显示循环变量(member),每经历一次循环,列表元素就会被代入一次,其结果就是列表元素会逐个显示在画面中。示例代码如下:

for 语句的使用示例

```
mcz = ['れに', 'かなこ', 'しおり', 'あやか', 'ももか']
for member in mcz:
    print(member)
```

```
れに
かなこ
しおり
あやか
ももか
```

循环结束后,添加在 for 语句的列表会怎么样呢? 将列表的内容显示出来,确认一下吧! 示例代码如下:

确认列表内容

```
mcz
```

```
['れに', 'かなこ', 'しおり', 'あやか', 'ももか']
```

for 语句添加的列表好像没有什么变化,看上去是在循环中将列表中的元素逐个抽出。但实际上,只是将元素逐个代入到循环变量中而已。因此,for 语句添加的列表内容没有发生变化。

再看一些有实际意义的 for 语句的例子吧！这里使用 2.4.7 小节中的身高数据。为了调查身高的偏差，这里使用统计上经常使用的方差和标准偏差值进行计算。

根据统计的公式，只要计算出方差的平方根就可以得到标准偏差。现在根据公式，按照以下步骤，先得到方差的值。

① 列表的数值减去平均值，然后将其结果取平方值后加上方差；

② 将所有数值重复步骤①；

③ 计算步骤②得到的数值的总和，然后用其除以元素个数。

其中，步骤②的处理可以使用循环。

将计算方差的步骤编写成以下 Python 代码。

计算方差

```
monk_fish_team = [158, 157, 163, 157, 145]

total = sum(monk_fish_team)              # 列表的合计
length = len(monk_fish_team)             # 列表的元素个数(长度)
mean = total/length                      # 求平均值
variance = 0                             # 计算方差使用的变量

for height in monk_fish_team:
    variance + = (height - mean) ** 2    # 身高减去平均值求得平方后再相加
variance = variance/length               # 使用上一步求得的总和除以元素个数，从而
                                         # 求得方差值
variance
```

```
35.2
```

首先，先计算出平均值，并代入到变量 mean 中；然后，在循环内将加了计算结果的变量初始化为 0，并且在循环内不断重复"列表的数值减去平均值，其结果取平方值后相加"这个操作；最后将循环得到的结果除以元素个数(列表长度)，显示的计算结果为 35.2。

在 Jupyter Notebook 的单元中输入 for... 那一行换行时，下一行会自动进行缩进。这也是一种使输入 Python 代码更容易的功能。

通过方差计算标准偏差，来看一下身高的偏差是多少吧！由方差求标准偏差值时需要计算平方根，计算平方根只需算出数值的 0.5 次方就好了。示例代码如下：

标准偏差的计算

```
variance ** 0.5
```

```
5.932958789676531
```

由结果可知，这个身高列表的身高波动为 5.9 cm。

对于同一所高中排球队的身高列表，也按照这种方法计算一下方差和标准偏差

吧！代码如下：

计算其他列表的标准偏差

```
volleyball_team = [143, 167, 170, 165]

total2 = sum(volleyball_team)                # 列表的合计
length2 = len(volleyball_team)               # 列表的元素个数(长度)
mean2 = total2/length2                       # 求平均值
variance2 = 0                                # 计算方差使用的变量

for height in volleyball_team:
    variance2 += (height - mean2) ** 2       # 身高减去平均值求得平方后再加上方差
variance2 = variance2/length2                # 使用上一步所求得的总和除以元素个数,
                                             # 从而求得方差值
variance2 ** 0.5
```

```
10.685855136581255
```

由结果可知，排球队的身高偏差很大。

range()函数

在程序中有时想要执行固定次数的循环，这时使用名为 range()的内置函数就会比较方便。

将数值作为参数传递给 range()函数，这样一来就可以简单地做出仅重复某个次数的 for 循环了。

试着做一个简单的例子吧！向 range()函数赋 10，指定为 for 语句的序列。于是，就可以做出重复 10 次的循环了。如果在循环块中显示循环变量 cnt，就可以知道在 range(10)中制作出来的是以 0 开始 9 结束的序列。以 0 开始这一点和列表的索引很相似。示例代码如下：

使用 range()函数的示例

```
for cnt in range(10):
    print(cnt)
```

```
0
1
⋮
9
```

另外，如果给 range()函数传递两个参数，则可以制作在规定的范围内重复数值的循环。例如 range(2,10)，可以制作从 2 到 9 的循环序列。

再看一个比较具体的例子吧！计算一下如果存钱或者使用储蓄型保险，则 15 年后存款会增加多少。就是用本金乘以一定的利率，将这个操作反复进行 15 次就好了。这样的计算被称为复利计算。

假设,将 100 万日元的本金放入年利率为 5%的理财产品中。将 5%改写为小数形式 0.05。0.05 乘以本金后再和本金相加,将这个操作重复 15 次,就可以得到 15 年后的金额了。用 Python 执行一下这个操作吧! 示例代码如下:

复利计算的示例

```
savings = 100                    # 本金
for i in range(15):              # 重复 15 次
    savings += savings * 0.05
savings
```

```
207.89281794113666
```

请注意,在循环块中没有使用循环变量。因为是以固定的次数重复为目的的循环,所以不需要使用循环变量。其实,使用乘方也可以做出相同的计算,这里主要是为了练习,所以使用了循环。

由结果可知,仅仅是 5%的利率,15 年后的本金也增加了意想不到的数量。因为增加额的部分还要再乘以利率,所以 15 年后增加到了本金的两倍多。

2.6　用 if 语句进行条件分支

在日常生活中,我们总是根据各种各样的条件做出相应的行动。例如,如果天气预报称降水概率在 50%以上,则出门就会带伞;如果在发工资之前生活费不够,则会节省开支;如果敌军的坦克向我军坦克射击,则我军坦克会按 Z 字形行驶;如果有喜欢的明星登台,则一定会看相应的节目,等等。

根据事先出现的条件,我们采取不同的行动,然后根据这些行动进行着有智慧、有文化的生活。程序也是一样。在某一条件下,通过执行特定工作或者不执行特定工作的处理,可以制作出更加方便且智能的程序。

使用程序时,根据条件将处理内容分开叫作条件分支,如图 2.19 所示。这里将讲解如何使用 Python 进行条件分支。

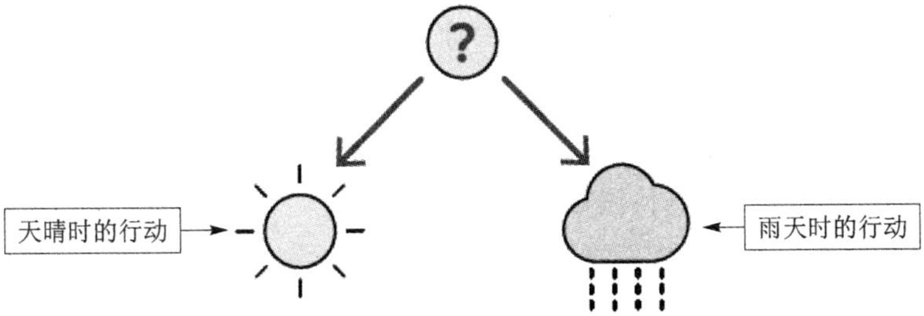

图 2.19　根据条件分开处理称为条件分支

利用 Python 进行条件分支操作时,需要使用 if 语句。在 if 语句中,将分开程序执行的条件做成表达式然后添加,就可以控制程序的流程了。其中,表达条件的表达式称为条件表达式。另外,在 if 语句中,要将根据条件执行的代码描述在缩进的块中,如图 2.20 所示。if 语句的最后需要写上冒号(:),这与 for 语句中对块的要求是一样的。

句法: if 语句的表记方法

```
if 条件表达式:
    根据条件执行块
```

不只是 Python,程序都是按照源代码自上而下的顺序执行的。改变这种流程的处理,叫作流程控制。像 Python 中 for 语句这样的循环就是流程控制的例子,通过重复特定块的处理来改变程序的流程。if 语句也是流程控制的一种,根据特定的条件来执行或不执行块这个动作,如图 2.21 所示。

图 2.20　根据条件执行的块需要缩进

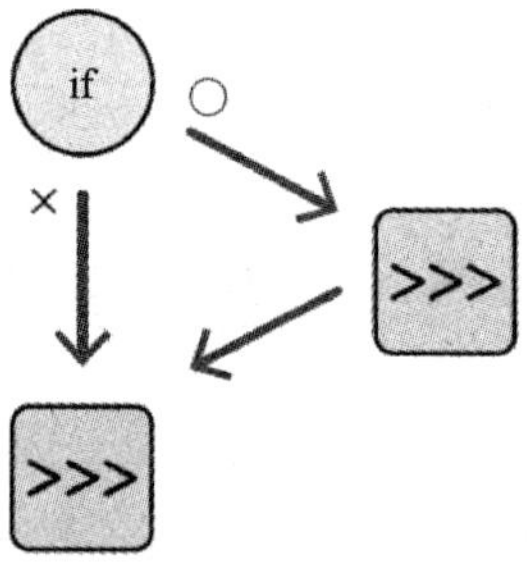

图 2.21　在 if 语句中根据条件改变程序的流程

也可以通过拆分操作内容,按照顺序排列出处理顺序,然后制作流程,从而制作出程序。但是,如果程序变长,则流程也有变得比实际需要还复杂的倾向。

通过巧妙地使用循环、条件分支这样的流程控制,可以调整程序的流程,让其变得简练。在写代码时,如果把写出简单、易读,谁看了都能理解处理内容的代码的规则放在心上,就可以制作出优质的程序了。

那么,试着编写一个使用 if 语句的程序吧!只要是添加在 if 语句的条件成立,就会执行块内的 print()函数,然后显示出字符。"=="是为了查看左边和右边是否相等的意思。第一个 if 语句是以 2 * 2 * 2+2 的计算结果是否等于 10 为条件的。会执行哪一个字符块呢?示例代码如下:

if 语句的例子(用 4 个 2 制作计算结果为 10 的程序)

```
if 2 * 2 * 2 + 2 == 10:
    print("2 * 2 * 2 + 2 等于 10")
if 2 + 2 * 2 + 2 == 10:
    print("2 + 2 * 2 + 2 等于 10")
if (2 + 2) * 2 + 2 == 10:
    print("(2 + 2) * 2 + 2 等于 10")
```

像这样,在 if 后面使用两个等号(==)或不等号(>或<)这样的符号来进行条件设置。像两个等号(==)或不等号(>、<)这样的符号称为比较运算符(详见 3.4 节中的相关内容)。在 if 语句中,使用比较运算符比较像数值这样的数据,其结果就是根据是否符合条件来分开处理。

2.6.1 比较数值

使用 if 语句的条件分支最经常编写的代码应该是数值比较,将计算结果放入变量中进行比较,也可以比较函数作为结果返回的数值。

看一个使用 if 语句进行比较的简单例子吧！有几个 if 语句,仅在条件成立时执行 if 语句的块,会显示"第×个是 True"。True 就是"真实(条件表达式成立)"相应的英语单词。执行代码之前,请预测一下会执行哪一个 if 语句的块呢?

比较数值条件表达式的例子

```
if 1 == 1:
    print("第一个是 True")
if 5^(4 - 4) + 9 == 10:
    print("第二个是 True")
if 2 < len([0, 1, 2]):
    print("第三个是 True")
if sum([1, 2, 3, 4]) < 10:
    print("第四个是 True")
```

执行这个代码会显示"第一个是 True""第三个是 True"这样两行结果。

2.6.2 比较字符串

如果使用比较运算符,则不仅可以比较数值,而且还可以比较字符串。在字符串的比较中使用==(相等)、!=(不同)这样的运算符。

在使用了运算符"=="的字符串比较中,当左右两边的字符串完全一致时,条件成立。下面是一个使用了字符串比较的 if 语句的简单例子。

比较字符串的条件表达式的例子

```
if "AUG" == "AUG":
    print("1 番目はTrue")
if" AUG" == "aug":
    print("2 番目はTrue")
if"あいう" == "あいう":
    print("3 番目はTrue")
```

执行这个代码会显示"1 番目はTrue""3 番目はTrue"这样两行结果。因为第二个是英文字母大小写的比较,所以条件表达式不成立。

2.6.3 检索字符串

如果要查找在某个字符串中是否包含特定的字符串,则需要使用叫作 in 的运算符。这个英语单词是检索字符串时使用的运算符,非常好记。

下面是一个使用运算符 in 进行字符串检索的简单的例子。在这里面,仅执行了第一个和第三个块。

in 运算符的使用示例

```
if "GAG " in " AUGACGGAGCUU ":
    print("1 番目はTrue")
if "恋と戦いはあらゆることが正当化されるのよ" in "正当化":
    print("2 番目はTrue")
if " stumble" in " A horse may stumble though he has four legs":
    print("3 番目はTrue")
```

2.6.4 比较列表

在 Python 中,使用 if 语句可以进行简单列表元素的比较。列表中使用==(相等)、!=(不同)、in(元素检索)这 3 个运算符。和列表一样,与拥有多个元素的字符串是同一种处理方法。

使用运算符"=="比较列表时,仅在每一个元素都完全一致时条件才能成立。

下面是使用运算符"=="比较列表的例子。在这个例子中,仅执行第一个块。

比较列表的条件表达式的例子

```
if[1, 2, 3, 4] == [1, 2, 3, 4]:
    print("第一个是 True")
if[1, 2, 3] == [2, 3]:
    print("第二个是 True")
if[1, 2, 3] == ['1', '2', '3']:
    print("第三个是 True")
```

2.6.5　检索列表元素

使用运算符 in 可以查询列表中是否有特定的元素。下面是使用运算符 in 来比较列表元素的例子，仅执行了第一个和第三个块。

查看列表中元素的条件表达式的例子 1

```
if 2 in[2, 3, 5, 7, 11]:
    print("1 番目はTrue")
if 21 in[13,17, 19, 23, 29]:
    print("2 番目はTrue")
if 'アッサム' in['ダージリン', 'アッサム', 'オレンジペコ']:
    print("3 番目はTrue")
```

使用运算符 in 不能查看列表中包含了多个元素。如果是字符串，比如“"12" in "1234"”，则可以将多个字符放到左边，然后进行检索。但是，在列表中无法进行类似的处理。

请回忆一下，无论什么种类的数据都可以放入列表中。如果使用 in 可以检索多个元素，那就不会有检索列表中列表的方法。

请试着执行以下代码。运行时仅执行了第一个和第三个块。读者可能会觉得第二个块的条件表达式也是正确的，但是仔细看一下，第二个是查找列表中的列表。右边的列表只是数值，因为查找不到列表，所以第二个块的条件表达式不成立，故不执行。

查找列表中元素的条件表达式的例子 2

```
if 1 in [0,1, 2, 3, 4]:
    print("第一个是 True")
if [1, 2] in [0,1, 2, 3, 4]:
    print("第二个是 True")
if [1, 2] in [0, 1, [1,2],3,4]:
    print("第三个是 True")
```

2.6.6　使用 else 语句

当条件不成立时，若制作想要执行的块，则需要使用 else 语句。英文单词 else 是带有“如果不是……的话”的含义的副词。使用 else 语句，可以让 if 语句带有两个块。在条件成立时执行 if 的块，在条件不成立时执行 else 的块，如图 2.22 所示。可以通过“如果 A 的话就 B，如果不 A 的话就 C”这样的条件来执行代码。

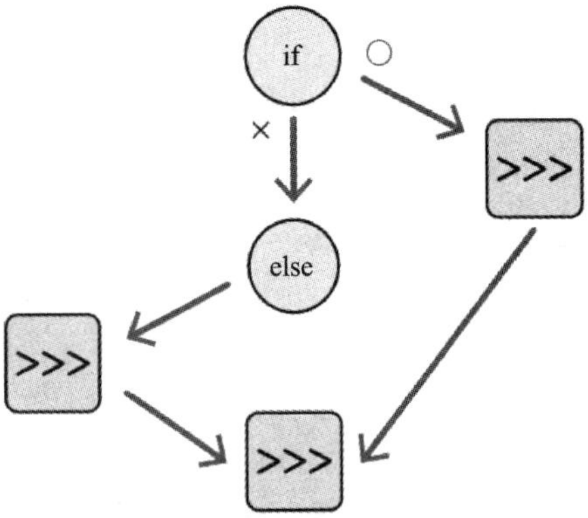

图 2.22 else 语句以下的块在条件不成立时执行

句法:在 else 语句中 if 语句的表记方法

```
if 条件表达式:
    条件成立时执行块
else:
    条件不成立时执行块
```

下面是一个使用了 else 语句的简单例子。因为在 else 语句以下也记述块,所以 else 语句使用冒号结尾。在使用了 2、2、3、4 制作的两个公式中,哪一个的结果为 10 呢?

else 语句的使用示例

```
if 2^3 - 2 + 4 == 10:                              # 表达式 1
    print("表达式 1 等于 10")
else:# 根据表达式 1 的结果,执行其中某一个
    print("表达式 1 不等于 10")
if 2 ** 3 - 2 + 4 == 10:                           # 表达式 2
    print("表达式 2 等于 10")
else:# 根据表达式 2 的结果,执行其中某一个
    print("表达式 2 不等于 10")
```

实际上执行以后可知,第二个公式得到的结果为 10。

根据条件分开处理,像"A 的话这样处理,B 的话这样处理"有时想要列举好几个条件。此时,根据程序设计语言,可以使用叫作 switch 的句法。那么在不含有 switch 语句的 Python 中,怎样书写会比较好呢?在 else 语句中,可以通过再写入一个 if 块来编写目标处理程序。利用这个方法,使用多个条件,来分开处理。

例如,假设想要编写一个计算某位女性年龄的程序。将西历代入变量中,再与出生年份求差,就可以计算出其年龄了。此外,设定如果是出生年份,就显示特别的信息;如果代入了出生年份之前的西历,就什么也不显示。示例代码如下:

使用双重 if 语句的例子

```
a_year == 2080
if a_year >= 1993:                    # 表达式 1
    if a_year == 1993:                # 表达式 2
        print(a_year, "年、reni 出生") # 表达式 1、表达式 2 都正确的情况下的处理
    else:
        print(a_year, "年、reni", a_year - 1993, "岁")
                              # 表达式 1 正确、表达式 2 不正确的情况下的处理
```

在以上例子中使用的“>=”是为了查看左边的数值是不是比右边数值大，其与数学中出现的“≥”符号的含义相同。

另外，在 print()函数中，可以通过用逗号(,)隔开的方式传递数值和字符串。这样一来，可以连接所有传递的数值或字符串，然后再显示出来。连接的顺序就是按照传递时的顺序进行的。

仔细观察上述代码，就会发现在 if 语句中又装入了一条 if 语句，其缩进要更靠后面一些。这样的话，程序就变得不容易阅读，而且通过程序表面变得不容易把握处理内容了。

当 Python 处理多个条件时，使用 elif 语句是很方便的，如图 2.23 所示。elif 就是“else if”的缩略形式，其综合了 else 语句和 if 语句的功能。当想要比较的条件有很多时，可以通过连接几个 elif 语句来实现。

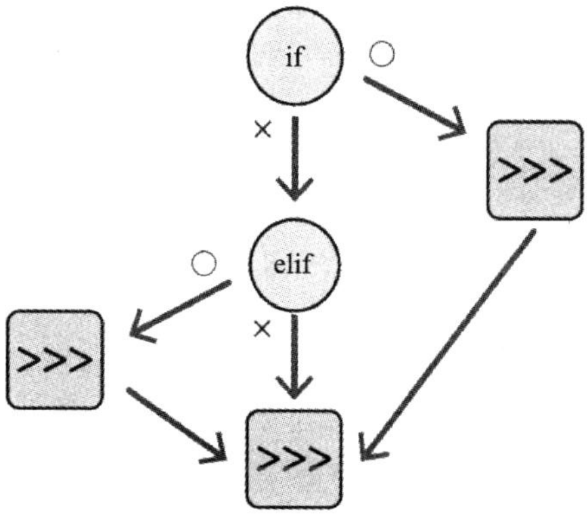

图 2.23　使用 elif 语句可以评价多个条件

句法：elif 语句中的 if 语句的表记方法

```
if 条件表达式 1:
    条件表达式 1 成立时执行的块
elif 条件表达式 2:
    条件表达式 2 成立时执行的块
```

试着将刚才的代码使用 elif 语句重新编写一下吧！代码将变得更加清晰，且处

理的内容也变得易于理解了。示例代码如下：

elif 语句的使用示例

```
a_year == 2080
if a_year == 1993:
    print(a_year, "年、reni 出生")      # 表达式 1、表达式 2 都正确的情况下的处理
elif a_year > 1993:
    print(a_year, "年、reni", a_year - 1993, "岁")
```

接下来看一下使用 if 语句更加具体的例子。将循环和 if 语句组合使用，判断代入变量的数字是否是质数。

所谓质数，就是像 2、3、5、7 或 11、13 等这样“正的公约数只有 1 和它本身的自然数”。换句话说，质数就是“不能被小于自己的数(1 除外)整除的数字”。

假设，在变量 a_num 中代入想要查看是否是质数的整数。请思考一下如何判断代入这个变量的数字是否是质数。

根据质数的定义就会发现，可以尝试分别使用从 2 开始到 a_num 的前一个数字除以 a_num 就好了。如果可以整除，也就是说，除得的余数为 0，则该数字不是质数。使用“%”运算符，如果余数为 0 就是可以整除。

示例代码如下，只有在不是质数的情况下才显示信息。

组合使用 for 语句和 if 语句的例子

```
a_num = 57                              # 查看是否为质数的数字
for num in range(2,a_num):              # 从 2 到 a_num - 1 的循环
    if a_num % num == 0:                # a_num 是否可以被 num 整除
        print(a_num, "不是质数")
    break
```

使用 range()函数，创建从 2 到 a_num 的前一个数字的序列，序列的返回值在循环中被代入循环变量 num 中。

在循环块中的 if 语句是这个代码的重要部分。在条件表达式中使用运算符“%”，用想要查看的数值(a_num)除以 num，求余数，余数是 0 就可以发现能被整除的数字，只要找到了能被整除的数字就会显示出“不是质数”的消息。

在 if 语句的块中，break 表示从循环中离开的特别命令。因为只要发现能整除的数字，那之后就没有查找的必要了，for 循环就会从 if 语句的块中脱离出来。具体内容将在 3.5.2 小节中讲解。

请在 Jupyter Notebook 的单元中输入以上代码，实际执行一下。如果改变在 a_num 中代入的数字，就可以查看各种各样的数字是否是质数了。

2.7　使用函数

到目前为止，书中已经使用了好几种函数了，例如，内置函数 int( )，用于将与数值相当的字符串转换为数值，如果将字符串作为参数传递给函数，就会作为结果返回数值；使用 turtle 绘制图形时也使用了函数；另外，在 Jupyter Notebook 中绘制图表的 plt. plot()、plt. bar()也是函数。Python 中，不仅有返回数值、字符串这样简单的数据的函数，而且也有进行复杂处理的函数。

2.7.1　什么是函数

简单来说，函数(function)就是接收输入并返回输出的结构，如图 2.24 所示。也可以说，函数是为实现特定目的而提供相应功能的结构。

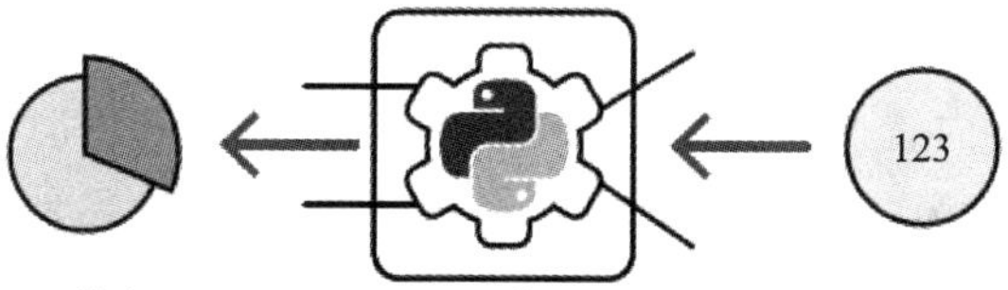

图 2.24　函数是接收输入并返回输出

在程序中有需要频繁执行的操作以及一些固定的处理方式，而函数就是将这些经常会出现的处理内容事先整理成随时都可以使用的公式。因此，为了可以更高效地编写程序需要使用函数。

例如，假设想要计算数值列表的合计。如果灵活运用目前为止所学知识，那么制作一个计算列表元素总和的程序也不是一件困难的事情。下面是将一个变量和 for 语句相结合的简单程序。

计算列表元素的总和

```
the_list = [101, 123, 152, 123]
summary = 0                          # 制作一个用来计算总和的变量
for item in the_list:                # 用列表创建循环
    summary = summary + item         # 计算列表元素总和

summary                              # 显示总和
```

```
499
```

若每次计算列表元素的总和都需要编写以上代码那将会很麻烦。比起这样书写代码，使用 Python 自带的内置函数 sum()就会简单许多。而且，如果知道了 sum()的功能，那么只要看到代码中所写的函数名称就可以知道是如何处理的了。比起上述例子中写的很长的代码,只需要写“sum(the_list)”就可以做出简练且易于理解的程序了。

另外,在手写的代码中会包含一定比例的错误,而使用现成的、可以保证正确处理的函数,就会降低错误的概率,从而做出更高品质的程序。

在Python中,除了像sum()这样的内置函数以外,还可以使用稍后介绍的叫作模块的结构。Python中配备了很多函数,如果可以熟练地运用这些函数,就可以更加快速地制作出程序了。另外,函数中都起了易于联想其功能的名称,这个函数的名称就叫作函数名称。

2.7.2 调用函数

使用Python调用函数时,在函数名称的后面使用小括号“()”。

句法:调用函数的表记方法

```
函数名称(参数1, 参数2…)
```

作为示例,调用内置函数abs()。abs()是求数值绝对值时使用的函数,在调用函数时使用小括号传递数值,然后再调用。这样一来,就会返回转换成正数的结果,如图2.25所示。

abs( )函数的执行示例

```
abs(10)
```

```
10
```

```
abs(-200)
```

```
200
```

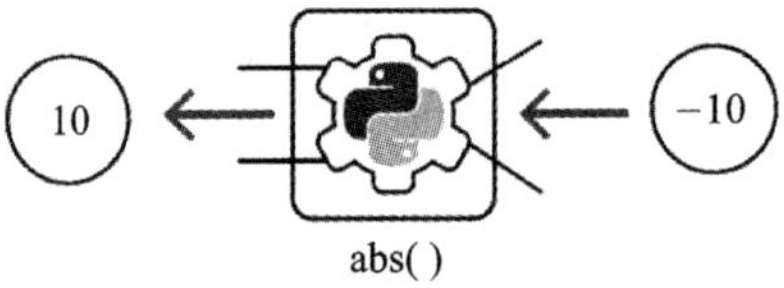

图2.25 abs( )是返回数值绝对值的函数

2.7.3 函数的参数

调用函数时,在小括号内放入数值或字符串这样的数据,放入小括号中的数据叫作参数。

什么种类的数据可以作为参数进行传递是由函数决定的,而且函数中传递几个参数也是由函数决定的。其中,有些函数也有不需要参数的情况。根据函数需要做什么样的处理来决定参数的数量或种类。

请回忆上面例子中的函数 abs()。在 abs()函数中,一定是要将数值作为参数传递的。如果将字符串作为 abs()函数的参数进行传递,就会出现错误。有的编程人员可能会认为,传递字符串时,程序就会自动将其转换成数值,还会自动再转换成正数的数值,使用起来非常方便。但是,这样的操作是违反 Python 风格的。

再看一个关于函数参数的例子。将字符串转换成数值时所使用的函数 int(),除了可以将字符串作为参数传递外,也可以将数值作为参数传递。这是因为,将有小数点的数值(浮点数)转换成整数时也可以使用 int( )。

另外,在 int()中实际上还有第二个参数。当把字符串传递给第一个参数时,如果将基数作为第二个参数传递,就相当于有将二进制或十六进制的字符串转换成整数的功能。示例代码如下:

int()函数的执行示例

```
int("100")                    # 将字符串转换为十进制数值
100

int("100", 2)                 # 将字符串看作二进制数转换
4

int("100", 16)                # 将字符串看作十六进制数值转换
256
```

像这样,通过将参数传递给函数就可以控制所要处理的内容了,如图 2.26 所示。

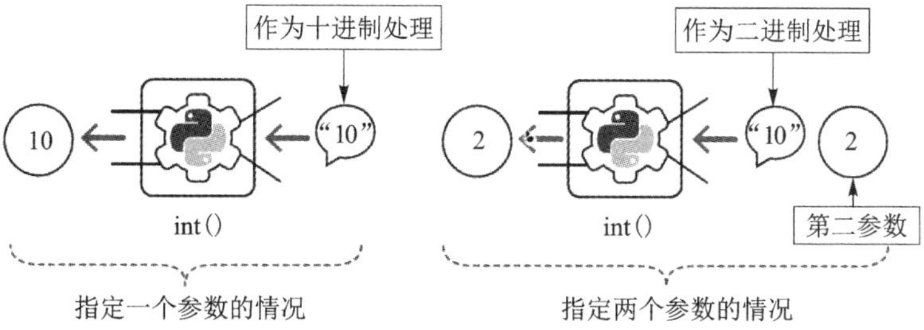

图 2.26　使用参数可以控制函数

2.7.4　函数的返回值(1)

函数处理的结果,也就是从函数输出的数据叫作返回值。函数返回什么种类的数据是由函数自身决定的。例如,函数 abs(),其结果就是返回(正数的)数值;函数 int()返回数值(整数),如图 2.27 所示。

函数中不仅可以返回像数值、字符串这样简单的数据,而且也可以返回复杂的数据。在 for 语句一节中所介绍的 range()函数,其返回值是像例表一样的序列,这就属于返回比较复杂的数据的例子。作为添加在 for 语句上的序列,使用 range()函数

的返回值这个方法就可以容易地制作固定次数的反复循环。

在函数中也有一些是没有返回值的,像函数 print()就属于没有返回值函数的代表。因为函数 print()含有在画面中表示参数内容的功能,其结果显示在画面中,所以也就没有返回返回值的必要了。

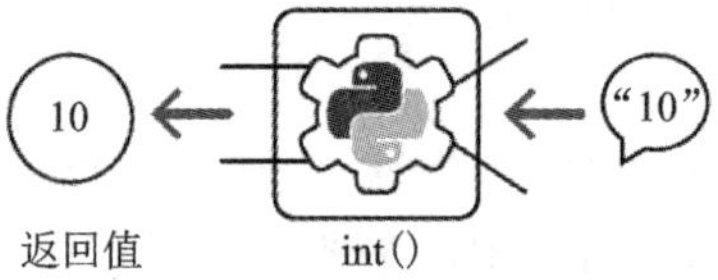

图 2.27　返回值是函数返回的结果

2.7.5　定义函数

到目前为止,我们学习了函数的使用方法,接下来将介绍有关函数的制作方法。在以 Python 为代表的程序设计语言中,用户可以制作自己的函数。

制作自己的函数叫作定义函数。通过将使用程序反复执行的处理作为函数进行定义,就没有必要把相同处理的代码反复书写了。如果可以很好地使用函数定义,就可以制作出简洁且易于理解的好程序了。

利用 Python 定义函数时需要使用 def 语句,然后写上函数名称和小括号,这就是定义函数最基本的方法。其中,使用函数执行的代码整合在缩进的块中(见图 2.28)。在 def 函数名称后用冒号结束,并在 def 语句的下一行缩进后写入函数块。这与 for 语句和 if 语句是一样的。

句法:定义函数的表记方法

```
def 函数名称():
    函数块
```

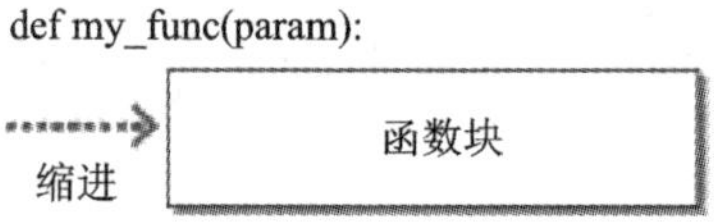

图 2.28　使用函数执行的代码归纳在块里

给函数起的名字叫作函数名称。给函数命名时,规则与给变量命名时相同。以字母开头,之后需要混合数字、符号等。如果没有什么特殊原因,那么函数名称使用的字母请使用小写字母。与变量名称一样,在区分单词时使用下画线(_)或大写字母就好了。

那么,试着定义一个简单的函数吧!定义一个只要输入数字就能显示出命运坦克的占卜函数,示例代码如下:

destiny_tank()函数的定义

```
def destiny_tank():
    tanks = ["V号戦車D型","III号戦車J型", "チャーチル Mk.VII",
             "M4シャーマン", "P40 重戦車", "T-34/76"]      # 坦克列表
    num = input("好きな数字を入力してください:")         # 输入数字
    idx = int(num) % len(tanks)                         # 将输入值转换为列
                                                        # 表的索引
    print("あなたの運命の戦車は")
    print(tanks[idx])                                   # 显示结果
```

在函数中调用内置函数 input()。这个内置函数将读取从键盘输入的内容，然后返回为字符串的函数。在 Jupyter Notebook 中，文本框会显示在单元的下方，输入到文本框中的字符串会被代入变量 num 中。

输入到文本框中的字符串将使用 int()函数将其转换成整数。输入的字符串转换为数值后，将使用运算符“%”计算转换后的数值除以坦克列表长度的余数。通过这样的做法，不管输入什么样的数字，都可以得到容纳列表元素数量(长度)的索引。

请在单元中输入代码，定义函数；然后在另一个单元中，像 destiny_tank()这样，调用函数。这样一来，调用了函数的单元下方就会显示如图 2.29 所示的文本框。

In [*]:
destiny_tank()
好きな数字を入力してください:
2

图 2.29　执行函数时会显示出对话框

在这里输入数字之后按 Return 键，或者 Enter 键，然后你的命运坦克就会显示在输出单元中了。

函数命名的窍门

给函数命名实际上还挺难的。笔者也经常因为不知道要给函数起什么样的名字而苦恼。其实，取好名字是有诀窍的，在这里给大家介绍几个。

最简单的就是使用可以表示函数功能的英语单词。选择一个表示函数功能的英语单词，动词或者名词都可以，又或者可以用 do_something 这样的形式，将英语的动词和名词(宾语)相结合做成函数名称，这样，就可以做出容易理解的函数名称了。但是，实际上，想要选择一个可以恰当表示函数功能的英语单词是非常困难的。所以，笔者觉得可以优先考虑所选择的函数名称是否易于理解和记忆，有些地方混杂一些罗马字其实也没有关系。

2.7.6 定义参数

参数是在函数名称后面的小括号中定义的。参数一定要有参数名称。想要传递多个参数时，需要用逗号(,)做区分，然后进行罗列。

句法：给函数定义参数的表记方法

```
def 函数名称(参数 1, 参数 2…)
    函数块
```

在函数定义中作为参数记述的字符串，在函数块内可以原封不动的作为变量使用。向这个变量中代入执行函数时，使其作为参数所传递的数据。有关内容将在后续相关章节中介绍。

参数是在定义函数的盒子中排列的，如图 2.30 所示。

更改一下刚刚制作的命令坦克的占卜函数，然后添加参数。在刚才的占卜函数中，获取占卜中使用的数值代码是在函数的内部。如果是这样的构造，那么想要更改占卜中所使用数字的出处，就必须改写函数本身。

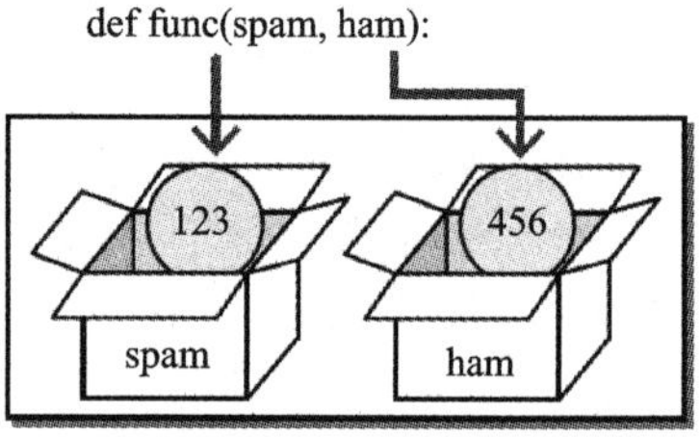

图 2.30　参数是在定义函数的盒子中排列的

如果将占卜使用的数字从诸如日期中抽出，则每天显示的应是不同的坦克。即使变成随机的数字，每次也会返回不一样的答案。如果将占卜中使用的数字作为参数传递，则使用函数的多样性也会增加。

那么，试着改写一下函数吧！在函数中添加 num 参数，然后删除使用了内置函数 input()的一行。以参数是整数进行传递为前提，使用 int()的部分也可以改写。示例代码如下：

拥有参数的函数的定义

```
def destiny_tank2(num):
    tanks = ["IV 号戦車 D 型", "III 号戦車 J 型', "チャーチル Mk.VII",
             "M4シャーマン", "P40 重戦車", "T-34/76"]  # 坦克列表
    idx = num % len(tanks)                              # 将输入值转换为列表的
                                                        # 索引
    print("あなたの運命の戦車は")
    print(tanks[idx])                                   # 显示结果
```

接下来，使用 destiny_tank2()函数。和之前一样，使用 input()接收的数字编写一下进行占卜的代码吧！示例代码如下：

destiny_tank2()函数的执行示例

```
num_str = input("好きな数字を入力してください")          # 显示文本框
num = int(num_str)                                        # 将字符串转换为数值
destiny_tank2(num)                                        # 将数值传递给函数
```

执行代码时就会像之前的例子一样显示出文本框，把数字输入到文本框中，就会显示出占卜的结果。

接下来，制作一个传递随机数值，每次显示不同随机结果的占卜函数。为了产生随机数值，需要使用一个咒语，这个咒语就是读取一个定义在 random 模块中的名为 randint()的函数。示例代码如下：

返回随机结果

```
from random import randint
num = randint(0, 10)                          # 产生随机数值
destiny_tank2(num)                            # 将产生的随机数值传递到函数中
```

```
あなたの運命の戦車は
M4シャーマン
```

这一次，没有显示文本框，仅显示了结果。每次执行单元都显示出不一样的结果。

像这样，使用参数将函数的功能进行抽象化后就可以在各个方面使用了。

2.7.7　函数的返回值(2)

以到目前为止出现的内置函数为代表，在多数函数中，处理的结果都是以返回值的形式输出的。使用 def 语句从定义的函数输出返回值时，需要使用 return 语句，如图 2.31 所示。

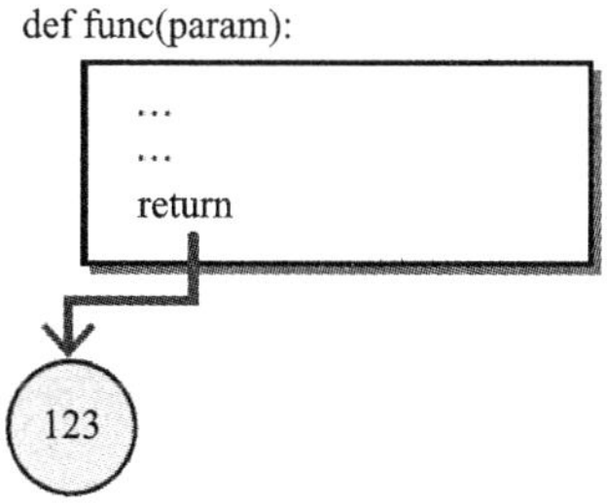
def func(param):
…
…
return
123

图 2.31　使用 return 语句可以输出返回值

将 return 语句放在函数的最后，继续编写想要传递到函数外部的变量等。这样一来，就可以指定函数的返回值了。return 后不需要小括号。

再改写一下刚刚的占卜函数。在占卜函数中，结果的输出是在函数中进行的。这样，如果想要改变结果的显示方法，或者想要将结果作为字符串接收等，就需要改写函数本身了。

为了能使占卜函数更容易使用，可以改为将结果作为返回值返回。将作为返回结果的坦克名称更改为用字符串进行输出。这样，就可以在取得返回值的一方，通过各种方法使用占卜的结果了。

立刻改写一下函数吧！将使用了 print()函数的部分进行改写，然后用 return 语句替换显示结果的那一行。示例代码如下：

定义拥有返回值的函数

```
def destiny_tank3(num):
    tanks = ["IV 号戦車 D 型", "III 号戦車 J 型", "チャーチル Mk.VII",
             "M4シャーマン", "P40 重戦車", "T-34/76"]  # 坦克列表
    idx = num % len(tanks)                            # 将输入值转换为列表的
                                                      # 索引
    return tanks[idx]                                 # 将结果作为返回值返回
```

可以仅将占卜坦克的那部分作为函数分离出来,如果这样做,那么以什么样的数值为基础进行占卜,占卜的结果需要如何显示,就都可以自由更改了。示例代码如下:

destiny_tank3()函数的执行示例

```
from random import randint
num = randint(0, 10)
tank = destiny_tank3(num)
print("今日あなたが乗るべき幸運の戦車は", tank, "です")
今日あなたが乗るべき幸運の戦車は  III 号戦車 J 型  です。
```

2.7.8 本地变量

函数的参数和变量相同,只不过,参数仅仅是在函数内,可以和变量一样使用。如果想要在函数之外使用参数,就会出现错误。而且,在函数中定义的变量也只能在函数中使用。请回忆一下,Python 定义变量需要进行代入这件事。所以,在函数中代入的变量是不可以在函数外使用的。像这样,只能在规定的地方使用的变量叫作本地变量。

在 Python 中,函数块里与函数块外可谓是不同的世界。传递给函数的参数,在函数里代入的变量是作为新的本地变量定义在函数内部世界中的,如图 2.32 所示。

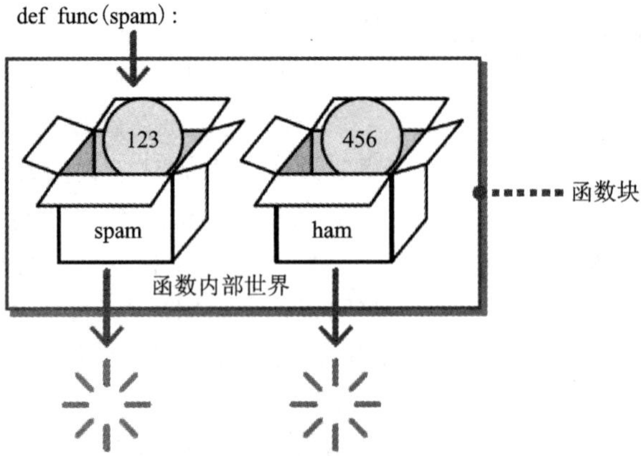

图 2.32 在函数内部定义的变量是作为本地变量使用的

一旦到了函数以外，函数内部的世界就会消失不见。函数内部世界消失以后，本地变量也会跟着一起消失并不能使用了。

现在制作一个简单的函数来验证一下吧！通过这个例子可以知道，在函数中代入的变量，想要在函数外部使用 print()函数进行显示，就会出现变量不存在这样的错误(NameError)。示例代码如下：

在函数外部使用本地变量

```
def test_func(arg1):              # 将数值的参数加上 100，然后显示函数
    inner_var = 100
    print(arg1 + inner_var)

test_func(10)                     # 调用函数显示出 110
inner_var                         # 在函数内部显示定义的变量(出现错误)
```

```
110
--------------------------------------------
NameError                          Traceback (most recent call last)
<ipython-input-28-a98e391074fo> in <module>()
      4
      5 test_func(10)
----> 6 inner_var
      7

NameError: name 'inner_var' is not defined
```

现在已经理解了有关函数的制作方法了吧！接下来，将稍微详细地讲解一下在什么样的情况下制作函数比较好。

如果是制作大型程序，就会经常遇到在好几个地方都需要编写类似的代码这样的事情。在 2.5 节中的查看两个身高列表的标准偏差中出现的代码就是这样的例子。在求标准偏差之前的阶段，仅抽出计算了方差的部分，然后连接起来就可以看出来了。示例代码如下：

在函数外部使用本地变量

```
monk_fish_team = [158, 157, 163, 157, 145]

total = sum(monk_fish_team)                  # 列表的合计
length = len(monk_fish_team)                 # 列表的元素个数(长度)
mean = total/length                          # 求平均值
variance = 0                                 # 计算方差使用的变量

for height in monk_fish_team:
```

```
    variance + = (height - mean) * * 2          # 身高减去平均值,平方后加上方差
variance = variance/length                      # 使用上一步所求得的总和除以元素个
                                                # 数,从而求得方差值

volleyball_team = [143, 167, 170, 165]

total2 = sum(volleyball_team)                   # 列表的合计
length2 = len(volleyball_team)                  # 列表的元素个数(长度)
mean2 = total2/length2                          # 求平均值
variance2 = 0                                   # 计算方差使用的变量

for height in volleyball_team:
    variance2 + = (height - mean2) * * 2        # 身高减去平均值,平方后加上方差
variance2 = variance2/length2                   # 使用上一步所求得的总和除以元素个
                                                # 数,从而求得方差值
```

仔细看一下上述代码就会发现,仅是变量名称不一样,处理的内容是完全相同的。试着使用计算方差的函数,将两个循环归纳成一个。示例代码如下:

calc_variance()函数的定义

```
def calc_variance(a_list):                      # 求方差的函数
    total = sum(a_list)                         # 列表的合计
    length = len(a_list)                        # 列表的元素个数(长度)
    mean = total/length                         # 求平均值
    variance = 0                                # 计算方差使用的变量

    for heighr in a_list:
        variance + = (height - mean) * * 2      # 身高减去平均值,平方后加上方差
    variance = variance/len(a_list)             # 使用上一步所求得的总和除以元素个
                                                # 数,从而求得方差值
    return variance                             # 求得的方差作为返回值输出
```

试着定义一个计算方差的函数 calc_variance()。在上面这个函数中作为参数接收了列表。将列表中放入数值为前提,计算方差。

基本的代码和 for 语句中介绍的示例代码是一样的。在函数中以参数列表(a_list)为对象,求长度(length)、平均值(mean),或者进行循环。因为在函数块中有 for 语句的循环块,所以有 2 段缩进。

可以看见,在函数的最后有以 return 开头的一行,这是从函数返回返回值的部分。在循环中计算好结果的变量写在 return 语句的后面,然后在函数的外部作为返回值输出。

接下来,使用上述函数计算一下身高列表的方差吧!如果可以求得方差的平方

根，就可以得到标准偏差值了，因为定义函数后计算就变得简单了。这里添加一所俄罗斯高中学生的身高列表(pravda_team)，来比较一下这 3 个队伍的标准偏差值吧！经过比较这 3 个队伍的标准偏差值，可知，pravda_team 的学生比另外两队有着更显著的身高差别。示例代码如下：

calc_variance()函数的执行示例

```
monk_fish_team = [158,157,163,157,145]
volleyball_team = [143,167,170,165]
pravda_team = [127,172,140,160,174]
                                  # 定义列表
monk_team_variance = calc_variance(monk_fish_team)
volley_team_variance = calc_variance(volleyball_team)
pravda_team_variance = calc_variance(pravda_team)
                                  # 计算方差
print(monk_team_variance * * 0.5)
print(volley_team_variance * * 0.5)
print(pravda_team_variance * * 0.5)
                                  # 计算标准偏差
```

```
5.932958789676531
9.557719393244394
18.347751905887545
```

2.8 使用模块

Python 中汇集了像函数一样的功能，例如需要时读取就可以使用的模块的功能。如果能够读取模块，就会给 Python 增加各种各样的功能，达到给 Python 升级功能的效果，如图 2.33 所示。

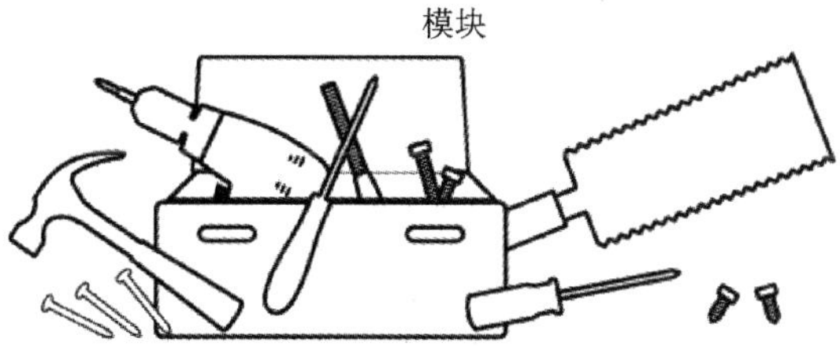

图 2.33　使用模块可以增强 Python 的功能

程序中经常使用的数据、函数等都内置(built in)在 Python 中，随时都可以使用。因为含有什么时候都可以使用而装入的意思，所以叫作内置类型、内置函数等。

另外，在有限的用途中所使用的定型处理可以通过从模块中读取再使用。在 Python 中附属着很多有着各种各样用途、可以灵活使用的方便的模块。附属于

Python 的模块集合体叫作标准库。库(library)具有图书馆或书库这样的含义。如果写成“从大书架上根据需要抽出相应的专业书籍,然后使用”,就会比较容易联想到它的便利程度了。

在本书的开头部分,使用交互式脚本绘制图形时,就使用了叫作 turtle 的模块。这个 turtle 也是包含在标准库中的一个模块。标准库,就像是程序中可以使用的便利的工具箱一样的东西。通过灵活运用附属于 Python 的模块,就可以更加轻松地制作出程序了。

在本书所使用的 Anaconda 中,除了标准库外,还附带着其他便利的库。但是,绘制图表时所使用的 matplotlib 等,在本家版 Python 中却没有附带,其仅附属于 Anaconda 的库。

2.8.1 导入模块

想要使用模块,扩展 Python 的功能,就必须读取想要使用的模块。读取模块的操作叫作导入(import)。所谓导入,就是输入、代入的意思。

读取模块,需要使用 import 语句,在 import 语句的后面紧接着写上模块名称,就可以读取所指定的模块了。

句法:使用 import 语句读取模块的表记方法

```
import    模块名称
```

试着使用一个在 Python 标准库中的模块吧!这里使用集合了与随机数处理相关的模块 random。使用 random 模块时,需要给 import 语句加上模块名称 random,这样就可以读取 random 模块并在程序中使用了。

random 模块的导入

```
import random                       # 读取 random 模块

print(random.random())              # 得到 0<x<1 的随机数
print(random.randint(0,6))          # 得到 0≤x≤6 的随机数
a_list = [0, 1, 2, 3, 4, 5]
random.shuffle(a_list)              # 将列表替换到 random 中
print(a_list)
print(random.choice(a_list))        # 随机选择一个列表的元素
```

```
0.13877780577293497
4
[4, 2, 0, 1, 5, 3]
3
```

为了使用包含在模块中的函数,在模块名称后按照 dot 点、函数名称的顺序进行记述。观察上述代码可知,用 random.choice( )等函数调用已经导入的 random 模

块中的函数。像模块和函数这样，在划分时使用 dot 点，也是 Python 的风格。

2.8.2 import 语句的 as

在 2.4 节中，编写图表时使用了“import matplotlib. pyplot as plt”这样的代码，紧接着 import 后面的“matplotlib. pyplot”部分有 dot 点。回忆一下 Python 的风格，就可以推测出这是划分的意思。这部分是从 matplotlib 的绘制图表功能中指定叫作 pyplot 的模块。像这样，在一个模块中，有时集合着多个模块，就需要使用 dot 点进行划分，然后再指定目的模块。

“as plt”部分就是“作为 plt 读取”的意思。像这样，如果使用 as，就可以暂时更改读取的模块的名称了。也就是说，使用读取的模块时，在代码上应该写 matplotlib. pyplot 的地方写为 ply。输入的内容变少了，也就容易编写代码了。

句法：使用了 as 的 import 语句的表记方法

```
import 模块名称 as 读取的名称
```

换句话说，在导入 matplotlib. pyplot 时使用 as，可以暂时更改为 plt 这个简短的名称是一种惯例。在网上查找的使用 Python 绘制图表的方法，在代码中一般都写着这样的 import 语句。本书也是按照惯例使用了 as。

2.8.3 使用了 from 的导入

如果和 from 这个关键字进行组合，就可以直接导入模块中的函数了。请回忆一下 2.8.1 小节中的例子，在仅使用 import 语句的情况下，在模块名称和 dot 点之后紧接着调用了 randint()等函数。如果直接导入模块函数，就没有必要在执行时书写模块名称了。

句法：使用了 from 的 import 语句的表记方法

```
from  模块名称 import 函数名称等
```

以标准库的模块 statistics 为例，试着执行一下使用 from 的导入吧！在这个模块中，添加了统计处理中可以使用的函数。如果使用 statistics 模块的 median( )函数，就可以从数值列表中计算中位数了。示例代码如下：

median()函数的导入

```
from statistics import median


monk_fish_team = [158,157,163,157,145]
volleyball_team  = [143, 167, 170, 165]
print(median(monk_fish_team))                        # 仅通过函数名称调用
print(median(volleyball_team))
```

```
157
```

```
166.0
```

将两个队伍身高的中位数计算出来后,可以看到,排球队果然要高出将近10 cm。

使用from进行导入的优点是:编写代码时,输入的内容可以比较少。比起写statistics.median(),只书写median()和函数名称会简单很多。输入的内容少了,也会降低输入错误所导致的程序错误的概率。

另外,如果在from…import的后面使用星号(*),就可以归纳模块中所含有的函数等,然后再进行导入。不过,虽然这是很方便的功能,但由于副作用很大,所以还是尽量少使用比较好。

2.8.4 模块的查找方法

在Python中制作一个小程序时,先来查看一下有没有在标准库中可以使用的模块。可能未必可以找到完全符合的模块,但应该可以找到作为程序的零件使用的模块。

在标准库中,准备了非常多的模块,虽然本书不能把所有的模块都逐一介绍,但是从第11章开始,在"使用标准库"中会介绍经常使用的模块,请务必阅读其中的内容。

为了了解Python标准库的全貌,推荐大家使用下文中提到的翻译版文档。标准库中所包含的模块列表、功能或使用方法都总结在了网址http://docs.python.jp/3/中,该网址中也拥有检索功能,使用非常方便。

这个网站中的内容是志愿者们翻译的本家网址(https://docs.python.org/3/)的文件,虽然其中一部分还是英语的,但是经常使用的模块都已翻译了。

提高使用Python的能力有两个要点:

一是熟练掌握Python的基本功能。所谓基本功能,具体来说就是像字符串、数值、列表这样的内置类型的使用方法,以及for语句、if语句等的语法。

二是熟练运用标准库。要十分清楚在自己的兴趣、目的范围内,使用标准库后可以实现什么样的功能等问题。

另外,还有相当多的便利的模块没有包含在Python的标准库中。虽然在Anaconda中包含有数据科学、数值和统计运算、数据检验所需要的库,但是除此以外还有很多便利的模块是Anaconda也没有的。有关处理这些外部模块的方法将在8.4节进行讲解。

第 3 章

掌握 Python 的基础

本章将讲解第 2 章中未讲解的 Python 的基本功能，将介绍字典、set 数据类型、函数、循环、条件分支的便利功能等。

3.1 使用字典

在第 2 章中已经介绍了一种叫作列表的数据类型。如果使用列表，就可以按照顺序管理多个元素了。只要知道了元素的顺序，就可以简单地取出元素，因此列表是非常便利的数据类型。

使用像列表这样带有顺序的数据，可以把生活中的很多信息都展现出来，例如，管理像出生地、昵称这样的个人信息。

假设需要用字符串的列表管理某个人的昵称、出生地、人物标签信息，则需要将已经决定好元素内容的索引进行分配，然后将其放入列表中。于是，就会变成第 0 个元素是昵称，第 1 个元素是出生地。

```
purple = ["れにちゃん", "神奈川県", "感電少女"]
```

这个方法比较麻烦的地方是，需要把元素的内容以及与它相对应的顺序逐一记忆。如果元素的数量只有 3 个，还是比较简单的，但如果有 10 个或 20 个，那就是一项巨大的工程了。

3.1.1 什么是字典

像刚刚提到的，对于每个元素的信息性质、种类都不相同的数据，与其按照顺序进行管理，不如按照标题进行管理更加方便，也就是给元素贴上标签。

如果是按照标题管理，则使用 Python 的字典就很方便，因为使用字典可以将信息作为标题和值的对应关系进行管理,如图 3.1 所示。比起需要在大脑中思考“想要获取生日信息,生日是列表的第 0 个元素”,不如在“1993 年 6 月 21 日”这个信息上贴上“生日”这样的标题,这会使管理更加轻松。

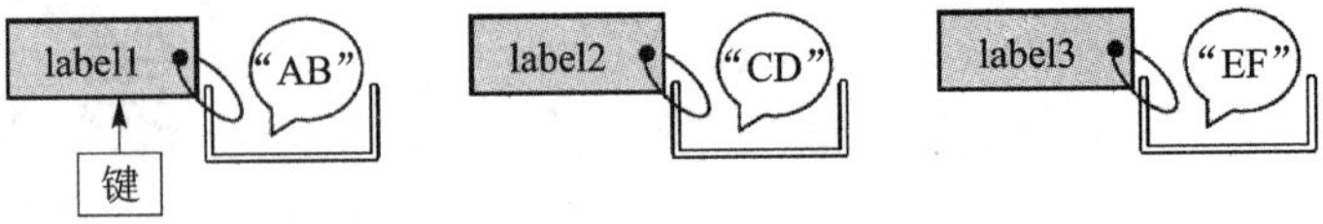

图 3.1　在字典中用键和值管理元素

Python 的字典是按照以下方式进行定义的。

句法: 字典的定义方法

```
{键 1: 值 1, 键 2: 值 2…}
```

在 Python 中,把字典的标题叫作键。键和值之间使用冒号(:)隔开,并作为一个元素。有多个元素时,使用逗号(,)隔开,这一点与列表是一样的。

在键中,可以使用字符串或数值,但是,列表不能作为键进行添加,其原因会在 3.3 节中进行详细讲解。

与键对应的值,可以使用字符串或者数值,也可以使用其他的数据类型。例如,列表、字典也可以作为值进行添加。

将刚刚的列表作为字典重新定义一下吧！示例代码如下:

字典的定义

```
purple = {"ニックネーム": "れにちゃん",
          "出身地": "神奈川県",
          "キャッチフレーズ": "感電少女"
```

3.1.2　使用键取出元素

在取出变量 purple 中的字典元素时,需要使用键,如图 3.2 所示。给字典添加方括号,然后在方括号中指定想要取出的元素的键。

句法: 取出字典元素的表记方法

```
字典名称[元素的键]
```

例如,想要从变量 purple 的字典中取出出生地信息,则需要按照以下方法操作。

从字典中取出值

```
print(purple["出身地"])
神奈川県
```

取出列表元素时,在方括号中添加了整数的索引,这和从字典中取出元素的表记

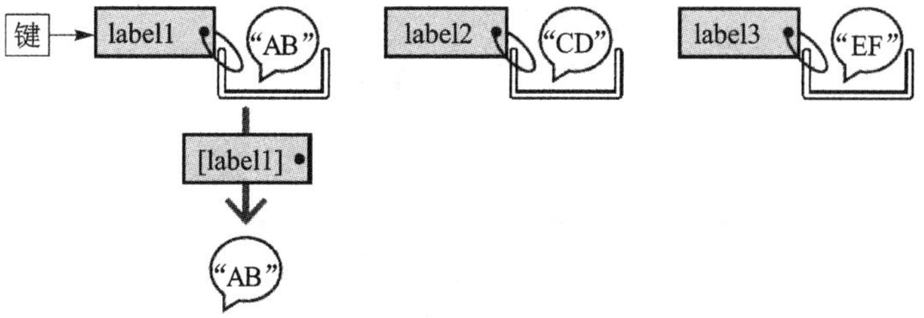

图 3.2 使用键可以取出元素

方法很相似。只要记住，在字典中是用键代替索引来管理元素的，其他就没有需要重新记忆的内容了。

那么，显示一下定义的字典内容吧！在 Jupyter Notebook 的单元中仅输入变量名称，然后执行。仔细看一下输出单元，就会发现其顺序和在定义字典时的顺序发生了变化。

确认字典"purple"的内容

```
purple
```

```
{"キャッチフレーズ": "感電少女", "ニックネーム": "れにちゃん",
 "出身地": "神奈川県"}
```

字典是使用键来管理元素的数据类型，本身并没有顺序这个概念。顺便说一下，显示字典时，是按照字符代码的顺序进行排列的。如果键是英文字母、数字，就是按照字母表的顺序显示的。因此，当显示字典全部内容时，就会出现所显示的顺序和定义时的顺序不一样的情况。

另外，虽然在本书编写时还没有发行正式版，但是从 Python 3.6 开始就变成可以按照字典元素的顺序进行保存了。也就是说，显示字典时，可以按照添加时的顺序进行排列。这与 11.2.1 小节中讲解的 OrderedDict 是同样的操作。另外，这个改变和一个叫作稻田(methane)的日本开发人员有关。

3.1.3 使用键替换元素

如果使用键指定元素进行代入，还可以替换字典的值。也就是说，可以将和键有连接的值更改为别的值，如图 3.3 所示。

在列表中，将索引添加到方括号中，指定元素，然后像 a_list[0]=10 这样进行代入，就可以替换元素了。在字典中，使用键来指定元素。因此可以得知，在替换元素这个相同的操作中，可以使用和 aList[0]=10 一样的表记方法。

那么，试着使用键来替换一下字典中的元素吧！试着替换一下之前字典中的人物标签，示例代码如下：

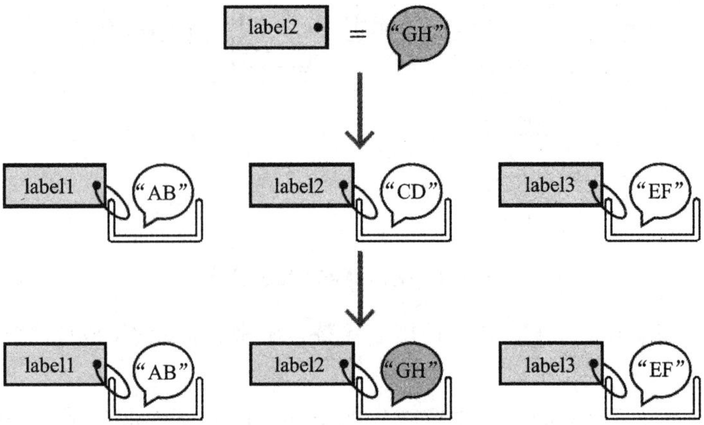

图 3.3　代入到指定了键的元素中可以更新键的值

值的更改

```
purple["キャッチフレーズ"] = "鋼少女"
purple
```

{'キャッチフレーズ': '鋼少女', 'ニックネーム': 'れにちゃん',
'出身地': '神奈川県'}

为了确认值是否被替换了,所以显示字典内容。观察结果会发现,和"キャッチフレーズ"所连接的值发生了改变。

3.1.4　添加新的键与值

在字典中,如果想要取出不存在的键,就会出现错误。但是,如果使用不存在的键进行代入,就不会出现错误。在列表中,如果使用超过元素数量的索引进行代入,就会出现错误,但是,在字典中可以进行不一样的操作。

在字典中,使用不存在的键进行代入可以添加新的元素。也就是说,想要在字典中添加新的键和值,需要使用代入,如图 3.4 所示。

那么,试着在字典中添加一下元素吧! 试着在变量 purple 的字典中添加"生年月日"的元素,示例代码如下:

元素的添加

```
purple["生年月日"]  = "1993 年 6 月 21 日"
purple
```

{'キャッチフレーズ': '鋼少女', 'ニックネーム': 'れにちゃん', '出身地': '神奈川県',
'生年月日': '1993 年 6 月 21 日'}

添加完元素后,显示字典的内容,可知"生年月日"这个元素已经添加成功了。

在列表中,可以使用加法进行元素的添加。如果是在列表中添加列表,则可以在

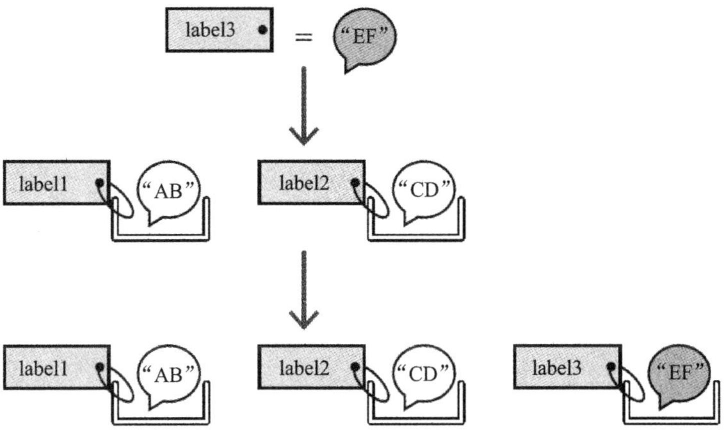

图 3.4　使用新的键进行代入可以添加元素

最开始的列表上添加后面的列表，进行列表间的连接。因为列表有顺序，所以使用“＋”运算符可以清楚地表现在其后添加这个处理。但是，字典中是没有顺序的。所以，如果是字典，与其说是添加元素，不如说是插入元素。

另外，在添加元素时，需要将键和值作为一组进行指定。像这样，如果考虑一下字典的性质，就很容易理解通过将值代入新的键中添加元素这样的方法了。

3.1.5　使用键删除元素

从字典中删除元素时，使用 del 语句。这个和删除列表元素的方法很相似，删除列表元素时，方括号里添加了索引，而字典是添加了键，如图 3.5 所示。

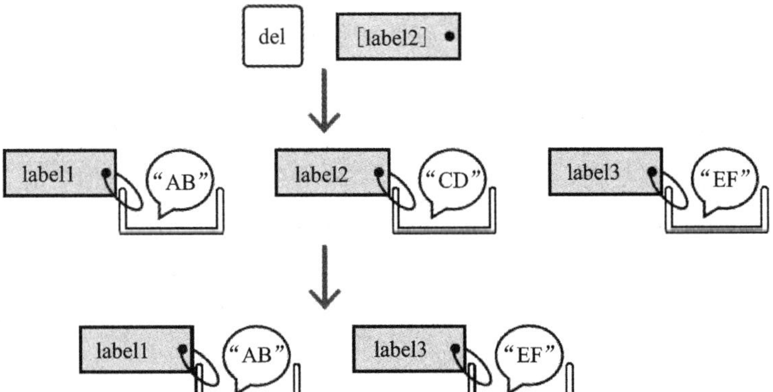

图 3.5　在 del 语句后添加想要删除的元素的键可以删除元素

使用刚刚定义过的字典，执行一下元素的删除操作吧！删除元素之后，会显示字典的内容，然后可以确认元素是否已被删除。示例代码如下：

元素的删除

```
del purple["ニックネーム"]
purple
```

```
{'キャッチフレーズ': '鋼少女', '出身地': '神奈川県',
 '生年月日': '1993年6月21日'}
```

那么,使用键取出字典值时,如果使用了不存在的键会怎么样呢?作为尝试,添加刚刚字典中已经删掉的“ニックネーム”键看一下吧!示例代码如下:

指定不存在的键的情况

```
purple["ニックネーム"]
```

```
KeyErrorTraceback                         (most recent call last)
<ipython-input-20-d5b1200b91c1> in <module>()
----> 1 purple["ニックネーム"]
KeyError: 'ニックネーム'
```

输入字典中不存在的键,然后想要取出值,会出现错误。如果输入超过列表中元素数量的索引,也会出现错误。

3.1.6 确认键的存在

有关运算符“in”的内容,在 2.6.3 小节已经讲解过了。如果使用运算符“in”,则可以在拥有像字符串、列表这样多个元素的数据中查看是否含有特定的元素。

如果将运算符“in”和字典进行组合,会怎么样呢?通过这样的搭配,在字典中可以进行键的检索。

如果像字符串、列表这样进行元素检索,则可能会觉得检索和键相应的值是很直接的方法。但是,在程序中处理字典时,检索键比检索值的情况要多很多。

那么,键的检索是在怎样的情况下使用的呢?例如,在字典中输入键,然后查看值。如果是键不存在的情况,就会出现错误。一旦出现错误,处理就会停止,所以就需要一边查看键是否存在,一边进行检索,如果键存在,就进行取值处理。

像这样,在处理字典的程序中,需要频繁地确认键是否存在,为了可以简单地执行确认键是否存在的动作,可以使用运算符“in”来检索字典的键。

做一个简单的程序,试着写一个检索字典键的代码吧!思考一个可以将 1、2 这样一位数的阿拉伯数字变为Ⅲ、Ⅵ这样的罗马数字的程序,制作一个将数值(整数)作为参数接收,返回相当于罗马数字的字符串的函数。

使用 if 语句,一边像“if 参数==1:”这样辨别,一边返回和阿拉伯数字相对应的罗马数字是比较简单的方法。但是,如果使用这个方法,就需要将有关和阿拉伯数字相对应的所有的罗马数字都编写成 if 语句,比较麻烦。但是,如果事先将数值和对应的阿拉伯数字写入字典,就可以编写出简洁的程序了。把数值当作键,将与其对应的阿拉伯数字当作值，定义拥有像“4："Ⅳ"，5："Ⅴ"”这样元素的字典。如果事先定义好这样的字典，通过把数值传递给键，然后查看值，就可以简单地取出与数值相对应的阿拉伯数字了。

试着将上述内容作为函数定义一下吧！在函数中，将阿拉伯数字和罗马数字的对照表作为字典进行定义。然后，使用运算符“in”查看参数值是否作为对照表的键存在。如果作为键存在，则返回相对应的值；如果不存在，则返回“不能更改”这样的字符串。示例代码如下：

convert_number()函数的定义

```
def convert_number(num):
    # 在字典中定义阿拉伯数字和罗马数字的对照表
    roman_nums = {1:"Ⅰ",2:"Ⅱ",3:"Ⅲ",4:"Ⅳ",5:"Ⅴ",
                  6:"Ⅵ",7:"Ⅶ",8:"Ⅷ",9:"Ⅸ"}
    # 如果参数的整数作为字典的键存在
    # 将与键对应的值作为返回值
    if num in roman_nums:
        returnroman_nums[num]
    else:
        return"[変更できません]"
```

那么，如果函数中的 if 语句不存在，不论哪种参数都作为字典的键给予的函数，会发生什么呢？在罗马数字中没有 0 的表记，如果像 convert_number(0)这样调用函数，就变成了传递不存在的键，会出现错误。在 if 语句中，在确认键是否存在的同时，也在对参数进行核对。正是因为这个功能，即使输入了范围之外的参数，函数也不会出现错误。

像这样，在处理字典的程序时，如果可以考虑到输入了不存在的键这样的情况，就可以编写出更好的程序了。

3.1.7 使用键的循环

如果将列表作为 for 语句的序列进行添加，就可以一边逐个取出列表元素，一边执行循环了。字典也可以作为 for 语句的序列使用。

如果对 for 语句添加字典，就可以对键创建循环，可以一边将键逐个代入循环变量中，一边执行循环。

试着使用一下刚才使用过的人物简历的字典吧！使用 for 语句，试着将字典的键和元素全部显示出来。将键逐个代入到循环变量中，然后执行循环块。在循环块中，试着使用 print()函数显示字典的键以及与键相对应的值。示例代码如下：

使用了字典键的循环

```
purple = {"ニックネーム": "れにちゃん",
          "出身地": "神奈川県",
          "キャッチフレーズ": "感電少女",
          "生年月日": "1993年6月21日"}
for key in purple:                        # 取出所有键
    print(key,purple[key])                # 显示键和元素
```

```
ニックネーム　れにちゃん
キャッチフレーズ　感電少女
生年月日　1993年6月21日
出身地　神奈川県
```

在定义字典和使用 for 语句显示内容时,键的排列顺序会发生改变。如果使用 for 语句取出字典的键,就会按照字符代码的顺序排列,与显示字典本身时是同一种顺序。

3.2 使用 set(集合)

对于 Python 中可以使用的数据类型,序列的同类就有好几种。与前文一样,所谓序列,就是拥有多个元素的数据的种类。列表或元组就是序列。字符串,在拥有多个元素这个含义上,也属于序列的同类。根据数据的种类或性质,分开使用多种类型的数据,然后制作程序。

本节所要介绍的数据为 set,也是与序列相似的数据类型。如果使用 set,则可以像列表一样保存多个元素。但是,set 和列表不同,set 中是没有重复的元素的。也就是说,在一个 set 中即使想要添加一个已经存在的值,该新元素也是不会被添加进去的。另外,使用索引不能取出元素。

这种类型的数据是在怎样的情况下使用的呢? set 是为了处理集合而添加在 Python 里的功能。使用 set 可以轻松管理没有重复元素的集合,可以简单地执行像制作多个 set 相加的 set(并集),或是从其他的 set 中删除某个 set 中所含有的元素(差集),或是仅取出(交集)相同的元素这样的处理。另外,如果某个 set 和其他 set 相结合,则可以仅删除(异或)两个 set 中共同拥有的元素。像这样的操作叫作集合运算,如图 3.6 所示。

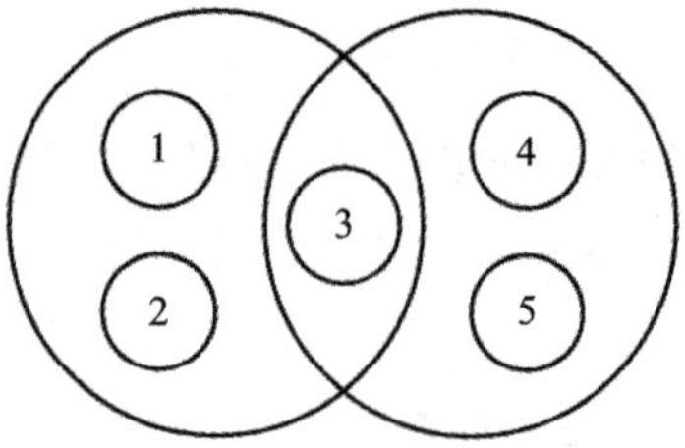

图 3.6 使用 set,则在 Python 中可以处理集合

3.2.1 定义 set

定义 set 需要使用大括号({})，也就是使用和数学中相同的符号，元素之间使用逗号(,)隔开。

句法：定义 set 的表记方法

```
{元素, 元素, 元素}
```

那么，试着编写一个定义 set 的代码吧！示例代码如下：

定义 set

```
dice = {1, 2, 3, 4, 5, 6}
coin = {"表", "裏"}
```

数值、字符串等作为元素可以添加在 set 里。但是，列表、字典不能作为元素追加，这是因为列表、字典是可以更改的。

例如，在 set 中含有 A 和 B 两个列表的情况，即使在添加进 set 时 A 和 B 是不一样的，但在那之后也可以将 A 和 B 的内容改写成一样的。这样就会和 set 中不能包含多个相同元素的性质相矛盾。因此，可以进行更改的像列表、字典这样的数据，是不能添加进 set 的。如果想要将可以更改的数据添加进 set，就会产生“TypeError: unhashable type: 'list'”这样的错误，造成不能添加。因为 set 也可以更改，因此 set 不能作为另一个 set 的元素。

对于使用两个以上 set 的情况，如果用运算符进行计算，则可以执行简单的集合运算。

在 set 的集合运算中，可以使用数值运算中没有讲解过的几种新的运算符，而且在 set 集合运算中不使用数值中经常使用的运算符，而是使用在位运算、逻辑运算中所使用的运算符。

3.2.2 求 set 的并集

使用“|”运算符求 set 的并集。如果求两个 set 的并集，则可以得到一个包含两个 set 中没有重复的元素在内的所有元素的集合。因为是求集合的“和”，所以会想要使用“+”运算符，但是，并集中是不能将相同的元素进行相加的，这是一种更趋向于逻辑和(OR)的操作，因此，选择的是“|”运算符，如图 3.7 所示。

试着编写一个求 set 并集的 Python 代码吧！示例代码如下：

求并集

```
prime = {2, 3, 5, 7, 13, 17}          # 定义质数的 set
fib = {1, 1, 2, 3, 5, 8, 13}          # 定义斐波那契数的 set

prime_fib = prime | fib               # 求两个的并集
prime_fib                             # 显示求得的并集
```

```
{1, 2, 3, 5, 7, 8, 13, 17}
```

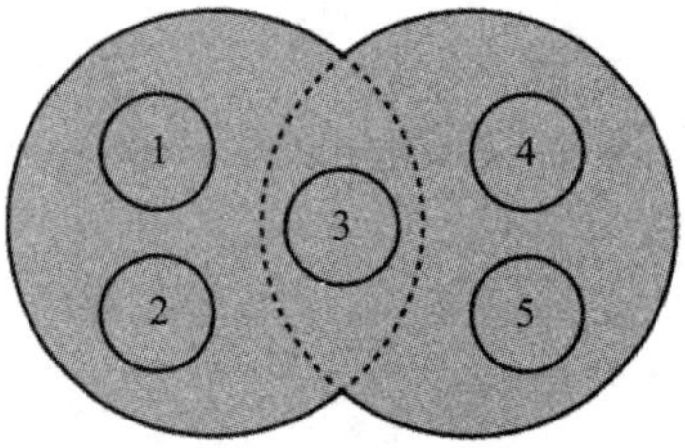

图 3.7　使用"|"运算符可以求并集

3.2.3　求 set 的差集

使用"－"运算符求 set 的差集。如果取得 A、B 两个 set 的差集，就可以从 A 的元素中删除 B 中所包含的元素，如图 3.8 所示。

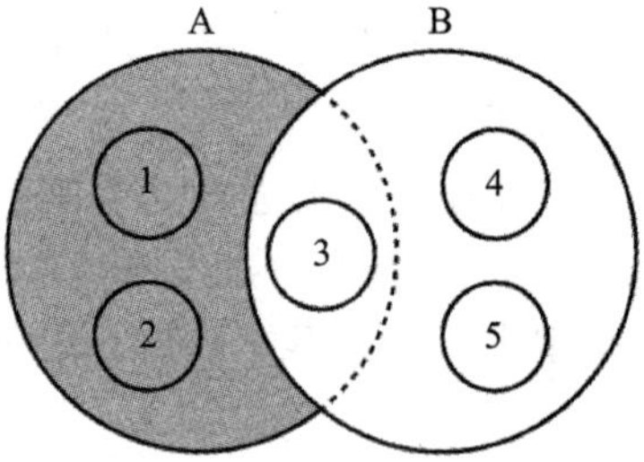

图 3.8　使用"－"运算符可以求差集

试着编写一个求 set 差集的 Python 代码吧！示例代码如下：

求差集

```
dice = {1, 2, 3, 4, 5, 6}                    # 定义骰子眼的 set
even = {2, 4, 6, 8, 10}                      # 定义偶数的 set

odd_dice = dice - even                       # 求骰子眼和偶数的差集
odd_dice                                     # 仅显示奇数数字
```

```
{1, 3, 5}
```

3.2.4　求 set 的交集

使用"&"运算符求 set 的交集。如果取得两个 set 的交集，就可以仅取出两个 set 中共同包含的元素，如图 3.9 所示。其与逻辑乘(AND)使用相同的运算符。

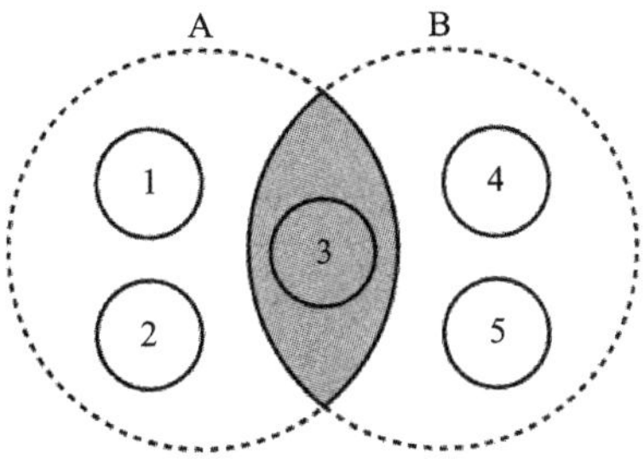

图 3.9　使用“&”运算符可以求交集

试着编写一个求 set 交集的 Python 代码吧！示例代码如下：

求交集

```
prefs = {"北海道", "青森", "秋田", "岩手"}            # 定义县名称的 set
capitals = {"札幌", "青森", "秋田", "盛冈"}           # 定义县厅所在地的 set

pref_cap = prefs & capitals                          # 求两个的交集
pref_cap                                             # 显示求得的交集
{'秋田', '青森'}
```

3.2.5　求 set 的异或

使用“^”运算符求 set 的异或。如果取得两个 set 的异或，就可以仅删除两个 set 中共同包含的元素，然后求得元素的集合，如图 3.10 所示。其像逻辑运算的排他逻辑和(XOR)的操作。

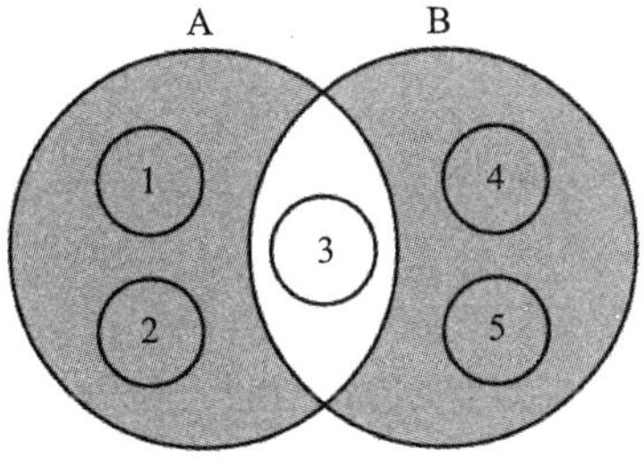

图 3.10　使用“^”运算符可以求得异或

试着编写一个求 set 异或的 Python 代码吧！示例代码如下：

求异或

```
prefs = {"北海道", "青森", "秋田", "岩手"}            # 定义县名称的 set
capitals = {"札幌", "青森", "秋田", "盛冈"}           # 定义县厅所在地的 set
```

```
pref_cap2 = prefs ^ capitals                    # 求两个的异或
pref_cap2                                       # 显示得到的异或
{'北海道','岩手','札幌','盛冈'}
```

3.2.6 set 与列表

set 和列表拥有相似的性质,两个都可以包含多个元素,也可以对元素进行添加或删除操作。在以下几点中,set 可以像列表一样进行处理。

- set 中也有长度,用 len()可以计算长度(基数);
- 将 set 作为参数,可以调用 max()(最大值)、min()(最小值)、sum()(合计)等函数;
- set 可以作为序列添加到 for 语句中。

2.3.5 小节中介绍了关于数值和字符串的类型转换问题,使用类似方法可以将列表制作成 set。使用内置函数 set(),可以将列表这样的序列制作成 set。

那么,试着将列表转换成 set 吧!假设有一个在元素中包含了字符串的列表,若将列表转换成 set,就可以轻松地知道在这个列表中包含几个种类的字符串了。

如果利用 set 的"不允许重复"这样的管理元素的性质,就可以只把意思相同的字符串取出来,然后只要计算 set 长度,就可以知道有几个种类了。示例代码如下:

将列表转换成 set

```
codon = ['ATG', 'GGC', 'TCC', 'AAG', 'TTC', 'TGG',
         'GAC', 'TCC']                          # 定义字符串的列表
s_codon = set(codon)                            # 将列表转换为 set
print(len(codon), len(s_codon))                 # 显示列表和 set 的长度
8  7
```

在上面的例子中,在最初的列表内"TCC"是重复项。将这个列表转换成 set 时,因为重复的元素变成了一个,所以转换后的 set 的长度为 7。

3.2.7 set 与比较

在列表中使用"in"运算符可以进行元素的检索。在 set 中也可以像"3 in{3,5,7}"这样使用"in"运算符来检索元素。

另外,在 if 语句中,如果使用等号和不等号组成的比较运算符"<=",则可以查看某个 set 是否是另一个 set 的子集。在 Python 中"A⊆B"可以写成"A<=B"。如果使用">=",就可以查看是否是上位集合。

试着用 Python 编写一个使用 set 的例子吧!示例代码如下:

元素的检索和 set 的比较

```
prime = {2, 3, 5, 7, 13, 17}                 # 定义质数的 set
fib = {1, 1, 2, 3, 5, 8, 13}                 # 定义斐波那契数的 set

prime_fib = prime & fib                      # 得到两个的交集
if 13 in prime_fib:
    print("13 是质数也是斐波那契数")
if {2, 3} <= prime_fib:
    print("2,3 是质数也是斐波那契数")
```

```
13 是质数也是斐波那契数
2,3 是质数也是斐波那契数
```

3.3 使用元组

元组拥有众多和列表相似的性质，它可以像列表一样，拥有多个元素，也可以使用索引访问元素；其功能和列表不同的地方仅是不能更改元素，如图 3.11 所示。

图 3.11　元组是不能更改元素的序列

定义元组时使用小括号，然后将各元素用逗号隔开。

句法：元组的定义方法

```
(元素, 元素, …)
```

试着定义一个元组吧！使用元组定义从 1 月到 7 月的英语单词，示例代码如下：

定义元组

```
month_names = ("January", "February", "March", "April",
               "May", "June", "July")
```

通过使用方括号并输入索引，可以取出元组的元素。示例代码如下：

从元组中取出元素

```
month_names[1]                           # 显示 2 月的单词
```

```
'February'
```

元组与列表不同，不能更改元素。因此，如果使用索引代入元素后想要进行替换，就会出现错误。另外，想要使用 del 语句删除元素时也同样会出现错误。示例代码如下：

元组不能更改元素

```
month_names[0] = "6 月"
```

```
TypeError                          Traceback(most recent call last)
<ipython-input-29-8367b5aaf84b> in <module>()
----> 1 month_names[0] = "6 月"

TypeError: 'tuple' object does not support item assignment
```

虽然元组不能更改元素,但是元组之间可以进行连接。与列表一样,将一个元组和另一个元组相加后可以做出一个新的元组。示例代码如下:

元组的连接

```
month_names = month_names + ("August", "September", "October",
                             "November", "December")
month_names[11]
```

```
'December'
```

另外,与列表一样,可以使用 len()查看元组的长度,使用运算符"in"检索元组的元素;另外,可以使用切片这点也与列表相同。

注意:定义只有一个元素的元组时需要一点技巧,像"(10,)"这样,在元素的后面加上逗号。如果是"(10)",Python 就会将其理解为带括号的数值,而不是元组了。

元组的优点

如果用一句话来解释元组,就是不能更改元素的序列。一旦制作好元组,就不能更改也不能删除了。如果说这样有什么优点,那就是可以将元组作为字典的键或者 set 的元素。

在 3.2 节中已经讲解了列表不能作为元素添加进 set,因为列表可以更改,如果将其作为元素进行添加,那么当其被改成和其他元素相同时,就会出现不能满足元素不能重复这一必要条件了。因为元组是不能更改的,所以不会出现这样的问题。

鉴于此,列表也不能作为字典的键进行添加。因为列表可以更改,所以可能会出现相同的键被重复添加的情况。但是,如果是不能进行更改的元组,就可以作为字典的键进行添加。

现在来看一个将元组作为字典的键来使用的例子吧!制作一个使用所提供的数据来查看某个纬度、经度处的县厅所在地的程序。

纬度、经度可以使用两个数值进行表示,县厅(译者注:日本行政级别中县级办事机构,相当于中国的省政府)所在地可以使用字符串来表示。于是,用纬度、经度作为键,县厅所在地的名称作为值,试着制作字典。

如何定义拥有两个数值的键的字典呢？因为列表不能作为字典的键进行添加，所以这里使用元组。因为要收集所有的县厅所在地是一件非常不容易的事，所以仅从日本的北部地区选 3 个县厅所在地作为字典来添加。示例代码如下：

制作将元组作为键的字典

```
pref_capitals = {(43.06417,141.34694):"北海道(札幌)",
                 (40.82444,140.74):"青森县(青森市)",
                 (39.70361,141.1525):"岩手县(盛冈市)"
}
```

为了找到某一地点的县厅所在地，将输入的经度、纬度和字典的键进行比较。如果在 for 语句中添加字典，则可以使用循环语句逐个取出键。通过比较输入的地点和键，就可以锁定县厅所在地了。

这个程序是，如果使用元组将纬度、经度传递给变量 loc，就可以查看县厅所在地，并将其显示出来。也就是说，这是一个将字典中作为键登录了地点位置的元组，和想要查看的位置进行比较，如果相同，就会将其显示出来的程序。示例代码如下：

查看与指定的纬度、经度一致的县厅所在地

```
loc = (39.70361, 141.1525)          # 想要查看的地点的纬度、经度
for key inpref_capitals             # 使用键进行循环
    if loc == key:                  # 想要查看的地点和字典的键是相同的
        print(pref_capitals[key])
        break                       # 退出循环
```

```
岩手县(盛冈市)
```

接下来，试着编写一个查看距离指定地点最近的县厅所在地的程序吧！求两点之间的距离，是将纬度和经度的差做平方然后相加，如果求平方根，就可以很容易地得到结果。不过，在这个例子中只需要比较距离，所以不需要求平方根，只将平方后的数值进行对比就可以了。

为了查看最近的地点，就需要查看一下所有的数据。将添加了地点数据的字典作为 for 语句的序列进行传递，如果可以一边将键逐个取出一边进行处理，就可以比较所有地点的距离了。示例代码如下：

查看离指定纬度、经度最近的县厅所在地

```
loc = (41.768793, 140.72881)          # 想要查看的地点的纬度、经度
nearest_cap = ''                      # 保存最近的县厅所在地名称的变量
nearest_dist = 10000                  # 保存到最近地点距离的变量
for key inpref_capitals:              # 使用键进行循环
```

```
        dist = (loc[0] - key[0]) * * 2 + (loc[1] - key[1]) ** 2
                                                    # 求纬度、经度差的平方然后计算距离
        if nearest_dist>dist:
            nearest_dist = dist
            nearest_cap = pref_capitals[key]        # 因为发现了更近的地点，所以替换变量

print(nearest_cap)
```

青森县(青森市)

在循环块内，地点的纬度和经度一边接收通过元组添加进来的键，一边进行处理。这里先，使用循环变量的地点数据和名为 loc 的元组数据计算距离。如果计算出来的距离比之前的数据更近，就需要一边反复更新保存的最近地点的变量，一边不断地进行循环；如果从循环中退出，则在 nearest_cap 和 nearest_dist 中应该写着最近地点的距离(的平方)和名称。显示出这个结果之后，程序的运行就结束了。

在什么情况下使用元组

在刚刚开始程序设计时，可能很少会出现有意识地使用元组的情况。这是因为元组可以做的事情用列表基本上也可以完成。例如，排列、管理多个元素时，基本上使用列表就可以完成了。像 4.4.3 小节中讲解的解包代入，也有一些 Python 在内部使用元组构造的情况。笔者认为在刚入门阶段，基本上都是无意识地使用元组的。

虽然笔者认为使用元组对于在读这个专栏的读者是有些难的，但是，如果要举例说明元组，则下面这句话会比较恰当，那就是元组在排列性质不同的数据时使用。

那么，性质不同的数据是怎样的数据呢？刚刚说到的，作为字典的键使用了元组的经度和纬度坐标的问题就是很好的例子。虽然纬度和经度是相同的数值，但是它们有着不同的使用方法。另外，长度不以 2 为单位变化的经度和纬度，元组擅长表示这种类型的数据。

想要排列、管理像班级的身高、气温这样的多个相同的数据时，使用列表；像是姓名这样的数据则需要视情况而定。如果想要排列像“[" 西住まほ " , " 逸见エリカ "]”这样的字符串，则使用列表就好了；如果想要像“[(" 西住 " , " まほ "),(" 逸见 " , " エリカ ")]”这样将姓和名隔开，则使用元组的列表会比较好。

Python 中有一个理念，就是为了保持功能的简洁，会消除相近的功能。列表和元组的功能非常相近，看上去好像是违反了这个理念，但是，有一个事实就是元组具有很多列表中没有的优点。因此，元组之所以存在于 Python 中，也是有着非常重要的原因的。

3.4　if 语句的应用

在 2.6 节中已经讲解了关于使用 Python 中 if 语句的方法，在这里想要上升一个高度进行讲解。

3.4.1　比较运算符

if 语句中添加有条件表达式，根据条件是否成立来分开执行块。在这里，想要总结一下条件表达式中使用的比较运算符。

if 语句中所使用的比较运算符如表 3.1 所列。例如，查看两个值相等的比较运算符为“==”，如图 3.12 所示。比较运算符“in”的使用方法像检索字符串、列表元素一样，是查看序列元素时使用的。

表 3.1　Python 的比较运算符

运算符	示　例	执行块的条件
==	x == y	x 和 y 相等
!=	x != y	x 和 y 不同
>	x > y	x 大于 y
<	x < y	x 小于 y
>=	x >= y	x 大于或等于 y
<=	x <= y	x 小于或等于 y
in	x in y	元素 x 存在于 y(序列)中

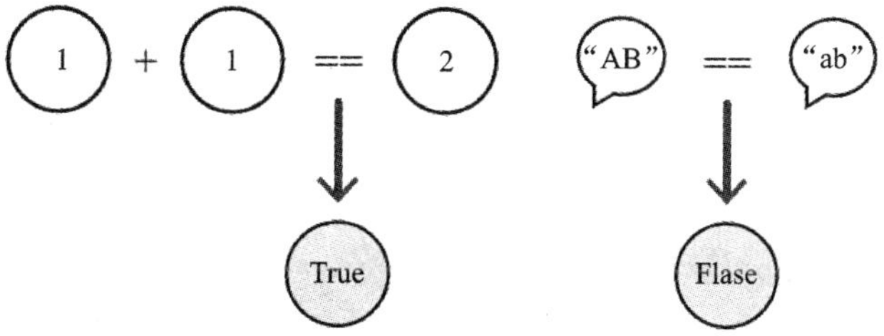

图 3.12　使用了比较运算符的比较会返回 True 或 False

3.4.2　比较运算符与 True 和 False

包含了比较运算符“x==y”这样的部分被称为条件表达式。在条件表达式中，作为结果返回 True、False 这两种值。这两种值被称为真假值。条件表达式成立时返回 True(真)，不成立时返回 False(假)。if 语句根据条件表达式的结果是 True 还是 False 来分别执行程序块。

接下来,举几个条件表达式的例子,在 Jupyter Notebook 单元中逐行输入。不论是哪个例子,都是在条件成立的情况下返回 True,在条件不成立的情况下返回 False。请一边预测返回的是 True 还是 False,一边试着输入。

```
1+1 == 2
5**(4-4)+9 == 10
5 > 2
100 == 100.0
"かなこ" != "かなこぉ↑↑"
[1,2,3] == [1,2,3]
```

在这个例子中,所有的条件表达式返回的都是 True。

3.4.3 关于比较的备忘录

在 Python 3 中,不能进行不同数据类型之间的比较。例如,如果想要对数值和字符串进行比较就会出现错误。

请回想一下 Python 的风格,其是尽可能具体且明确地写出使用代码要做什么。Python 并不会在编写了“"100">200”这样的比较之后自动将字符串转换为数值。如果想要将字符串作为数值处理然后进行比较,就必须明确写出“int("100")<200”这样的转换内容。

但是,如果对仅是由数字构成的字符串进行比较,则有时也会返回类似数字之间比较的结果。像是“"100"<"200"”这样由字符串和字符串组成的语句,如果进行不等号的比较,则会返回 True 这样的结果。这样的结果只是巧合,并不是说字符串被当作数值进行比较,其证据就是,当“"120"<"23"”时也返回了 True。大家应该知道,如果是数值之间的比较,则“120<23”返回的应是 False。

之所以会发生上述情况是因为当使用不等号比较字符串时,Python 会将字符串在内部转换成字符代码,然后进行比较所造成的。因此,并不一定总会得到所期待的结果。

3.4.4 复杂的比较——逻辑运算

在 if 语句中,如果想要制作类似“…以上…未满”这样的条件表达式,那么需要怎么做呢?虽然也可以在 if 语句的块中编写 if 语句来实现,但是如果使用逻辑运算符,则可以将多个比较表达式汇总成一个。

将多个条件汇总成一个时需要使用 and 或 or 这样的逻辑运算符,如图 3.13 所示。使用 and 可以做出“A 且 B”形式的条件表达式,使用 or 可以做出“A 或 B”的条件表达式,这与使用 set 进行交集与并集运算时有着相似的结果。

使用逻辑运算符“and”制作一个简单的程序吧!例如,从地球上水平击打物体时,如何根据其速度来判断其处于怎样的状态。将速度(km/h)代入变量 v 中,然后

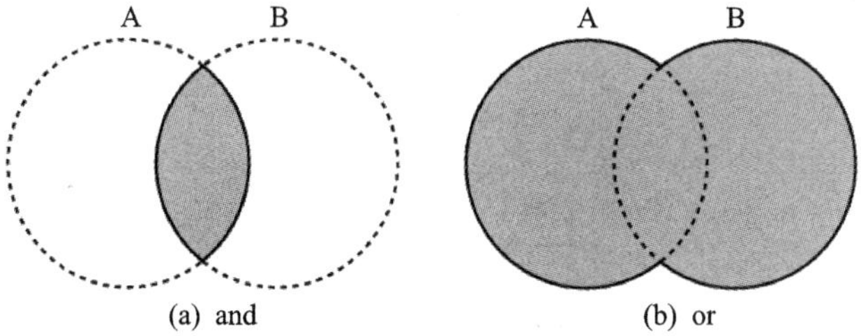

图 3.13　使用 and 或 or 可以进行条件的逻辑运算

执行，示例代码如下。在第二个和第三个 if 语句中，用两个 and 连接比较表达式，然后判断速度是否进入到一定的区间内。

在条件表达式中使用逻辑运算符的示例

```
v = 30000                        # 击打速度(km/h)
if v < 28400:                    # 第 1 宇宙速度以下
print("落在地面上")
if v >= 28400 and v < 40300:     # 第 1 宇宙速度以上,第 2 宇宙速度未满
print("和月亮做朋友")
if v >= 40300 and v < 60100:     # 第 2 宇宙速度以上,第 3 宇宙速度未满
print("加入行星的行列")
if v >= 60100:                   # 第 3 宇宙速度以上
print("以宇宙超人为目标")
```

和月亮做朋友

另外，可以不使用 and 来编写“v>=28400 and v<40300”这个条件表达式，而使用两个不等号将变量放在最中间编写成“28400<=v<40300”的形式。从条件的内容来看，后面这种可能是更容易理解的书写方式。

3.5　循环的应用

在 2.5 节中已经讲解了使用 for 语句制作循环的方法。本节要讲解的是 Python 中的另一个循环语句——while 语句，另外，还将讲解包括 for 语句在内的、更加便利地使用循环的一些技巧。

3.5.1　使用 while 语句制作循环

使用 while 语句可以制作循环，其与 for 语句不同的是，在循环中不能添加序列。另外，While 语句中没有循环变量，只能制作一些简单的循环。虽然 while 语句没有序列、循环变量，但是可以对 while 语句添加条件表达式，在这个条件表达式为 True

期间,就会一直反复进行循环,如图 3.14 所示。

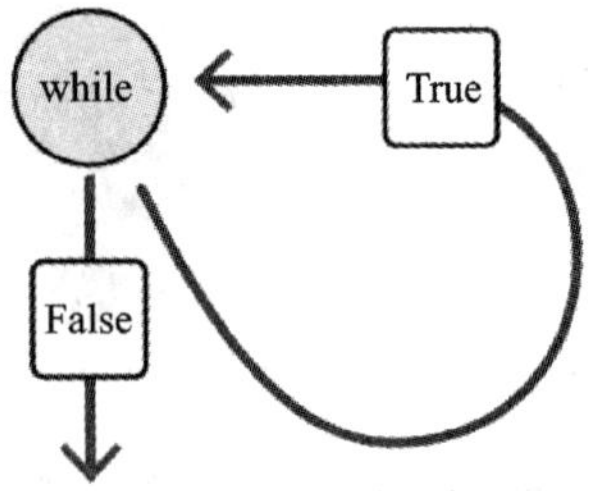

图 3.14 使用 while 语句时,在条件表达式为 True 期间可以一直反复循环

句法:while 语句的表记方法

```
While  条件表达式:
    在循环内执行的块
```

使用 for 语句制作的循环,仅重复序列的元素数量那么多次。另外,使用 while 语句制作的循环需要先添加条件表达式,然后再指定循环终止的条件。

现在使用 while 语句制作一个简单的程序。试着解答一下用英语圈的文字游戏制作的程序设计问题——“Fizz Buzz 问题”吧!所谓 Fizz Buzz 问题,就是制作以下规则的程序的问题。

编写一个打印从 1 到 100 的数字的程序。但是,当数字是 3 的倍数时,用“Fizz”代替数字;当数字是 5 的倍数时,用“Buzz”代替数字显示出来;当数字是 3 和 5 共同的倍数时,就显示“FizzBuzz”。

如何将 1 到 100 的数字打印(在画面中显示出来)出来呢?如果是 for 语句,则制作一个在序列中添加了 range(1,101)的循环就可以了。但是,在 while 语句中不能添加序列,所以在处理这个案例时就要使用一个叫作循环计数器的变量。将 1 定义为初始化变量,在循环块中逐个增加进去。在 while 语句中添加的条件表达式里写入“计数器的值在 100 以下”这个条件。

在查看计数器是否是某一个数字的倍数时,使用运算符“%”,然后求得除法的余数即可。如果一个数字的余数为 0,就代表该数可以被整除。另外,关于“数字是 3 和 5 共同倍数的情况”,需要使用 3.4.2 小节介绍的逻辑运算符。

那么,试着编写这个程序吧!示例代码如下:

解答 Fizz Buzz 问题的程序

```
cnt = 1                           # 初始化循环计数器
while cnt <= 100:                 # 重复 1~100
    if cnt % 3 == 0 and cnt % 5 == 0:
```

```
        print("FizzBuzz")            # 可以同时被 3 和 5 整除
    elif cnt % 3 == 0:
        print("Fizz")                # 可以被 3 整除
    elif cnt % 5 == 0:
        print("Buzz")                # 可以被 5 整除
    else:
        print(cnt)                   # 显示数值
    cnt = cnt + 1                    # 增加 1 个数字
```

```
1
2
Fizz
...
98
Fizz
Buzz
```

为什么 Python 中没有 do...while 语句

在其他程序语言中几乎都见过"do...while"语句。while 语句是在执行块之前来判断条件表达式的，因此，当条件表达式为 False 时，块就不会被执行。do...while 语句与 while 语句不同，它是在判断表达式之前块就被执行了。

在 Python 中，没有相当于 do...while 语句的功能。虽然希望追加类似功能的呼声不断，但是拍板 Python 语法的 Guido 先生却非常坚决地拒绝了。大致的理由有两个：一个是因为 while 可以代替 do...while 的功能，只要在循环块之前执行处理即可；另一个理由就是因为其兼容性非常不好。如果添加 do...while，就需要添加保留字 do。这两个字符经常作为变量、函数的名称使用，不难想象，如果将 do 变成保留字，那么已经存在的相当多的代码如果不进行更改，就会出现不能运行的情况。

Python 的语言标准就是这样，在考虑了各种情况后才制作出来。

3.5.2　使用了 break 语句和 continue 语句的循环控制

break 语句和 continue 语句是可以在循环块内使用的功能，但无论使用哪一条语句，都是为了改变循环的流程的，如图 3.15 所示。

break 语句不仅是在循环中使用，而且从块中离开时也可以使用，还可以是在特殊条件下，想要终止循环等时使用。

使用 continue 语句时可以不执行之后的循环块，而是直接返回到块的开头。在特殊条件下，例如，想跳过块的一部分不执行但还想继续执行循环的情况，使用 continue 语句就非常方便。

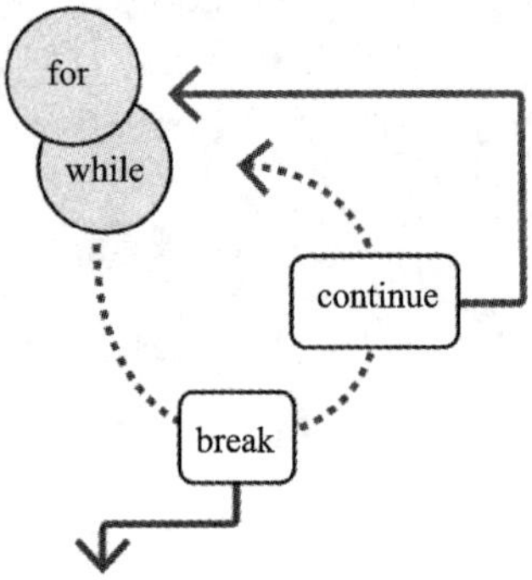

图 3.15　使用 break 语句、continue 语句可以控制循环的流程

试着制作一个使用 break 语句和 continue 语句的程序吧！比如做一个简单的猜拳游戏。用户输入数字，然后指定猜拳的手势，计算机上随机出现手势，在用户没有明确输入“结束”指令之前，猜拳一直进行。示例代码如下：

猜拳程序

```
from random import randint                       # 读取制作随机数的函数
hands = {0:"石头", 1:"剪刀", 2:"布"}             # 猜拳的手势
rules = {(0,0):"平局", (0,1):"胜", (0,2):"败",
         (1,0):"败", (1,1):"平局", (1,2):"胜",   # 胜负的规则
         (2,0):"胜", (2,1):"败", (2,2):"平局"}
while True:                                      # 猜拳的循环
    pc_hand = randint(0,2)                       # 随机决定手势
    user_hand_str = input("0:石头 1:剪刀 2:布 3:停止")
    if user_hand_str == "3":
        break                                    # 输入终止的数值,解除循环
    if user_hand_str not in ("0","1","2"):
        continue                                 # 错误输入的情况,返回到循环的开头
    user_hand = int(user_hand_str)               # 将用户的手势转换为数值
    print("你的" + hands[user_ hand] + "、计算机:" + hands[pc_hand])  # 显示手势
    print(rules[(user_hand, pc_hand)])           # 显示胜负
```

关于程序，简单地讲解一下。在程序的开头，要把猜拳手势的种类和胜负的规则定义到字典中。胜负的规则是将元组作为键来使用，然后显示出手势的组合。

在 while 语句的块中执行猜拳。添加在 while 语句中的条件表达式为“True”。这样一来，条件表达式就会总是为 True，可以不断地进行循环。在循环块的开头，使用随机的方式决定计算机上出现的手势，然后根据用户的输入决定猜拳的手势。

接着，查看一下在 if 语句中输入的字符串是否为 3。如果输入的为 3，则通过 break 语句离开循环，结束猜拳。

在之后的 if 语句中，需要检查输入的字符串是否正确。条件表达式“not in”的

含义就是判断"如果输入的字符串不在元组的元素中"这种错误输入的情况。因为在 if 语句的块中使用了 continue 语句，所以如果出现错误输入的情况，请不要执行之后的块，通过返回到循环的开头进入到需要再次输入的地方。

在包含有 continue 语句的 if 语句之后，循环块的最后 4 行是显示猜拳结果的部分。因为事先已经定义了手势和胜负的规则，所以只显示字典内容的简单代码就可以了。

在这个程序中，通过使用 continue 语句、break 语句来改变循环的流程，从而制作程序的整体流程。虽然使用 if 语句也可以编写类似的代码，但是使用 if 语句就会有较长的缩进，从而导致程序不容易理解。如果使用 continue 或 break 语句，就可以避免出现很长代码缩进的情况，代码也更容易理解。

3.5.3　循环的 else

有关 else 语句，在讲解 if 语句的一节中已经讲解过了。如果使用 else 语句，则在添加到 if 语句的条件表达式没有成立的情况下，是可以制作执行块的。

在 Python 中，比较有趣的是在 for 语句、while 语句中也可以使用 else 语句。如果在 for 语句中添加 else 语句，则可以在循环执行结束之后定义被执行的块。但是，在 for 语句的块中执行 break 语句时，是不能执行 else 之后的块的。

请回忆一下在讲解 if 语句一节中制作的判断质数的程序。在这个程序中，仅在数值不是质数时显示了结果。如果使用 else 语句，则可以将此程序做一个改良，变成在数值是质数时也可以显示结果。示例代码如下：

for 语句和 else 语句的组合

```
a_num = 59                          # 查看是否为质数的数量
for num in range(2, a_num):         # 从 2 到 a_num - 1 进行循环
    if a_num % num == 0:            # a_num 是否可以用 num 除尽
        print(a_num, "不是质数")
        break
else:
    print(a_num, "是质数")          # 一次都没有使用过 break 语句，循环结束
```

在这个程序中的 else 语句以下的块，仅在没有执行 break 语句，循环就解除时执行。没有执行 break 语句，是指某个整数不能被比它小的任何一个整数除尽。执行 else 语句以下的块，是指这个数值为质数。

3.6　函数的应用

有关 Python 的函数在 2.7 节中已经讲解过了，本节将针对函数更高级的功能进行讲解。

到目前为止介绍的 Python 的内置函数中,有可以添加参数的函数。例如,将字符串转换成数值的函数 int()就是此类函数的例子。在 int()函数中,将想要转换的字符串作为参数传递到数值中,之后可以传递整数的数值。如果按照如下方式调用 int()函数,就可以将相当于二进制的字符串转换为数值。示例代码如下:

int()函数的示例

```
int("101010", 2)        # 将相当于二进制的字符串转换为数值
```

```
42
```

试想一下可以省略传递给函数中的参数这件事。像"int("101010")"这样省略了第二个参数,在调用函数时,就会将字符串视作十进制数,然后转换为整数。也就是说,省略第二个参数就会默认输入了参数 10。

像这样,没有特别指定时,默认指定的参数被称为默认参数。另外,省略时输入给参数的值叫作默认值。

3.6.1 对函数定义默认参数

Python 可以给自己制作的函数定义默认参数。定义默认参数,就是在定义函数时,在等号后接着写入值,可以想象成是将值代入参数。

句法:对函数定义默认参数的表记方法

```
def  函数名称(参数 1 = 默认值, 参数 2 = 默认值):
    函数块
```

在拥有默认值的参数后面,是不能定义没有默认值的参数的。因此,默认参数统一在参数列表的后面。

那么,试着制作一个拥有默认参数的函数吧!示例代码如下:

解答 FizzBuzz 的函数

```
def fizzbuzz (count = 100, fizzmod = 3, buzzmod = 5):
    for cnt in range(1, count + 1):                  # 重复 count 次
        if cnt % fizzmod == 0 and cnt % buzzmod == 0:
            print("FizzBuzz")                        # fizzmod 和 buzzmod 都可以整除
        elif cnt % fizzmod == 0:
            print("Fizz") == 0:                      # 可以整除 fizzmond
        elif cnt % buzzmod == 0:
            print("Buzz")                            # 可以整除 buzzmod
        else:
            print(cnt)                               # 显示数值
```

在上述函数中,如果不给予参数就调用函数,则可以使用原题的条件来解答 Fizzbuzz;如果给予参数,则可以变更显示循环数次、FizzBuzz 的条件。

3.6.2 参数的关键字指定

定义函数时，可以使用逗号隔开指定多个参数。这个顺序有很重要的意义。调用函数时，如果指定多个参数，就可以按照这个顺序传递参数。对于没有指定关键字的参数，则按照顺序进行传递，如图 3.16 所示。

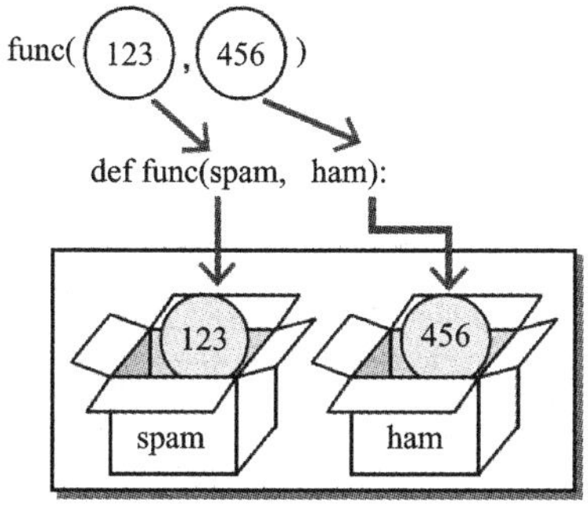

图 3.16　没有指定关键字的参数按照顺序进行传递

参数都各自有各自含义，数据的种类（数据类型）基本上都是规定好的。因此，如果更改顺序，就会造成函数不能正常运行，或者出现错误。

例如，以将相当于整数的字符串转换为数值的函数 int()为例，进行说明。将作为参数传递的基数和字符串进行更换，变成“int(2,'1010')”，然后调用，就会出现错误。这是因为在需要放入字符串的地方代入了数值，当然就会出现错误了。

有专门改变顺序并调用函数的方法。在给函数传递参数时，明确参数的名称，也就是说，使用“base＝2”这样进行代入的表记方法传递参数，于是，就可以指定参数，传入数据了。像这样，指定参数名称，然后传入参数的行为称为参数的关键字指定。

例如，int()函数的第一个参数的关键字是“x”，第二个参数的关键字是“base”，可以通过标准库的文件来查看这样的信息。如果指定关键字，就可以指定直接参数名称，如图 3.17 所示。

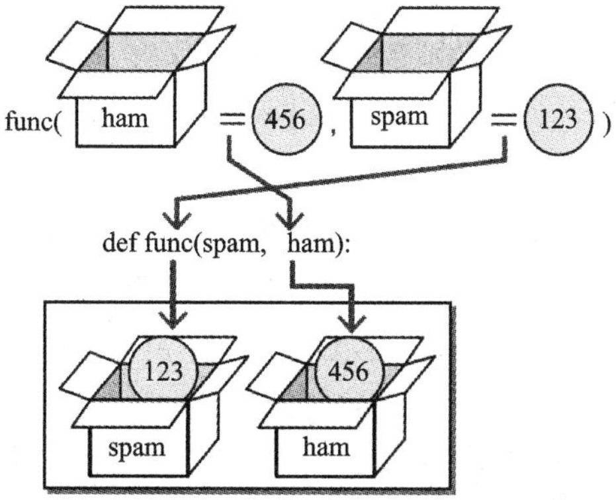

图 3.17　如果指定关键字，就可以指定直接参数名称

通过int()函数的例子试一下吧！示例代码如下：

参数的关键字指定

```
int(base = 2, x = "1010")
```

```
10
```

一般不会出现像专门以更改顺序为目的，使用参数的关键字指定这样的例子。默认参数有几个被定义的函数，想要指定一个默认值以外的参数时，会使用参数的关键字指定。而且，在关键字指定了的参数后面，不能传递没有指定关键字的参数。

3.6.3 函数和本地变量

在2.7.8小节中已经简单讲解了关于函数和本地变量的内容，在函数内部定义的变量或参数将作为本地变量运行。本小节将针对本地变量做更详细的讲解。

在Python的函数中使用变量时，有一些必须要注意的事情，例如，如果想要将在函数外部定义的变量在函数内部改写，则不会顺利进行。

试着制作一个简单的函数进行一下验证吧！定义仅含有一个参数的函数，试着在函数外部将参数代入已经定义的变量(local_var)中。示例代码如下：

在函数外部定义的变量在函数内部使用

```
local_var = 1                        # 在函数外部定义变量

def test_func(an_arg):
    local_var = an_arg               #在函数内部定义同一名称的变量
    print("test_func()之中 = ", local_var)

test_func(200)
print("test_func()之外 = ", local_var)
```

```
test_func()之中 = 200
test_func()之外 = 1
```

执行上述代码之后，如果在函数中看一下被调用的print()语句的结果，就可以知道给local_var代入了参数200。但是，在调用test_func()之后，如果试着显示一下local_var，就会返回到最初代入值(1)的地方。那么，为什么会发生这样的事情呢？

看一下函数的内部。使用等号，将参数的内容代入变量local_var中。请回忆一下，在Python中，所谓的代入就是定义变量。函数的内部和外部是完全不同的世界。也就是说，在函数块的第一行定义了一个和local_var同名的新的本地变量，如图3.18所示。

像这样进行说明后，本地变量或许看上去很不方便。但是，实际上如果本地变量不存在，就会有很多不方便的事情。

如果函数内部和外部的世界没有进行划分，就有可能出现以下情况。假设在函数内部使用了一个与在函数外部定义的相同名称的变量，这样，变量就在不经意间被改写了。因为数据被改写了，所以程序就不能正常运行了。

如果函数并没有划分内部和外部世界，就需要注意在函数内部和外部不能使用相同名称的变量。这样一来，制作函数就变得困难了。因为不能完全预测在函数外部会使用什么名称的变量，所以不可能完全避免不使用相同名称的变量。所以，如果能对函数内部和外部进行区分，就可以更简单地制作程序了。

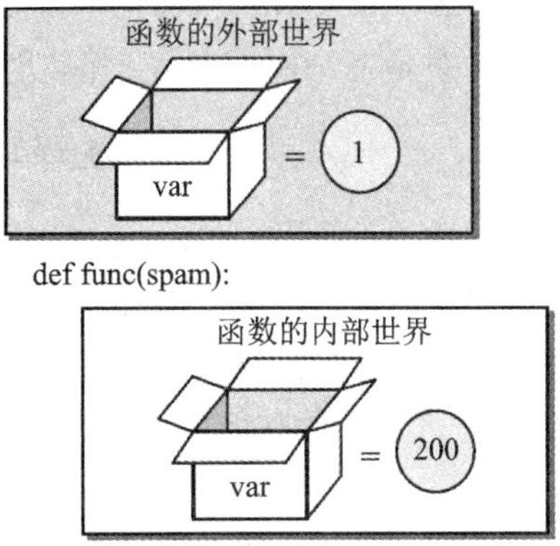

图 3.18　如果在函数的内部和外部定义相同名称的变量，则会作为不同的变量处理

在 Python 中定义本地变量，基本上只能在函数内部进行。在其他的程序设计语言中，特别是在定义变量时需要进行声明的语言，例如定义在 if、for 这样的块中的变量，则会被作为本地变量处理。与这样的程序语言相比，可以说 Python 本地变量的规则是非常简单且容易记忆的。

在函数的内部世界中还有一个特征，那就是从函数的外部不能窥视函数的内部世界，但是却可以从函数的内部世界看函数的外部世界。也就是说，从函数的内部可以查询函数外部的变量、函数等；但是反过来，从函数外部则不能查询函数内部的变量等。

大家都知道有一种特殊的，叫作魔法镜子的东西吧！这种镜子从一边看是镜子，从另一边看是玻璃，函数的内外世界也是如此。请想象一下，函数的内部世界是被魔法镜子所包围的，因此从外部看不到内部，但是却可以从内部看到外部，如图 3.19 所示。

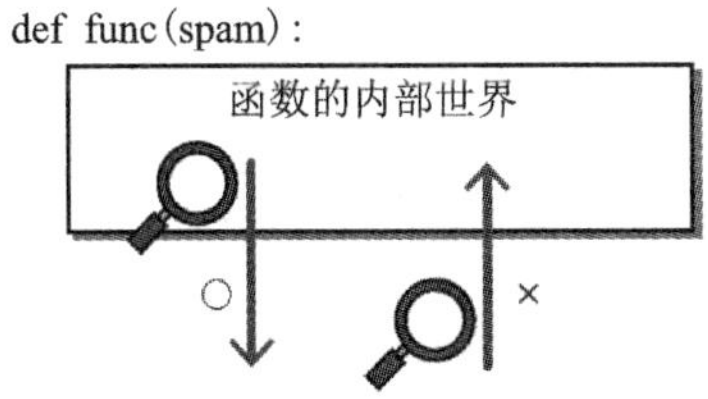

图 3.19　可以从函数内部看到函数外部的变量，但是从函数外部却不能看到函数内部的变量

严格上来说，可以从函数内部改写函数外部的变量等。但是，在没有特殊理由的情况下，不应该制作这样的函数。从教学的角度上，目前请大家记住的就是“只可以从函数的内部看到函数的外部世界”。

想要从函数的内部更改函数外部世界中的变量并不是正确的方法。将所需要的数据作为参数进行传递，然后将结果作为返回值返回，才能制作出好的函数。如果想要在函数的内部更改函数的外部世界，那么请记住，这是重大的错误或者判断失误的证据。

另外,这种像是函数内部世界功能的问题,在专业用语中叫作命名空间(name space)。有关命名空间的内容,请看 9.1 节中的详细讲解。

注释和文档字符串

代码是为了向计算机传达想要执行的工作内容,也就是为了让计算机读取而制作的。但是,实际上读取代码的不仅仅是计算机。人类在修改程序时,或是处理他人所编写的程序时,都会经常读取数据。如果是容易理解的代码,就容易掌握处理的内容,修改、扩展功能时也非常容易。因此,能否让人容易理解是衡量代码好坏的重要条件。

人在阅读代码时,如果在程序中加上一点记录,就会很容易地把握程序的流程或者目的。像"这个变量是因为这个目的而使用的""在这个循环中进行了这个处理"这样,将可以把程序工作的提示性内容保存在程序中。

在 Python 中,"#"符号右边的字符都是作为注释处理的。到目前为止,所看到的示例程序中有好几个就使用了"#"的注释。

在 Python 中还有一个作为注释经常被使用的表记方法,就是将注释用三引号(' 或者 ")包围起来的表记方法。使用"#"的注释只能写 1 行,但是,如果是三引号就可以包括换行的内容了。在书写比较长的注释时,可以使用这种表记方法。

如果看一下像 GitHub 这样的开源代码共有服务中的 Python 代码,就知道紧跟着函数定义的下面就写着被三引号所包围的注释,这个就被称为文档字符串(docstring)。在文档字符串中可以输入函数的功能或参数的种类等,以及函数相关的解说(documentation)。

第4章 熟练使用内置类型

本章将要讲解有关 Python 内置类型的面向对象功能。通过了解关于面向对象的相关内容，以便能够更加熟练地使用内置类型。

4.1 作为对象的内置类型概述

在第 2 和 3 章中讲解了关于数值、字符串、列表或字典这样的 Python 的内置类型，但是，到目前为止，均是有目的地限制了这些内置类型的范围，只出现了大多数读者容易理解的一些功能。具体来说，就是把重点放在了使用“＋”这样运算符的内置类型的计算和比较上。

如果问为什么要设限，则主要是因为这样比较容易理解程序设计的基础。像数据的加、减、比较这样的处理，是很多人在学习或者生活中就已经获得的一些基础知识。一般来说，若拥有相关的基础知识，也就容易想象处理的内容了。

仅仅使用像加法、减法这样的运算、比较编写的程序，只要看一下就可以理解处理的内容了。如果外表看上去容易理解，那么程序也容易制作。

使用内置类型仅需要基本的操作，就可以制作与之相应的各种程序了。但是，如果想要顺利地制作出更高级的程序，就需要学习有关内置类型更加详细的功能。

因此，更加深入地了解内置类型的功能，才是提高 Python 程序设计语言技巧的第一步。本章主要介绍内置类型所拥有的其他功能。

4.1.1 什么是方法

如果是制作小程序或是执行简单工作的程序，那么仅使用内置类型的基本功能即可。但是，如果是制作拥有稍微复杂功能的程序，就不能只使用内置类型的基本功能了。如果想要仅使用基本功就能制作稍微复杂一点的程序，那么编写的代码就会比较复杂,这样一来,所写的代码反而变得不容易懂了。

使用一个具体的例子进行说明。假设想要知道某个元素是列表中的第几个,也就是想要查看元素的索引。如果仅仅是查看是否有这个元素,那么使用运算符"in"就可以了,但是这样就没有办法查看到索引。如果仅使用到目前为止学过的方法,就必须要制作一个小程序。

为了查看元素索引,可以使用 for 循环来逐个查看元素。那么,在 Python 中试着制作一个查看列表元素并返回索引的函数吧!示例代码如下:

定义返回列表索引的函数 find_index()

```
                                        # 从 the_list 中查看 target 的索引的函数
def find_index(the_list, target):
    idx = 0                             # 初始化索引用的计数器
    for item in the_list:               # 逐一查看列表的元素
        if target == item:
            return idx                  # 找到了想要查看的元素,返回索引
        idx = idx + 1                   # 增加一个索引
```

向函数中传递想要查看的元素和列表之后,返回结果为 2。

使用 find_index()函数的示例代码如下:

使用 find_index()函数的例子

```
mcz = ["れに", "かなこ", "しおり", "あやか", "ももか"] # 定义列表
find_index(mcz, "しおり")
```

2

为了查看元素索引甚至专门制作了函数,真的是有点大材小用!如果知道列表是含有方法的,那么就可以用一行代码来代替这个函数。示例代码如下:

使用 index()方法的例子

```
mcz.index("しおり")
```

2

试着比较上述两段代码。在第一段代码中给 find_index()函数传递两个参数,与此相对,在第二段代码中就只有一个需要寻找的字符串的参数。在第二段代码中,在想要查看的对象的列表中添加了 dot 点。在那之后,有像函数一样的表记方式,将想要查看的元素作为参数传递。这样看来,第一段代码和第二段代码仅是更换了元素的顺序,它们的内容并没有很大的差别,如图 4.1 所示。

像这样,对数据绑定,然后对数据进行处理和操作的函数叫作方法(method)。用这个名称是因为它先对特定的数据进行绑定,然后再提供操作数据的方法。

在 Python 的内置类型中添加了非常多的这样的方法,例如,在列表类型中,除了 index()方法外,还有很多其他的方法。其中,列表类型中所包含的一部分的方法

如表 4.1 所列。

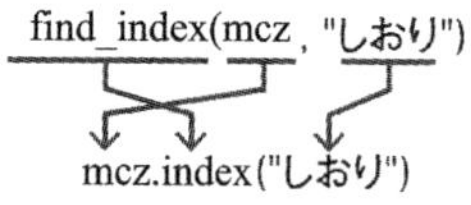

图 4.1　方法和函数调用基本相同

表 4.1　列表类型中的部分方法

方　法	讲　解
count()	可以计算某个元素在列表中含有几个
reverse()	颠倒列表元素的顺序
sort()	对列表元素进行排序

像这样，如果使用方法，就可以对数据执行各种操作，如图 4.2 所示。但是，像"＋"这样的运算符号，由于可以使用的种类有限，因此只能执行有限的操作。如果像函数那样，处理时使用英文字母、数字这样的方法进行命名，就可以制作各种类型的方法了。

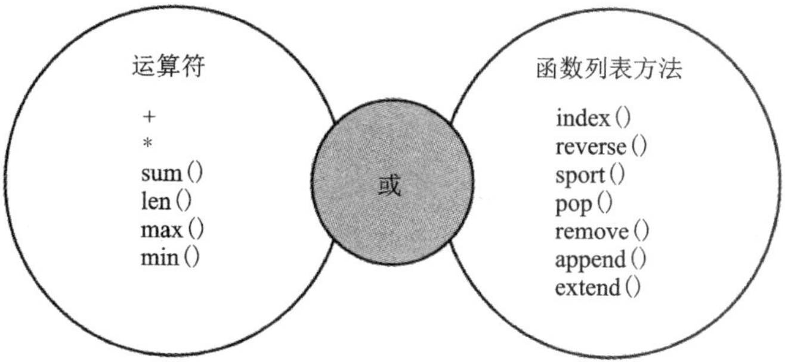

图 4.2　使用方法可以对数据进行各种操作(以列表为例)

不仅是列表类型，在 Python 的内置类型中也添加了很多这样的方法。如果能够熟练地运用方法，就可以更加轻松地制作 Python 程序了。

4.1.2　作为对象的内置类型

使用本书中目前为止学习的技巧所制作程序的方法称为命令式程序设计。在运算数据或者将数据传递给函数时，如果使用一些推进处理的技巧，则可以制作出简洁明了的程序。但是，使用这个方法可以制作的东西很少，而且还需要准备各种类型的函数，这样就会导致程序毫无意义地变长，并且变得不容易理解；另外，还有不容易制作复杂程序或大型程序这样的缺点。

现如今，计算机的性能提高了，程序可以处理大量的数据了，就更加需要简便地制作复杂的或是更大型的程序了，由此构思出了称为面向对象的技巧。

在命令式程序设计中，数据就是数据，命令就是命令，是分别进行处理的。但实际上，像函数这样的命令，是为了对数据进行某些处理而使用的。因此，将数据和命令放在一起，是面对对象的基本观点。

将数据和命令(方法)组合的产物称为对象。虽然这样的解释有些太过简短且不够详细,但是在现阶段,将数据与命令整合并以此作为对象的方法理解为面向对象就可以了。

面向对象是一种“以对象知道什么样的处理是有必要的”软件开发方法。在 Python 中调用方法时,在变量的后面会写上 dot 点,然后继续写方法名称。在那之后,根据需要传递参数。

句法:调用方法的表记方法

```
数据.方法名称(参数 1, 参数 2, …)
```

这个表记方法看上去就好像正在对数据指派工作一样。但是,不管是使用了方法的表记方法,还是使用了函数的表记方法,表面上来看仅仅是书写处理对象的位置有所不同,实际上进行的处理也都差不多。请回想一下查看列表元素索引处理的例子。

这么看来,面向对象和命令式程序设计仅仅是针对同一件事情从不同的角度进行观察的。只是使用面向对象来进行程序设计,就可以发现面向对象绝对不是什么难懂的思考方式。

Python 结合了命令式程序设计和面向对象的优点的程序语言。对于基础的处理,可以使用命令式程序设计的技巧进行制作;在制作稍微有些复杂且高级的程序时,可以使用面向对象的技巧。

内置类型有着浓缩了 Python 所追求的面向对象的精华的结构,通过学习内置类型的面向对象功能,可以更灵巧地制作出程序;另外,也可以接触到作为 Python 程序设计语言的,被称为“Python 之禅”的思想。

在进入面向对象功能的讲解之前,再一起来回顾一下内置类型吧!

4.1.3 内置的数据类型一览

本书到目前为止介绍了 6 个种类的内置数据类型(内置类型),在 Python 中还有其他的内置类型,这里将简单介绍一下包括新的数据类型在内的经常使用的内置类型。

1. 数值类型

数值类型是为了处理数值的数据类型,可以使用运算符进行计算、比较。在数值类型中有仅可以处理整数的 int 类型(整数类型)以及可以处理包含小数点的 float 类型(浮点数类型)。

在 Python 中还有可以处理多个元素的 complex 类型(复数类型),这里就不详细介绍了。

2. 字符串类型

字符串类型是为了处理字符串的数据类型,有时也被称为 str 类型,可以使用运算符进行计算、比较。另外，使用方法可以对字符串进行操作。Python 的字符串类型和列表等相同，是汇集多个元素（字符）的数据，可以使用索引抽出元素，但是不能像列表那样进行元素的更换。

3. 列表类型

列表类型是为了排列、管理多个元素的数据类型，可以使用索引抽出或者更换元素。另外，根据方法或语句，除了可以添加、删除或者给元素排序以外，还可以对元素进行检索，得到特定的元素数量。

4. 元组类型

元组类型是与列表拥有类似功能的数据类型，虽然可以与列表进行相似的操作，但是不能更改元素。其主要是为了管理性质不同的多个元素而使用。使用方法可以对元组进行处理。

5. 字典类型

字典类型是将键和值组对，管理多个元素的数据类型。虽然其与列表一样是汇集多个元素的数据，但是并没有顺序的概念。使用键、语句、方法可以操作字典内部的元素。

6. set 类型

set 类型是集合类型，是为了管理没有重复的多个元素而使用的数据类型。与列表一样，set 类型虽然是集合多个元素的数据，但没有顺序的概念，使用索引也不能访问元素。使用方法除了可以操作内部的元素，还可以根据运算符使用多个 set 的集合运算。

set 类型可以更改元素的数据类型，也可以添加或者移除元素。另外，一个与 set 类型几乎拥有相同功能，但是不能变更元素的数据类型，名为 frozenset 类型，关于这个数据类型，本书不做详细讲解。

7. bytes 类型

bytes 类型是字符串类型的一种，与字符串类型（str 类型）一样，是汇集多个字符的数据。虽然使用检索可以抽出字符，但是不能对其进行更改这一点也与字符串类型相同。

字符串类型处理的是被编码的字符串数据，而 bytes 类型处理的是没有被编码的字符串数据，因此，从文件、网络得到的字符串可以作为 bytes 类型使用。

有关字符串编码的处理以及 bytes 类型的使用方法，将在 4.10.3 小节中进行讲解。

8. bool 类型

bool 类型是添加在 if 语句中比较表达式所返回的数据类型，是一种只能处理 True 或 False 两种值的特殊的数据类型。

4.1.4 数据类型的分类

Python 的数据类型，像数值类型、字符串类型、列表类型这样，是根据处理的数据种类来进行分类的。另外，不仅是数据的种类，而且也有关注性质进行分类的情况。

如果不是关注数据的形态，而是关注其性质，就可以从不同的角度来看待内置类型。拥有相同性质的内置类型作为同一类进行看待。

例如，列表和字符串都是拥有多个元素的数据类型。使用索引可以访问元素，或者使用切片可以一次性取出多个元素。另外，可以将列表和字符串添加在 for 语句中，组成循环。

Python 的内置类型，即使数据的种类不同，只要是拥有相同性质的同类，就可以按照相同的方法进行处理。拥有内置类型的方法也是一样。在拥有相同性质的内置类型中，得到相同名称的方法，可以同样进行使用。像这样，关注对象(数据)的性质，如果操作相同，就可以按照相同的方法去处理，这是面向对象的重要特征之一。

在面向对象中，数据和命令(方法)同样被作为对象。虽然在创建程序时，对象是作为零件进行组合然后使用的，但是在复杂的程序中，就需要处理多个种类的对象了。

如果很多种类的对象都要用各种不同的方法进行处理，那么程序的制作就会变得很麻烦。因此，需要将性质相似的同一类型进行分组，进行整理。这样一来，即使对象的种类有很多，也可以最大限度地保证程序简洁，程序开发也就变得容易了。

了解内置类型的分类，无非是要知道内置类型拥有怎样的性质。在之后的内容中，一边学习在 Python 的内置类型中经常使用的分类方法，一边将内置类型进行分组。

4.1.5 序　列

在 2.5 节中介绍了序列。像列表类型那样，将多个元素按照顺序进行排列的数据类型会划分为序列。

从 4.1.3 小节的内容来看，列表、元组都是序列的同类，字符串类型(str 类型、bytes 类型)也是序列的同类。

序列的特征如下：

- 使用索引可以访问元素；
- 使用切片可以访问多个元素；
- 可以添加在 for 语句中组成循环；
- 使用 len()函数可以计算元素数量(长度)；
- 使用“+”运算符可以进行连接；
- 使用“in”运算符可以进行元素的检索；

➢ 使用 index()方法可以查看元素的索引，使用 count()方法可以查看元素的个数。

数值当然不是序列。字典类型和 set 类型虽然可以拥有多个元素，但因为没有顺序的概念，所以不能将其分类到序列中。

4.1.6　可更改和不可更改

在 Python 中，有一种可通过更改对象本身或不可更改对象本身而进行的分类。像列表类型，可以更换或删除元素的数据类型叫作可以更改(mutable)；像元组、字符串，不能更改元素的数据类型叫作不可更改(immutable)。

列表类型、字典类型都是可以更改的内置类型，可以通过添加元素或者使用索引、键进行元素的替换、删除。不论是哪种操作，都可以更改对象本身。

set 类型也是可以更改对象中的一员。在 set 类型中，使用运算符可以进行集合运算，运算结果作为副本返回。使用 set 类型的方法可以改写对象本身。

同样，列表或字典的方法也可以改写对象本身。进行列表排序的 sort()方法就是这样的例子。像这样，改写对象本身的操作称为破坏性操作。

数值类型或字符串类型(str 类型、bytes 类型)、元组类型是不可更改的内置函数的一员。因为字符串类型也是序列的一种，所以，虽然可以使用索引访问元素，但是不能删除、更改元素。

虽然列表类型和元组类型是非常相似的数据类型，但是在是否可以更改这个问题上却有着非常大的分歧。在不可更改元组中，没有进行元素排序的 sort()，也没有改变排列顺序的 reverse()这样的方法的。在不可更改元组中，也完全没有列表中进行破坏性操作的方法。

可以更改的字符串类型——bytearray 类型

Python 的字符串类型是不可更改数据类型的一种。这样做使得存储器的使用效果变得很好，处理速度也变快了。因此，为了追求实用性，元素就不能更改了。但是，如果在制作程序的过程中可以更改一部分字符串，则会比较方便。为了满足这样的需求，在 Python 3 中添加了 bytearray 这样的内置类型，它是可以更改的 bytes 类型。使用 bytearray 类型，可以将不考虑编码的、像字符串一样的 8 位数据，像列表一样处理。

4.1.7　set 类型和字典类型

set 类型和字典类型都是可以保存没有顺序的多个元素的数据类型。除此之外，还拥有其他相同的特征，那就是将不可变更数据类型作为元素。如果硬是要对其进行命名，则可以叫作不可更改数据的 collection 类型。

set 类型也被称为集合类型，可以一边确认没有重复，一边保存多个元素。为了满足元素不重复这个必要条件,设定了只能添加不可更改的数据类型这样的限制。

同样的限制也设置在了字典的键中。在字典中,键代替索引作为元素的标题而使用。如果可以更改的数据类型添加到了键里,则会出现存在多个相同的键的情况,就会发生麻烦的事情。例如,在指定已经存在的键后,想要代入值时,如果有多个键,就会不知道使用哪个键比较好。也就是说,字典的键要保证没有重复。

在 Python 的内置类型中,因为数值类型、字符串类型、元组类型是不可更改的,因此可以成为 set 类型的元素,或者字典的键。因为列表类型是可以更改的,所以不能成为 set 类型的元素或是字典的键。同样,可以更改的字典类型、set 类型也不能成为键。

至此,本节已简单地介绍了内置类型的面向对象功能,还将到目前为止学习过的内置类型的使用方法从不同的角度进行了总结。从 4.2 节开始,将要讲解有关内置类型的更简单的使用方法。

4.2 操作数值类型

在 Python 中数值也是对象,拥有方法,但是,基本上没有调用数值方法的情况。在 Python 中,紧接着对象之后添加上点号(.),记述方法的名称。如果在数值字面量后加上 dot 点,就会不容易区分其和小数点。

在程序中如果使用数值,则只有计算和类型变换。如果这样的处理,则使用运算符或函数就可以了。比起执着于面对对象所规定的事情,更喜欢追求实用、简洁的方法是 Python 的风格。

在 Python 中处理数值时,基本上没有在意面向对象。在这里想要讲解一下有关十进制之外的数值字面量的表示方法等,有关数值的运用方面的内容。

4.2.1 十六进制的表示方法

在 Python 3 中,用字面量表示十六进制时,使用的形式如下:

- 开头加上“0”;
- 之后是“x”;
- 接着是 0~9 以及 a~f 的英文字母。

包括“x”在内,英文字母大写、小写都可以。使用 Jupyter Notebook 尝试一下吧。示例代码如下:

输入十六进制的字面量

```
0x1ff
```

```
511
```

如果将十六进制的数值字面量从键盘输入,就会显示转换为十进制的数值了。

在 Python 中十六进制数值字面量是作为数值类型处理的。所以，十六进制的数值字面量就会自动转换成十进制。

从数值得到相当于十六进制的字符串，需要使用叫作 hex()的内置函数。给参数输入数值，就会返回相当于十六进制的字符串了。所谓“hex”，就是英语中表示十六进制的“hexadecimal”的缩写。

将十进制的数值转换为相当于十六进制的字符串，示例代码如下：

将十进制的数值转换为相当于十六进制的字符串

```
hex(1023)
'0x3ff'
```

将不是十六进制的数值字面量，而是相当于十六进制的字符串转换为数值时，使用内置函数 int()。但是，要向第 2 参数传递基数“16”。示例代码如下：

将相当于十六进制的字符串转换为数值

```
int("0x100", 16)
256
```

4.2.2　二进制的表示方法

在 Python 3 中，用字面量表示二进制时，使用的形式如下：

- 开头加上“0”；
- 之后是“b”；
- 紧接着是 0 或者 1 的数值。

和十六进制的字面量表示相同，二进制的字面量也可转换成十进制。在 Python 3 中，输入“0b1000”就会变成“8”这个十进制。示例代码如下：

输入二进制的字面量

```
0b1000
8
```

将十进制的数值转换为相应的二进制的字符串，需要使用内置函数 bin()。函数名称“bin”是英语中表示二进制的“binary”的缩写。

十进制的数值转换为相当于二进制的字符串，示例代码如下：

十进制的数值转换为相当于二进制的字符串

```
bin(1023)
'0b1111111111'
```

为了将相当于二进制的字符串转换成整数，需要向内置函数 int()的第 2 参数传递基数“2”，然后调用。这个也与十六进制是一样的。示例代码如下：

将相当于二进制的字符串转换为数值

```
int("0b1111111111",2)
```

```
1023
```

4.2.3 八进制的表示方法

在 Python 3 中,用字面量表示八进制时,使用的形式如下:

- 开头加上“0”;
- 之后是“o”;
- 接着是 0～7 的数值。

到 Python 2 为止,都是像“0123”这样,使用从零开始的数值表示的八进制的字面量。这样的话,“0123”是八进制,“123”是十进制,很容易混淆。而且,十六进制与二进制表示的方法也都不一样。这些在 Python 3 中进行了统一。

输入八进制的字面量

```
0o1777
```

```
1023
```

将数值转换为相当于八进制的字符串需要使用内置函数 oct()。函数名称“oct”是英语中表示八进制的“octal”的缩写。

将十进制的数值转换为相当于八进制的字符串,示例代码如下:

将十进制的数值转换为相当于八进制的字符串

```
oct(1023)
```

```
'0o1777'
```

将相当于八进制的字符串转换为整数时,需要向内置函数 int()的第 2 参数传递基数“8”,然后调用。示例代码如下:

将相当于八进制的字符串转换成数值

```
int("0o1777", 8)
```

```
1023
```

表 4.2 简单总结了一下在 Python 3 中处理十六进制、二进制、八进制的方法。

表 4.2　在 Python 3 中十六、二、八进制的处理

种　类	字面量	将数值转换为字符串	将字符串转换为数值
十六进制	0x1abf	hex(65535)	int("0x1abf",16)
二进制	0b1011	bin(1024)	int("0b101010",2)
八进制	0o123	oct(123)	int("0o123",8)

4.2.4 位运算

位运算就是将二进制当作各自的“位串”(由 1 和 0 构成的串)，然后执行逻辑运算。说到运算，可能会联想到加法、乘法，但是比起使用“+”“*”进行的算术运算，位运算是与逻辑运算类似的操作。所谓逻辑运算，就是将使用了“==”等的比较运算，用“and”“or”组成的运算。

位运算偶尔会在以下两种情况中使用：一种是在使用像 GUI 库这样的工具库制作程序时，另一种是在需要使用 C 语言编写库时使用。在 Python 的标准库中，像正则表达式模块(re)这样，组成作为参数传递的 flag 时也会使用位运算。

在 Python 中，使用特殊运算符可以将整数作为对象进行位运算。使用由 0 和 1 构成的字符串想要进行位运算时，则使用内置函数 int()将字符串转换成整数之后再进行即可。

在 Python 中可以使用的位运算符如表 4.3 所列。

表 4.3　位运算符

位运算符	描　述
x|y	按 x 和 y 的位或(OR)运算符
x&y	按 x 和 y 的位与(AND)运算符
x^y	按 x 和 y 的位异或(XOR)运算符
x≪y、x≫y	移动运算符，“≪”表示 x 向 y 位的左移动，“≫”表示 x 向 y 位的右移动

4.3 熟练使用字符串类型

在 2.3 节中已经讲解了关于使用运算、函数进行字符串处理的内容。在 Python 中将字符串作为对象来处理。字符串中添加了很多方法，通过使用这些方法可以轻松地进行字符串的处理。这里将对字符串所拥有的方法中的一些好用的功能进行简单讲解。

4.3.1 字符串的替换和删除

在程序中处理字符串时，经常会执行替换一部分字符串的操作。如果使用字符串对象所含有的 replace()方法，就可以将字符串的一部分替换成别的字符串，从而实现替换功能。示例代码如下：

replace()方法的示例

```
orig_str = "いっぱい"                # 定义替换前的字符串
orig_str.replace("い","お")          # 将字符串 "い"替换成"お",然后显示结果
'おっぱお'
```

如果调用了 replace()方法,则替换了字符串的结果会作为新的字符串返回。调用方法所使用的字符串对象不发生改变。请回想一下字符串不可更改的数据类型。

replace()方法不仅可以进行替换,而且还可以用于删除字符。当给第 2 个参数传递空字符串时,指定的字符串就会替换为空字符串,从结果来看就是字符串被删除了。空字符串可以在引号之间什么都不输入,像(" ")这样进行定义。

例如,请思考将每三位数字之间输入一个逗号的,相当于整数的字符串作为数值进行处理的例子。如果只是单纯地将字符串转换为数值,就可以使用内置函数 int()。但是,如果输入逗号这样的符号,int()函数就会出现错误。如果事先使用 replace()方法,删除不需要的字符串,就可以顺利进行了。在删除了不需要的字符串的基础上再使用 int()函数,就可以转换为数值了。

实际编写一下 Python 代码吧!示代码如下:

字符串的删除和向数值转换

```
str_num = "1,000,000"                        # 添加了逗号的相当于整数的字符串
num = int(str_num.replace(",", ""))          # 删除逗号,使用 int()将其转换为数值
num
```

```
1000000
```

4.3.2 split()方法和 join()方法

使用 split()方法可以将字符串以特定的字符为基准进行分割。将使用了 tab、空格这样的空白字符串,或者使用逗号分割的长字符串进行更小的分割时,使用 split()方法会非常方便。

在 Excel 这样的电子表格计算软件中,表格的内容可以用 tab 隔开的形式书写。另外,从网上下载的数据有时也是用类似的形式发布的。将这样的数据放入 Python 中进行处理时,使用 split()方法。

split()方法是将分割时使用的分割字符串作为参数传递,结果以字符串列表返回。

使用将数字用空白字符隔开的长字符串和 split()方法,来制作一个绘制图表的程序吧!目前有一组茨城县一所女子高中所拥有的坦克性能的数据,现在来比较一下坦克的速度、装甲厚度,然后再比较一下坦克的强度。将速度作为横轴,装甲厚度作为纵轴,标出点后绘制出散布图。

性能数据的数值变成了用空格隔开的字符串,所以需要使用 split()方法进行分割,将各数据转换为数值。然后,使用 plt.scatter 的函数描绘出点。为了知道哪个点代表哪辆坦克,更改标记的形状。示例代码如下:

字符串的分割和图表显示

```
%matplotlib inline
import matplotlib.pyplot as plt

str_speeds = "38 42 20 40 39"                    # 坦克的速度(km/h)
str_armor = "80 50 17 50 51"                     # 坦克的装甲厚度(mm)
speeds = str_speeds.split("")                    # 用空格分割速度
armors = str_armor.split("")                     # 用空格分割装甲厚度
markers = ["o","v","^","<",">"]                  # 图表上使用的标记

for idx in range(len(speeds)):                   # 循环与列表长度相应的次数
    x = int(speeds[idx])
    y = int(armors[idx])                         # 字符串转换为数值
    plt.scatter(x,y,marker = markers[idx])       # 绘制散布图

# IV 号坦克(o) LT-38(v) 八九式中坦克(^) III 号突击炮(<) M3 中坦克(>)
```

图表上的各标记表示的是哪一辆坦克，请看示例代码中最后一行的注释内容。执行上述代码后会得到如图 4.3 所示的散布图。

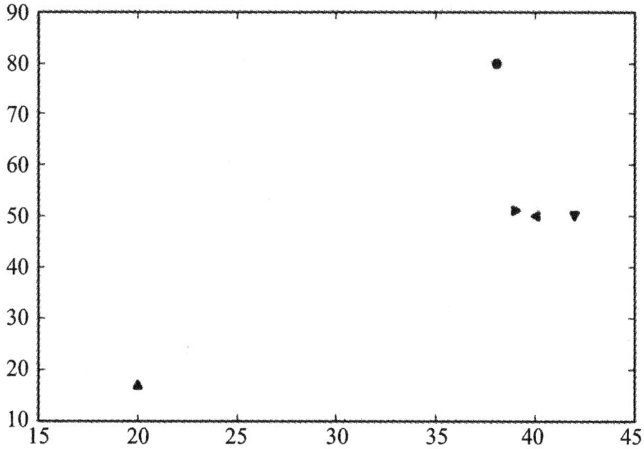

图 4.3　使用 Python 绘制的散布图

观察图 4.3 可知，用黑圆点表示的 IV 号坦克的装甲厚度很突出，用向上的三角形表示的八九式中坦克的性能非常低。

另外，Excel 等的表格计算软件所写出的 CSV 形式的文件格式很复杂，在 split()方法中可能难以处理。在 Python 的标准库中，有擅长处理 CSV 形式文本的 csv 模块，此内容将在 11.10 节中进行讲解。

此外，使用 join()方法可以进行与 split()方法相反的处理。join()方法可以将以字符串作为元素的列表当作参数，得到连接列表字符串的字符串。连接时，使用中间

所插入的连接字符串调用 join()方法。

例如,假设想要将与使用空格所隔开的数值相当的字符串,转换为使用逗号隔开的形式。如果将 split()和 join()进行组合,则可以在调用 join()处,像“ " , " .join(speeds)”这样,从字符串的字面量中调用的方法,看上去可能有些奇怪。但是,如果考虑到 join()方法是将连接字符串作为对象进行操作的,就可以理解这是正确的书写方法了。

将空格隔开改为逗号隔开

```
str_speeds = "38 42 20 40 39"          # 使用空格隔开的数值
speeds = str_speed.split()             # 使用空格分割
csep_speeds = ",".join(speeds)         # 使用逗号连接
csep_speeds                            # 显示结果
'38,42,20,40,39'
```

如果只是将空格替换成逗号,则可以使用字符串类型的 replace()方法,像 str_speeds. replace(" " , " , ")这样进行书写。在 split()和 join()方法进行组合的方法中有 replace()方法所没有的优点,在这里要特别介绍一下。

对于 split()方法,即使在想要分割的字符串前后有不需要的空格,或者字符串中间有多个空格的情况下,也可以顺利地将元素进行分割。与使用 replace()的情况进行比较。首先,使用 replace()进行替换,结果是它会连多余的空格也转换成逗号,示例代码如下:

删除多余的空格

```
str_speeds2 = "38 42 20 40 39"          # 有多余空格的字符串
str_speeds2.replace(" "  ,",")          # 显示使用了 replace()的结果
',38,,42,20,40,39,'
```

接下来,看一下使用 split()和 join()方法进行替换的结果吧!由结果可知,在顺利地避开多余空白的同时,还进行了给字符中添加逗号的处理。

分割之后删除多余的空白

```
str_speeds2 = "38 42 20 40 39"          # 有多余空格的字符串
speeds2 = str_speeds2.split()
csep_speeds2 = ",". join(speeds2)       # 使用 split()和 join()方法进行替换
csep_speeds2                            # 显示结果
'38,42,20,40,39'
```

对于手动输入数据的资料,很容易出现有多余空格的情况。想要巧妙地处理这样的数据,使用 split()和 join()方法会很方便。

4.3.3 转义序列

在 Python 中,用 3 个引号(“ " ”或者“'”)可以定义包含换行在内的字符串。但

是，在缩进了的块中，包含了换行的字符串作为变量进行定义时，就会出现下述代码中缩进错位的情况，导致代码难以阅读。

在函数内部将包含换行的字符串作为变量定义的例子

```
def func():                                          # 定义 func()函数
    words = """ゆく河の流れは絶えずして
しかももとの水にあらず"""                              # 将包含换行的字符串作为变量
    print(words)
func()                                               # 执行 func()函数
```

ゆく河の流れは絶えずして
しかももとの水にあらず

在上述例子中，如果在改行后的字符前面加上缩进，则那一部分也会被作为字符串的一部分。

这时如果使用转义序列“¥n”，就可以用一行来记述包含了换行的字，从而也就可以防止出现缩进的问题。

使用转义序列“¥n”

```
def func():
    words = "ゆく河の流れは絶えずして¥nしかももとの水にあらず"
    print(words)
func()
```

所谓转义序列，就是为了嵌入像换行、tab 这样的控制代码的事物。但是，想要在双引号(")包围的字符串中加入双引号，或者将 ASCII 字符、Unicode 字符作为数值嵌入时，也可以使用转义序列。

表 4.4 所列为转义序列中经常使用的内容。

表 4.4　转义序列(经常使用的转义序列)

转义序列	描　述
¥n	换行
¥r	换行(CR、回车)
¥t	水平 tab()
¥f	换页(换页符)
¥'	单引号
¥"	双引号
¥¥	反斜线
¥x61	和十六进制对应的 8 位字符
¥u3042	和 16 位十六进制对应的 Unicode 码字符、十六进制部分不用“0x”
¥0	Null 字符

在 Mac、Linux 中，请将“¥”替换为“\”。另外，如果要将反斜线作为字符串进行表示，像“¥¥”这样，则需要将两个反斜线重叠。

4.3.4 raw 字符串

在 Windows 环境中所使用文件的环境变量 path 的隔开字符等，有时会出现想要将反斜线作为字符串进行定义的情况。因为字符串字面量中的反斜线是作为转义序列处理的，所以需要像“¥¥”这样，将两个反斜线进行重叠使用。但是，这样一来不仅非常麻烦，而且字符串字面量也会变得不容易阅读。

包含反斜线在内，想要将字符本身作为字面量处理时，使用 raw 字符串会很方便，它可以将输入的字符本身定义为字符串了。转义序列不需要转换成控制代码等，可以直接作为字符来处理。

定义 raw 字符串需要在引号前面加上“r”。例如，当 Windows 的环境变量 path 作为 raw 字符串进行定义时，需要变成“r " C:¥path¥to¥file " ”。

使用 raw 字符串的示例代码如下：

使用 raw 字符串

```
raw = r"C: ¥path¥to¥file"
raw
'C: ¥ ¥path¥ ¥to¥ ¥file'
```

4.3.5 字符串中可以使用的方法

在本节的开始部分简单讲解了关于使用了字符串方法的处理。字符串方法还有很多其他种类，下面将介绍一些经常使用的字符串方法。另外，在各个方法的描述例子中的“S”表示的是字符串对象，[]中的参数是自定义的(可以省略)。

1. find()方法：检索字符串

表记方法如下：

```
S.find(想要检索的字符串[, 索引开始 [, 索引结束]])
```

从字符串 S 的开头开始查找“想要检索的字符串”，第一个找到的位置作为从 0 开始的索引返回，如果没有找到则返回“－1”。给予自定义参数，可以指定检索的范围。find()方法是从字符串的开头进行检索，如果使用 rfind()方法，则从字符串的末尾(右边)开始检索。

2. index()方法：检索字符串

表记方法如下：

```
S.index(想要检索的字符串[,索引开始 [,索引结束]])
```

这个方法和 find()方法虽然是同样的操作方法，但是，当找不到“想要检索的字符串”时，会出现“ValueError”这样的异常。如果使用相当于 rfind()方法的 rindex()方法，则可以从字符串的末尾（右边）开始检索。

3. endswith()方法：查看最后的字符串

表记方法如下：

```
S.endswith(想要检索的字符串[，索引开始 [，索引结束]])
```

字符串 S 是以“想要检索的字符串”结尾时返回 True，没有以“想要检索的字符串”结尾时返回 False。自定义中根据给予的参数，可以指定检索范围。

4. startswith()方法：查看开头的字符串

表记方法如下：

```
S.startswith(想要检索的字符串[，索引开始 [，索引结束]])
```

字符串 S 是以“想要检索的字符串”为开头时返回 True，没有以“想要检索的字符串”为开头时返回 False。自定义中根据给予的参数，可以指定检索范围。

5. split()方法：分割字符串

表记方法如下：

```
S.split([隔开的字符串[，分割数量]])
```

使用“隔开的字符串”隔开字符串 S，制作字符串列表，然后返回。从列表的字符串中删除隔开的字符串。如果不指定自定义的分割数量，则到字符串的末尾部分都会进行分割。如果指定分割数，则可以控制进行分割的数量。

split()的分割数量是从字符串的开头进行计算的，如果使用 rsplit()方法，则可以从末尾（右边）开始指定分割数量。

6. join()方法：连接字符串

表记方法如下：

```
S.join(序列)
```

使用字符串 S 连接序列中的元素（字符串），连接的字符串（副本）作为结果返回。

7. strip()方法：删除字符串

表记方法如下：

```
S.strip([删除字符串])
```

从字符串的开头以及末尾删除字符串，作为结果，返回删除过的字符串（副本）。如果不指定参数，则会删除包括空格、tab 等的空白字符；如果指定参数，就会以“删除字符串”为对象进行删除了。也有仅将字符串的开头（左边）作为对象进行同样处理的 lstrip()方法,以及仅将字符串的末尾(右边)作为对象进行处理的 rstrip()方法。

8. upper()方法:将字母转换为大写字母

表记方法如下:

```
S.upper()
```

将字符串 S 的英文小写字母转换为大写字母,返回副本。

9. lower()方法:将字母转换为小写字母

表记方法如下:

```
S.lower()
```

将字符串 S 的英文大写字母转换为小写字母,返回副本。

10. ljust()方法:调整字符的长度

表记方法如下:

```
S.ljust(长度[,填充的字符串])
```

考虑到长度(数值),将字符串 S 进行“左对齐”。显示字符串时,为了配合长度而使用。当字符串的长度不能满足指定长度时,使用空格进行填充,将结果字符串复制后返回。在自定义的参数中,可以指定调整长度时使用的填充字符串。

同样,也有进行右对齐的 rjust()方法和居中(centering)的 center()方法。

4.3.6 字符串的格式化

像 Python 这样的脚本语言,在定型的句子中会执行很多仅插入一部分任意字符串的操作。在印刷贺年卡等的时候,会出现仅更改信息中的姓名来进行印刷的情况,所谓插入处理,指的就是这样的处理方法。在 Python 中,为了能轻松地进行插入处理,准备了 format()方法。

在 format()方法中,使用被大括号({})包围的字符串,在模板(template)中指定插入字符串的位置。如果将对象传递到{o}、{1.attr_a}这样的格式字符串中,则会返回在大括号包围的部分中插入了字符串的字符串。使用 format()方法,可以使用接近在 Web 应用框架等里面使用的模板引擎的,高级的字符串格式化功能。

另外,已有消息称,在 Python 2 中,使用“%”运算符的字符串格式化功能将在未来某个时刻废除。因此,本书将不对其进行讲解。虽然到 Python 3.5 为止的版本中,“%”运算符的字符串格式化功能依然可以使用,但是考虑到之后的发展,如果没有什么特殊理由,还是尽量使用 format()方法吧!

1. 在格式化中插入元素

使用 Jupyter Notebook,然后试着使用一下 formart()方法吧! 因为 format()是

字符串方法，所以需要通过字符串字面量或者变量进行调用。示例代码如下：

在格式化中插入字符串

```
"{ } loves Python !".format('Guido')
'Guido loves Python ! '
```

用双引号包围的部分变成了字符串模板；在大括号包围的部分，对 format()方法插入作为参数给予的字符串，返回结果。

大括号的替换部分可以进行多个描述。将 format()方法和列表、for 语句进行组合，试着制作一个关于 Python 的网页吧！示例代码如下：

同时插入多个关系

```
linkstr = '<ahref = "{}">{}</a>'
for i in ['http://python.org',
          'http://pypy.orgy',
          'http://cython.org',]:
    print(linkstr.format(i, i.replace('http://','')))
<a href = "http://python.org">python.org</a>
<a href = "http://pypy.org">pypy.org</a>
<a href = "http://cython.org">cython.org</a>
```

在最开始的元素中指定了删除 URL 的字符串，在接下去的元素中指定了删除“http://”的字符串。像这样，可以简单地制作定型字符串，这是 format()方法的魅力。

2. 指定了参数顺序的替换

像{0}这样，在大括号中放入数值，可以在和数值相应的位置嵌入赋予 format()方法的参数。号码是参数的顺序，从 0 开始。在格式化字符串中，如果将相同号码多次记述，则会在各个地方进行嵌入操作，也可以将相同的元素进行多次嵌入操作。如果大括号中数值的最大值比赋予 format()方法的参数多，就会出现错误。

使用数值指定插入位置的示例代码如下：

使用数值指定插入位置

```
"{0} {1} {0}".format('Spam' , 'Ham')
'Spam Ham Spam'
```

3. 指定了关键字参数的替换

像{foo}这样，如果在大括号中输入英文字母和数字，则可以将传递给 format()方法的关键字参数作为基准进行替换。

使用键指定插入位置的示例代码如下：

使用键指定插入位置

```
"{food1} {food2} {food1}".format(food1 = 'Spam',food2 = 'Ham')
```

'Spam Ham Spam'

4. 指定了字典的替换

如果变成{0[foo]},则可以进行指定作为参数传递的词典的键的替换。注意,在方括号([])中指定的字典的键中不需要引号。方括号的内容作为字符串,从大括号中抽出分配给字典的键的值,然后进行替换。

使用字典指定插入位置的示例代码如下:

使用字典指定插入位置

```
d = {'name': 'Guido' ,' birthyear' :1964}
"{0[birthyear]} is {0[name]}'s birthyear. ".format(d)
```

'1964 is Guido's birthyear'

像{0. foo}这样,向大括号中传递使用 dot 点隔开的名称,可以进行指定了对象属性(attribute)* 的替换。有关属性的内容将在 6.2.2 小节中讲解。

```
import sys                                     # 导入 sys 模块
"Python version: {o.version}".format(sys)      # 使用 sys 模块的 version 属性,
                                               # 显示 Python 的版本
```

'Python version: 3.5.2 |Anaconda 4.1.1 (64 - bit)|…'

5. 嵌入字符串的格式化指定

在大括号中放入冒号(:)就可以控制替换的字符串的格式化了。下面的例子是为了使位字符串的数相同的指定方法。为了使字符串的位数相同,在冒号后面指定数值。

指定对齐后进行插入

```
tmpl = "{0:10} {1:>8}"         # 进行第一个元素向左对齐,第二个元素右对齐的替换
tmpl.format('Spam',300)
```

'Spam   300'

```
tmpl.format('Ham',200)
```

'Ham   200'

再看一下其他的格式化指定的例子吧!在下面的第一个例子中是为了进行百分比显示的格式化。"12708"是日本 2015 年末的总人口;"6381"是就业人数(单位都是万人);就业人口比率显示小数点后的两位,使用百分比表示。在第二个例子中,千位

---

* property 和 attribute 都有属性的意思。在编程语言中,property 通常指对私有变量的访问控制,包含 getter 和 setter 方法;attribute 通常指一个类中的数据成员。本书中,attribute 译作属性,property 译作特征。

那里加上了逗号。

指定表示方法，然后进行插入

```
"{:.2%}".format(6381/12708)
```

```
'50.21%'
```

```
"{:,}".format(10000)
```

```
'10,000'
```

另外，如果在格式化指定位置的末尾处放上像"c""d"这样的英文字母，则可以指定替换字符串的类型。"c"作为字符，"d"作为十进制的整数嵌入元素。

表 4.5 所列为 format() 自定义一览表。

表 4.5　format() 自定义一览表

自定义	描　述
<	为了能使元素向左对齐，填补空格，像{:<10}这样使用。在自定义前面放置符号，可以指定填补的字符
>	为了能使元素向右对齐，填补空格，像{:>10}这样使用。在自定义前面放置符号，可以指定填补的字符
^	为了能使元素居中，填补空格，像{:^20}这样使用。在自定义前面放置符号，可以指定填补的字符
+	给数值添加符号。""{:+}".format(10)"变成"+10"，""{:+}".format(-10)"变成"-10"
-	仅在数值为负数时添加符号。""{:-}".format(10)"变成"10"，""{:-}".format(-10)"变成"-10"
空白	数值为正时添加空白，数值为负时添加符号。""{: }".format(10)"变成"10"，""{: }".format(-10)"变成"-10"
c	将元素作为字符串嵌入
d	元素作为十进制整数嵌入。如果替换元素包含小数点的数值，或者是字符串，则会出现错误
f	元素作为十进制整数嵌入。可以处理包含小数点的数值。如果写成{:.2f}，则可以指定小数点之后的准确度
x	元素作为像"1f4e"这样的十六进制字符串嵌入。英语部分变成小写字母。如果用大写字母的X代替小写字母的x进行使用，则英语部分就会变成大写字母
b	元素作为像"0110"这样的二进制字符串嵌入
%	元素作为百分比嵌入。如果写成{:.1%}，则可以指定小数点之后的准确度
,	在数值的千位处添加逗号，嵌入

6. f 字符串

在 Python 3.6 中添加了 f 字符串(f-string)的功能。这里讲解的是使用 format()方法的功能,通过使用"f " … " "这样的新字面量,都可以更轻松地进行表记。所替换的元素是一个变量名称。也就是将这个变量名称放入对变量进行定义之后的格式化字符串中。

使用 f 字符串的示例代码如下:

使用 f 字符串的例子

```
name = "君"                          # 通过变量定义替换的元素
f"まずは{name}が落ち着け"            # {name}的部分替换成变量的内容
'まずは君が落ち着け'
```

4.4 熟练掌握列表类型和元组类型

在 2.4 节中已经介绍了切片(slice)的简单的使用方法,使用切片可以简单地抽出像列表、元组、字符串这样的包含在序列类型中的多个元素;可以省略注脚,即使给予比序列的元素数量还要大的值,依然不会出现错误等。切片具有非常便利的功能,还可以应用在其他各种处理中。

4.4.1 给列表排序

在 Python 的列表类型中,可以简单地更换元素的排列顺序。对于将数值作为元素的列表,调用 sort()方法可以将元素按照升序(从小到大)排列。

请回忆一下列表类型可以更改的数据类型,调用 sort()方法的结果就是列表对象本身进行调换。试着使用讲解列表类型时使用的身高列表,尝试用一下 sort()方法吧!示例代码如下:

排列顺序改为升序

```
monk_fish_team = [158, 157, 163, 157, 145]
monk_fish_team.sort()               # 排序
monk_fish_team                      # 确认列表内容
[145, 157, 157, 158, 163]
```

sort()方法是在不输入任何参数,进行调用的默认操作中,将数值按照升序(从小到大)排列的方法。在程序中很多时候都需要把数值按照升序排列,因此 sort()这个方法非常方便。不过,通过给 sort()输入参数,可以更改排列的顺序。

例如,指定关键字参数 reverse,然后传递 True,就可以将排列顺序变为降序(从大到小)。使用同一个列表,尝试一下降序排列吧!示例代码如下:

排列顺序改为降序

```
monk_fish_team.sort(reverse = True)          # 排序
monk_fish_team                               # 确认列表内容
```

[163, 158, 157, 157, 145]

4.4.2 自定义排列顺序

所谓排序，就是比较数据的大小、优劣，然后决定排列的顺序。sort()方法通过给予决定顺序的基准，从而可以控制根据单纯的数值大小之外的排列顺序。

sort()方式的表记方法如下：

```
S.sort(key, reverse)
```

S 展现了作为处理对象的列表。sort()方法的参数和其他方法有所不同，必须要有参数的关键字指定。

通过给 key 传递返回决定顺序基准的函数，可以自定义排列顺序。另外，上述表记方法中也出现了 reverse 参数，将顺序变为降序排列时，指定 True；默认为 False，按照升序排列。

使用具体的例子，对自定义排列顺序的方法进行说明。这里使用在字符串类型的 split()方法中所使用过的茨城县一所女子高中的例子。假设以坦克的名称、速度、装甲厚度等数据为基础，将坦克按照威力从大到小的顺序进行排列。

首先，思考一下有关表示一辆坦克的数据的方法。擅长排列、管理不同性质的数据的是元组类型，因此，将每一辆坦克的名称、速度、装甲厚度、主炮口的口径的数据做成元组，像“(" 八九式中坦克 " ,20,17,57)”这样表示，来排列 5 辆坦克相应的数据，也就是制作元组的列表。示例代码如下：

制作元组的列表

```
tank_data = [("IV号坦克",38,80,75),("LT-38",42,50,37),
             ("八九式中坦克",20,17,57),("Ⅲ号突击炮",40,50,75),
             ("M3 中坦克",39,51,75)]
```

为了将这个数据进行排列，有必要明确定义将什么作为威力强大的标准。严密的定义是很困难的，在这里简单地制作“速度、装甲厚度、主炮口口径相加后数值越大，代表的威力也就越大”这样的规则。

制作将列表的元素转换为数值然后返回的函数。如果传递列表中所含有的坦克数据的元组，则只制作一个将各数据相加后返回的函数即可，也就是制作将元组的第一个值以及之后的数值相加然后返回的函数。示例代码如下：

将坦克的各数据相加然后返回的函数 evaluate_tankdata()

```
def evaluate_tankdata(tup):
    return tup[1] + tup[2] + tup[3]
```

如果使用 evaluate_tankdata()函数,则可以通过数值来比较坦克。使用刚刚定义的元组列表,将坦克的威力用数值展现出来吧!示例代码如下:

显示各坦克的威力

```
evaluate_tankdata(tank_data[0])                    # IV 号坦克(索引 0)
```

193

```
evaluate_tankdata(tank_data[4])                    # M3 中坦克(索引 4)
```

165

这样一来,就可以比较列表中的数据了。将这个函数传递给 sort()方法的参数键。将函数传递给参数听起来有些奇怪,那么将函数名称作为参数就好了。这样一来,就能一边向函数传递列表元素一边进行评价,并将元素进行排序了。试着使用 sort()方法对数据进行排列吧!排列完之后,显示一下排列的列表。示例代码如下:

按照坦克的威力排序

```
tank_data.sort(key = evaluate_tankdata, reverse = True)
tank_data
```

[('IV 号坦克',38,80,75),('Ⅲ号突击炮',40,50,75),('M3 中坦克',39,51,75),('LT - 38',42,50,37),('八九式中坦克',20,17,57)]

sort()方法的默认操作是按照升序(从小到大顺序)进行排列,将 True 传递给 reverse 参数,就会按照降序即威力从大到小的顺序进行排列,也就是按照 evaluate_tankdata()函数返回数值的降序进行排列,从而得知 IV 号坦克的性能最好。

像这样,制作评价列表元素的函数,然后给予参数的操作,就可以将 sort()方法的操作进行更细小的定义了。另外,使用 lambda 表达式的功能,无需定义函数就可以自定义排列顺序了。有关 lambda 表达式的内容将在 5.1.2 小节讲解。

4.4.3 解包代入

有一个和使用切片代入类似的功能叫作解包代入,它具有在等号(=)的左右输入多个元素,一次性对多个元素进行代入的功能。在解包代入中,如果等号左右两边的元素数量不一致,就会出现错误,请注意这一点。

使用解包代入可以像下面代码中一样一次性执行变量的更改(swap),而没有必要使用变量等保存元素。

使用解包代入

```
a = 1
b = 2
b, a = a, b        # 将多个元素同时代入
print(a,b)
```

2 1

注意：在 Python 中，如果使用逗号(,)将多个元素隔开然后一一列出，则会被作为元组处理。如果使用这种表记方法，则不需要使用小括号就能制作元组。在解包代入中，是将包含的变量作为元组的元素代入对象中的。

4.4.4 切片的步长数

实际上可以赋予切片 3 个参数，这 3 个参数之间用冒号(:)隔开。其中，第三个参数的数值作为 step 来处理。在切片中可以进行"跳过 n 个，抽出元素"这样的操作。示例代码如下：

从列表中使用切片抽出元素

```
a = [1, 2, 3, 4, 5]
a
```

```
[1, 2, 3, 4, 5]
```

```
a[1:4]              # 注意不是[1:3]
```

```
[2, 3, 4]
```

```
a[2:100]            # 没有出现错误
```

```
[3, 4, 5]
```

```
a[: :2]             # 从列表中抽出第偶数个元素
```

```
[1, 3, 5]
```

4.4.5 使用了切片元素的代入和删除

如果将切片和代入进行组合，则可以将列表中的多个元素一起进行替换。使用切片指定想要替换的元素，然后放在等号(=)的左侧，想要替换成的元素放在等号右侧，其中，右侧的元素必须是列表或者元组等的序列。示例代码如下：

添加元素

```
a = [1, 2, 3, 4, 5]                       # 制作列表
a[2:4] = ['Three', 'Four', 'Five']        # 替换列表第 2～3 个的元素
a                                         # 显示结果
```

```
[1, 2,'Three', 'Four', 'Five', 5]
```

在等号的左侧，使用切片指定(从 0 开始计算)第 2 个和第 3 个元素。在右侧的元素中，指定拥有 3 个字符串的列表。即使左右两边的元素数量不一致，为了自动进行处理，使其保持整齐。

如果将 del 语句和切片进行组合，则可以一次性删除多个元素。示例代码如下：

删除元素

```
a = [1, 2, 3, 4, 5]
del a[2:]              # 从第 3 个到最后一个全部删除
a
[1,2]
```

4.4.6 列表中可以使用的方法

在列表中,还定义了除 sort()方法以外的其他便利的方法。本小节将简单地讲解列表中经常使用的方法。另外,各方法描述例子中的"L"是处理对象的列表(可以改写的序列)对象,[]中的参数是自定义的(可以省略)。

1. reverse()方法:颠倒排列顺序

表记方法如下:

```
L.reverse( )
```

翻转列表 L 的排列顺序,改写 S 自身。

2. remove()方法:删除元素

表记方法如下:

```
L.remove(删除元素)
```

找出从列表 L 中删除的元素,从 L 自身删除元素。当无法找到作为参数被指定的元素时,会出现异常(错误)。

3. append()方法:添加到末尾

表记方法如下:

```
L.append(添加元素)
```

在列表 L 的末尾追加添加的元素,改写 L 自身。

4. extend()方法:在末尾添加序列

表记方法如下:

```
L.extend(添加序列)
```

给列表 L 的末尾连接添加序列的各元素。与 append()方法不同,extend()方法是在想要添加多个元素时使用。

5. pop()方法:返回删除的元素

表记方法如下:

```
L.pop([索引])
```

仅删除列表 L 的一个元素，删除的元素作为返回值返回，改写 L 自身。如果不指定作为参数的相当于索引的数值，就会以 L 的末尾为对象进行操作。

6. index()方法：检索元素

表记方法如下：

```
L.index(想要检索的元素[,索引开始[,索引结束]])
```

该方法与字符串的 index()方法同样处理，从列表 L 中找出想要检索的元素，然后返回索引。当无法找到时，会发生"ValueError"异常错误。

4.5 熟练使用 set 类型

在 3.2 节中已经简单地讲解了关于 Python 的 set 类型。在 set 类型中，将多个 set 类型对象和运算符组合，可以进行集合运算。因为在 Python 中 set 类型也是对象，所以其拥有方法。如果使用属于可以更改类型的、set 类型的方法，则可以进行改写对象自身的操作。本节主要讲解 set 类型的方法。

灵活运用 set 类型的方法

与字符串类型、列表类型等相同，set 类型也有方法，其经常使用的方法如下，其中 S 表示 set 类型的值。

1. union()方法：返回并集

表记方法如下：

```
S.union(S2)
```

返回包含于 set 类型的值 S 和 S2 中，拥有没有重复元素的集合（并集）。其与使用了 S|S2 运算符的操作相同，S 自身不改写。

2. intersection()方法：返回交集

表记方法如下：

```
S.intersection(S2)
```

返回 set 类型的值 S 和 S2 都含有的元素的集合（交集）。其与使用了 S&S2 运算符的操作相同，S 自身不改写。

3. difference()方法：返回差集

表记方法如下：

```
S.difference(S2)
```

返回在 set 类型的值 S 中的元素中，除了 S2 中含有的元素的集合（差集）。其与使用了 S－S2 运算符的操作相同，S 自身不改写。

4. symmetric_difference()方法：返回异或

表记方法如下：

```
S.symmetric_difference(S2)
```

返回包含在 set 类型的值 S 或 S2 其中一方元素的集合(异或)。其与使用了 S^S2 运算符的操作相同，S 自身不改写。

5. add()方法 添加元素

表记方法如下：

```
S.add(添加的元素)
```

给 set 类型的值 S 中添加参数，S 自身进行改写。如果已有作为参数传递的元素，则 S 自身不改写。

6. remove()方法：删除元素

表记方法如下：

```
S.remove(删除的元素)
```

从 set 类型的值 S 中删除参数，S 自身进行改写。如果作为参数传递的元素没有被添加，则会产生异常(KeyError)。

如果使用拥有类似操作的 discard()方法，则即使赋予了不存在的元素，也不会产生异常。

4.6 熟练掌握字典类型

制作字典对象时，基本上都使用了以大括号({})包围起来的字面量的定义。另外还有一种使用内置函数 dict()制作字典的方法，使用该函数时可以使用列表、元组这样的序列制作字典。

4.6.1 通过序列等制作字典

在使用 dict()函数制作字典的方法中有很多种类，请根据实际情况分开使用。例如，如表 4.6 所列，无论是哪一种方法都可以制作出{'one':1,'two':2}这样的字典。

表 4.6 使用内置函数 dict()制作字典的例子

dict 的使用方法	描 述
dict({'one':1,'two',2})	通过字典制作字典(复制)

续表 4.6

dict 的使用方法	描　述
dict([['one',1],['two',2]])	从键和值开始，从拥有两个元素的二元组序列制作字典。如果从已经有的序列开始制作字典，则很方便
dict(one=1,two=2)	由关键字参数制作字典。其中，键必须为字符串。在这个方法中，不能添加像“3=2”这样的使用数值的键

4.6.2　将两个字典进行组合

如果使用字典的 update()方法，则可以将两个字典进行组合。

作为方法的参数，传递其他字典，然后指定组合的字典。方法调用中使用的字典被改写，重复的键被覆盖。

确认一下 update()方法的功能。在下述示例代码的开头部分，将字典的定义作为字面量进行了记述。请注意符号，分清楚哪一部分是字典的键，哪一部分是值。请注意括号、引号是从什么地方开始到什么地方结束的。由示例代码可知，在调用 update()方法的部分中，Python 的字典作为参数被定义。

根据 update()方法连接字典

```
rssitem = {"title":"python 学习前",
           "link":"http://host.to/blog/entry",
           "dc:date":"2016-05-16T13:24:04Z"}
rssitem.update({"title"    :"正在学习 Python",
                "dc:creator":"someone"})
rssitem.keys()                         # 得到键的一览表
dict_keys['dc:creater', 'dc: date', 'link', 'title']
```

```
rssitem                                # 显示字典
{'dc: date': '2016-05-16T13:24:04Z', 'dc:creator': 'someone',
'link': 'http://host.to/blog/entry', 'title': '正在学习 python'}
```

在示例代码的最后，显示出使用 update()组合字典的结果。因为“title”这个键是从一开始就有的，所以被覆盖，变成新的字符串，可以发现加上了名为“dc:creator”的键，并添加了值。

另外，在 update()方法的参数中可以指定像“a=1”这样的关键字。与 dict()函数相同，将关键字看作字符串，作为键添加，并作为字典的元素进行组合。

4.6.3　巧妙处理字典的键

在使用了字典的处理中，必须注意键是否存在，然后再处理。在执行指定键的代入时，如果键不存在，则会重新添加键，所以不太会出现问题，必须注意的是指定键然后查找字典元素的情况。如果使用不存在的键查找字典元素,就会发生异常。

例如,描述一个计算文件中所含有的英语单词出现的频率。因为在字典中不能将相同的元素作为键添加,所以利用这个性质,将英语单词当作键,作为与键相对应的元素,制作一个添加了出现频率(数值)的字典,就可以编写相应的代码了。

制作叫作“wordcount”的字典,然后试着编写一个能够从文件中读取且包含字符串“line”的代码吧!示例代码如下:

```
for word in line.split():
    if word in wordcount:
        wordcount[word] = wordcount[word] + 1
    else:
        wordcount[word] = 1
```

在第一行的循环中,对从文件读取的一行(line)使用 split()方法制作序列。将英文用空白字符串隔开的结果是,逐一被代入到循环变量中,也就是英文的行被分割,英语单词被代入到循环变量中,然后执行循环。

在第二行中,查看循环变量是否作为字典的键被添加。如果作为键被添加,则会多计算一个单词。第三行代入的右侧进行了使用键的字典的查找。如果出现了没有被添加的单词,就会变成查找不存在的键。因此,有必要使用“in”运算符确认键是否存在。这个处理可以 if 语句的块进行。像这样,查找字典的键时,就需要经常进行确认键是否存在的处理。

如果使用字典的 get()方法,就可以将类似这种的处理更加简洁地描述了。get()方法是将键传递给参数,然后取出和键相对应的值的方法。如果在自定义的参数中键不存在,则可以指定返回值(默认值)。

像刚才例子,如果使用 get()方法,就可以编写更短、更简洁的代码了。使用 get()方法,可以编写一行键不存在,返回为 0 的处理,因此就不需要编写 if 语句的块了。

```
for word in line.split():
    wordcount[word] = wordcount.get(word, 0) + 1
```

4.6.4 灵活运用字典中的方法

除了 update()、get()方法外,字典中还有很多其他可以使用的方法。本小节将介绍几个经常使用的方法。各个方法描述示例中的 D 是作为处理对象的字典,[]内的参数是自定义的(可以省略)。

1. keys()方法:返回一个字典所有的键

表记方法如下:

```
D.keys()
```

返回添加在字典 D 中的所有键。

2. get( )方法：取出值

表记方法如下：

```
D.get(键[,值])
```

从字典 D 中取出指定键的值。如果给作为自定义的参数赋予值，则当 D 中不存在键时，返回赋予的值。如果省略，则返回 None，其中 None 表示什么也没有的特殊的值。

3. setdefault( )方法：取出值

表记方法如下：

```
D.setdefault(键[,值])
```

基本上和 get()方法一样，返回第 1 个参数的键指定的值。但是，当键不存在时，就与 get()方法的处理不一样了。在 setdefault()方法中，如果找不到键，就会将第 2 个参数作为值、第 1 个参数作为键的元素插入到 D 中。如果省略了第 2 个参数，就会使用 None。注意，其结果就是有可能改变 D。

4. items( )方法：取出键和值

表记方法如下：

```
D.items( )
```

将添加到字典 D 中的键和值所组合的元组变成列表，然后返回。

5. values( )方法：返回字典中的所有值

表记方法如下：

```
D.values( )
```

返回添加在字典 D 中的所有值。

6. update( )方法：添加元素

表记方法如下：

```
D.update([字典等])
```

在字典 D 中添加用参数指定的元素，有相同名称的键则被覆盖。使用这个方法其实是字典 D 本身的重新制作，因此无法保证元素的顺序。

在参数中可以取出字典、“有键和值的二元组序列”或是“像 key＝value 这样的关键字”中的任何一个。

4.7 if 语句和内置类型

到目前为止,关于使用内置类型的处理,都是一边列举具有实践性的例子,一边了解内置类型的使用方法。本节将讲解把 if 语句和内置类型相组合的使用方法。

内置类型与 True 和 False

看一下现有的 Python 代码,可以看到像"if obj":这样,只有内置型对象作为 if 语句的评价表达式被记录,是 if 语句却没有比较运算符。其实,这样的表示方法是有意义的。

当长度为零的字符串或序列作为 bool 类型评价时,Python 当作是 False;相反,长度不为零的序列当作 True。利用该性质,在查看字符串 s 不为空时,代码"if len(s) ! = 0:"可写为"if s:"。

在函数中,利用该性质确认作为参数被传递的字符串长度是很方便的。如果可以巧妙地利用这个性质,就可以简洁地书写代码了。

在 Python 中,以下述内置类型的对象作为 bool 值评价时,为 True。

- 0 以外的数值;
- 有长度的字符串(不是空的字符串);
- 拥有元素或者像列表、元组这样的序列;
- 拥有元素的字典。

另外,以下述内置类型的对象作为 bool 值评价时,为 False。

- 0(数值);
- 空的字符串(空的字符串可以用" '' "定义);
- 空的列表、元组(空的列表可以用[]定义);
- 空的字典(空的字典可以用{}定义)。

4.8 for 语句和内置类型

在 2.5 节中的"rang()函数"小节中已经简单地讲解了使用该函数执行循环的例子。range()函数具有制作出逐一递增顺序整数的功能。想要对循环执行规定次数,常常会使用该函数。

4.8.1 熟练使用 range()函数

如果给 range()函数仅赋予一个整数,则可以制作从 0 开始,按顺序递增到参数之前一个值为止的数值。也就是说,根据赋予 range()函数的参数,可以制作重复 n 次的循环。

通过赋予 range()函数多个参数的操作，可以制作各种类型的数值。可以赋予 range()函数的参数如下：

range()函数：返回数值的序列

表记方法如下：

```
range([开始数值,] 结束数值[,步长])
```

如果给 range()函数赋予两个参数，则可以制作某一个区间的连续数值。开头的参数作为开始数值，下一个参数作为结束数值。例如，想要以 10～20 的数值为基础进行循环，则需要将下述参数传递给 range()函数。需要注意的是，给最后的数字指定了加 1 的数值。

制作 10～20 的列表

```
for i in range(10, 21):
    print(i, end='')            # 不改行显示循环变量
```

```
10 11 12 13 14 15 16 17 18 19 20
```

在 for 语句中，如果这样使用 range()函数，就可以一边向循环变量传递 10～20 的数值，一边执行循环。

可以给第 3 个参数传递步长数。如果使用步长数，则可以控制 range()函数制作的数值之间的间隔数。如果赋予的步长数为负数，则数值会逐渐减少。下面是几个使用 range()函数的例子。

```
range(10, 21, 2)        # 从 10 到 20,每两个递增
range(10, 21, 3)        # 从 10 到 19,每三个递增
range(20, 9, -1)        # 从 20 到 10,逐一递减
```

4.8.2　序列和循环计数器

在使用 for 语句的循环中，以序列为基础进行处理。也就是说，将进行循环处理的元素放入列表中执行循环处理。在循环内部，为了知道以第几个序列为对象执行的循环，可以使用记录次数的循环计数器进行记录。但是，从循环变量处却不能轻易地得到相当于循环计数器的数值。

在使用了 Python 的 for 语句的循环中，有好几种方法可以使用循环计数器。可以想到的第一种方法是，在循环外定义变量，将值改为 0，然后在循环内部逐一将数值相加。以名为 seq 的变量中含有列表为前提，试着编写一下代码吧！示例代码如下：

```
counter = 0
for item in seq:
                                # 在循环块中的处理
    counter += 1
```

用这样的技巧处理很简单,代码也很简洁,看上去容易理解。但是,在循环外部定义变量,在循环内部对变量执行加法的处理,可以说不是一种聪明的编写方法。

想要更巧妙地进行处理该怎么做呢?如果将 range()函数和得到序列长度的 len()函数进行组合,则可以变得更简洁一些。

不是将想要处理的序列的元素代入循环变量中,而是代入索引中。这么做,可以无需进行循环计数器的初始化或者做加法运算的处理就能完成。为了取出序列中的元素,需要将循环变量作为序列的索引来赋给参数。

```
for cnt in range(len(seq)):
    print(seq[cnt])
```

与最初的例子相比较,虽然可以非常简洁地编写出代码,但并非完全没有问题。例如,修改代码时还需要更改序列被代入的变量名称"seq"。保存序列的变量名称,分散在执行循环的块的多个地方。也就是说,这些变量名称全部都需要更改。这不仅麻烦,而且如果有一部分忘记更改,还可能会产生错误。

在 Python 中使用循环计数器时,使用内置函数 enumerate()会很方便。使用该函数可以更巧妙地记述使用了循环计数器的处理。

```
for cnt, item in enumerate(seq):
    print(cnt,item)
```

与目前为止遇到的使用 for 语句的循环不同,enumerate()是将两个元素作为元组,然后一个一个地进行返回。最初的元素相当于循环计数器的数值,从 0 开始按顺序增加。第 2 个元素是序列中的元素。在 for 和 in 之间记述了两个接收元素的循环变量,使用与解包代入相同的结构,将"cnt"和"item"代入各自的变量中。

4.8.3 使用两个序列的循环

有时会遇到同时处理元素数量相同的两个序列的循环。例如,处理网站等的会员数据的情况。假设各有一个按顺序排列的用户名称和电子邮箱的列表,现在使用 Python 制作一个在循环中,一边插入用户名称的邮件,一边使用邮箱地址发送邮件的代码。

虽然也可以利用 range()函数所制作的循环计数器,但是这里将介绍一个使用内置函数 zip()制作的方法。

向 zip()函数中传递作为参数的两个序列。然后到其中一个序列的元素用完为止,都会一直重复从两个序列中按顺序取出元素这一处理。

zip()函数:从两个序列中按照顺序取出元素

表记方法如下:

```
zip(序列 1,序列 2)
```

简单地进行一个测试吧！就好像是关闭拉链左右两边的处理。英语中与拉链对应的词为 zipper，据说该函数就是根据这个单词而命名的。示例代码如下：

使用 zip() 函数

```
for n, w in zip([1, 2, 3, 4],['a', 'b', 'c', 'd']):
    print(n, w)
```

```
1 a
2 b
3 c
4 d
```

如果在 for 语句中使用以 zip() 函数制作的序列，则需要一边逐个取出有两个元素的元组，一边将其代入循环变量中去。如果记述两个循环变量，则可以用各自的变量接收两个元素。

4.9　函数和内置类型

在 Python 函数中，使用 return 语句可以将值返回到函数外部。其中，不仅仅是数值、字符串，像列表、字典这样复杂的数据类型也可以作为函数的返回值。根据在函数中执行的处理，应该会有返回多个值的情况。这时，如果将列表、元组作为返回值就很方便了。

假设，有将列表作为返回值返回的函数 foo()，在该函数中有“return [valuea, valueb]”语句，将列表作为返回值返回，则在调用函数的一方，执行语句“alist = foo()”，就可以在变量中接收列表，列表被代入到接收了返回值的变量中。对于列表中各自的值使用索引，可以像 alist[0]一样进行访问。

4.9.1　返回值和解包代入

假设，从添加到列表的元素中定义返回最大值、最小值、平均值这 3 个值的函数 bar()，在函数的最后执行以下语句，可以返回 3 个的值。

```
return [minvalue, maxvalue, average]
```

假设，在接收函数返回值的一方对 alist 这样的变量接收列表。为了取出最小值(minvalue)，添加索引之后变成 alist[0]。这时，最大值(maxvalue)是 alist[1]。像这样参照返回值的元素，虽然也可以运行代码，但是在编写代码或者校对时，每次都需要编程人员在大脑中进行“最大值的索引是 1”这样的转换，还是有一些麻烦的。

在列表这样返回序列的函数中，在等号的左侧书写多个变量可以作为返回值接收。返回 3 个值的函数 bar()如下：

```
minvalue, maxvalue, average = bar(seq)
```

像这样,如果将返回值代入到各自的变量中,那么由于可以很容易地从变量名辨别出变量的内容,所以可以编写出更加容易理解的代码。

在上述代码中,使用的是与解包代入相同的结构。也就是说,使用 return 语句返回的序列和接收的元素数量需要相同,如果元素数量不相同,就会发生异常(错误)。

对于 return 部分,在没有括号的情况下也可以写成如下形式。在 Python 中,如果使用逗号(,)隔开多个元素,则无需小括号就可以定义元组。

```
return min, max, average
```

4.9.2 在函数中接收参数列表

像 2.7.6 小节介绍的那样,向函数传递的参数,是以与变量代入同样的形式进行传递的。在定义函数的 def 语句中,给在函数中接收的参数命名并定义。在调用函数的一方中,整理参数的顺序然后传递值,或者指定参数的名称然后作为关键字参数(见 3.6.2 小节)传递值。

可以传递给函数的参数的数量或种类,是根据函数中定义的参数决定的。如果传递给函数的参数比在函数中定义的参数少,就会出现错误;同理,如果传递的参数大于函数中定义的参数,那么也会出现错误。

根据函数中执行的处理内容,有时也不需要对作为参数传递的值的数量做限制。在 Python 中,通过给函数的定义指定特殊的参数,可以自由地改变参数的数量或种类。熟悉 C、C++程序设计语言的读者可能听说过可变参数这个词,Python 中也有相当于这个可变参数的功能。

如果在参数名称前加上星号(*),则可以接收没有指定关键字的参数。添加的参数将作为元组代入到一个星号后面指定的变量中。

使用 Jupyter Notebook 试一下吧! 制作一个函数,在该函数中定义两个普通参数和一个标有一个星号的参数,然后进行调用;使用 print() 函数,制作一个仅显示参数 a、b、vals 的简单的函数。示例代码如下:

接收参数列表

```
def foo(a, b, *vals):          # 定义拥有 * 参数的函数
    print(a, b, vals)


foo(1, 2, 3, 4, 5)             # 给参数指定 5 个数值,然后调用
```

```
1 2 (3, 4, 5)
```

```
foo(1, 2, c=3)                 # 指定名为 c 的没有定义的关键字参数
```

```
---------------------------------------------------------------
TypeError                      Traceback (mostrecent call last)
```

```
<ipython-input-3-e6e596dcf88b> in <module>()
----> 1 foo(1, 2, c=3)

TypeError: foo() got an unexpected keyword argument 'c'
```

将第一个和第二个参数代入名为 a、b 的参数中。在那之后的参数，将作为元组被代入到标有一个星号的 vals 变量中。在标有一个星号的参数中，不能接收像“c=3”这样被“关键字指定”的添加参数，否则调用函数时就会出现错误。

4.9.3　在函数中接收关键字参数

如果定义标有两个星号的参数，就可以接收指定关键字的没有定义的参数。定义一个其他函数，简单地做个测试吧。示例代码如下：

接收没有定义的关键字参数

```
def bar(a, b, **args):                  # 定义标有**参数的函数
    print(a,b,args)

bar(1, 2, c=3, d=4)                     # 指定没有定义的关键字参数
1 2 {'c': 3, 'd': 4}
```

可以理解像“c=3”“d=4”这样，传递的没有定义的参数，可作为字典被代入到变量 args 中。另外，像“*val”“**arg”这样的参数是放在参数列表的最后面的。注意，两个种类的参数可以在同样的函数中定义。

4.10　Python 的字符串和日语

Pyhon 3 比 Python 2 更容易处理像日语这样的多字节字符串。这是因为字符串的类型被统一了，所以基本上不需要在代码中进行字符串类型的更改。在程序中书写日语，仅使用 print()函数等进行显示，大多数情况下都可以无障碍地处理日语。

在 Python 中，使用 codecs 模块可以将日语这样的多字节字符串转换成多个编码。以 UTF-8 码为中心，支持向各种编码的转换。不仅可以处理日语，而且也可以处理韩语、中文等。

在 Python 3 中，虽然多字节字符串变得容易处理了，但是并非完全不需要字符代码、编码转换这样的知识。例如，从文件、网络等外部读取或者输出字符串时，就需要进行编码的转换。

本节将讲解在 Python 中处理像日语这样多字节字符串时应该注意的事情以及技巧要点等。

4.10.1　有关字符编码的基础知识

在讲解有关 Python 中处理日语的技巧前，先讲解有关字符代码、编码等的基础

知识。

计算机是将字符转换为数值进行记录的,像大写字母 A 是 65,小写字母 a 是 97 这样,哪一个字符代表哪一个数值是被规定好的。在 Python 中也是一样,将字符转换成一个一个的数值,然后按顺序排列后保存,如图 4.4 所示。

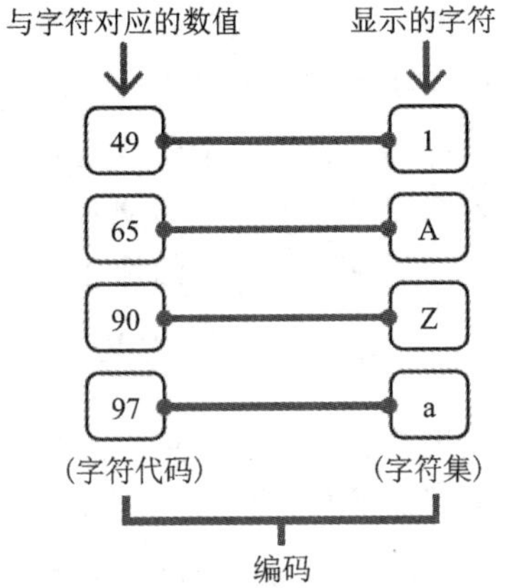

图 4.4　在计算机内部,字符转换成与其对应的数值然后保存

汇集了英文字母、数字字符的集合称为字符集;对字符集赋予的内容叫作字符代码;另外,像 ASCII 这样,为了进行字符和数值互换而存在的规则叫作编码。

1. ASCII 编码

将数字、拉丁字母以及经常使用的符号等汇集,并分别赋数值,就形成了 ASCII(American Standard Code for Information Interchange,为了进行信息交换的美国标准代码)"。其包含了空白、改行这样的控制字符,并且决定了 128 种字符所对应的数字,如图 4.5 所示。

ASCII 中所规定的字符集(ASCII 字符)是由"0"和"1"表记的,所以可以使用二进制 7 位表现的数值(从 0 到 127)表记所有字符。ASCII 是计算机中最常使用的编码方式。

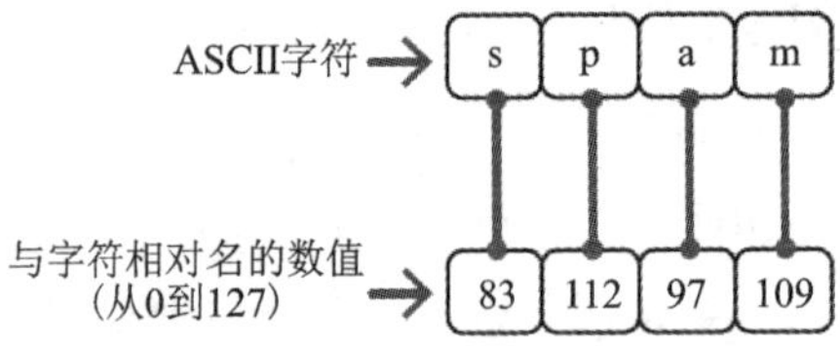

图 4.5　在 ASCII 中,以英文字母和数字为中心,对 128 个数值规定了相应的数字

之后,以 ASCII 字符集为基础,根据在欧洲等经常被使用的字符,制作了一个除包括中的字符外,又新增了一部分字符的编码,称为 ISO 8859 编码。在 ISO 8859 中,表记字符的数值范围从 ASCII 的 7 位扩展到了 8 位,对于扩大的范围,添加了英镑(£)这样的货币符号或者在欧洲经常使用的带重音符号的字符。

8 位称为一个字节。字节也是计算机在处理数值时经常使用的单位。如果在 ASCII、ISO 8859 这样的编码中表现字符,那么 1 个字符就是 1 字节。为了计算字符串的字符数量,只要计算字符串的字节数量就好了,对于计算机,这是很容易处理的编码。

ISO 8859 是可以直接使用 ASCII 字符集的,其有好几个种类,最经常使用的是 ISO 8859 - 1 的编码方式,该编码方式也被叫作 Latin - 1。

2. 多字节字符

在欧美等地经常使用的像 ASCII、ISO 8859－1 这样的编码中，8 位(1 字节)作为 1 个字符，这样就只能处理 256 种字符。但是，像日语、韩语、中文这样的属于汉字文化圈的国家，使用的字符却有数千、数万种。如果将 2 字节组合，然后将 2 字节作为一个数值处理，就可以处理 65 536 种字符了；如果按照 3 字节、4 字节这样增加，则可以处理的字符数量也会增加。为了使用计算机处理像日语这样字符很多的语言，就需要使用组合了多字节表现字符的编码。如果一个字符用多字节来表现，则称该字符为多字节字符；像 ASSCII、ISO 8859 这样可以用 1 字节表现的字符称为单字节字符。例如，在 ShiftJIS 中将 2 字节组合，然后用数字分别对应平假名、汉字等，如图 4.6 所示。

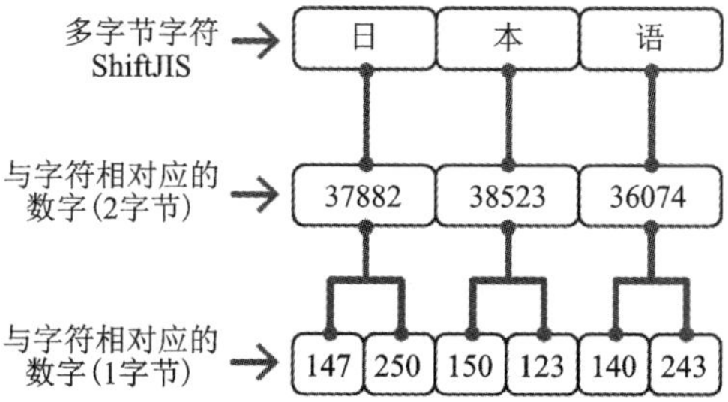

图 4.6　在 ShiftJIS 中将 2 字节组合，然后用数字分别对应平假名、汉字等

由此可知，如果使用多字节，就可以处理像日语这样字符数量多的语言了。但是，“在日语中哪个数值对应哪个字符”的规则(编码)则有多种。在多数情况下，虽然使用 UTF－8 编码的情况在增加，但根据事情、状况，各种编码也可以被分别使用。也就是说，在日语中并没有统一的编码。

表 4.7 所列为在程序中处理日语字符时所使用的主要编码。

表 4.7　日语表记中主要使用的编码

代码名称	描　述
ShiftJIS	使用 2 字节表现包含汉字、平假名的广范围的字符的编码。第 1 字节仅是在特定范围中有数值的情况与之后的一个字节组合，作为多字节字符处理。可以出现和 ASCII 兼容使用的情况。有一种在 Windows 中使用的叫作 mbcs、cp932 的编码。可以认为 mbcs、CP932 这样的编码有关日语的部分和 ShiftJIS 是一样的
ISO－2022－JP (JIS)	使用日本网络的前身 JUNET 设计出来的编码。在字符串中，如果出现了被称为转义序列的特殊编码，则可以使用转换字符种类的方式。其可以与 ASCII 兼容使用。曾经是在网络中作为标准使用的编码；现在在收发日语邮件时候依然被使用。另外，还有“ISO－2022－CN(中文)”“ISO－2022－KR(韩语)”等，使用同样技巧对其他字符集进行分配的编码

续表 4.7

代码名称	描述
EUC-JP	在 UNIX、Linux 中使用的编码,以 ISO-2022-JP 为基础制作的。在特定范围内存在的数值,作为相当于转义序列的代码使用。另外,还有像"EUC-CN(中文)""EUC-KR(韩语)"这样,使用同样技巧对其他字符集进行分配的编码
UTF-8	以万国码 Unicode 为基础的编码,现在作为标准被广泛使用。其是可以将英语字母、平假名、汉字、韩语等字符统一起来进行处理的编码。ASCII 的字符是使用 1 字节进行表记的,除此以外的字符,根据种类将 2 字节、3 字节或者更多字节进行组合,然后表示 1 个字符

4.10.2 Python 和 Unicode

在一种语言中使用的编码有很多种,像与 EUC-JP 相对的 EUC-CN、EUC-KR,即使使用了类似的编码,如果语言不同,也会显示出不一样的字符,非常不方便。如果想要制作一个多国语言都可以使用的程序,则每个国家都需要进行其他处理。如果不能制作出好的程序,那么还会出现"乱码"的现象。

因此,以所有国家的语言都可以使用的编码为目标,制作出了 Unicode。集合了大多数语言中使用的字符(字符集),对每一个都分配名为 Unicode 编码的数值,并将其标准化,这就是 Unicode。UTF-8 是"使用计算机处理 Unicode 字符集时使用的编码方式"。因为进行严密地定义比较困难,所以将像 UTF-8 这样的编码方法以及作为字符集的 Unicode,都统一起来叫作"Unicode"。

在 Python 3 中,所有的字符串都是以 Unicode 为基础的。以 Unicode 为中心,可以制作各种编码的字符串。例如,以 Python 的字符串制作 ShiftJIS 编码的字符串,或者从 EUC-JP 编码的字符串制作 Python 的字符串等。

4.10.3 字节类型

在 Python 中,将字符串输出到程序外部时,或者从外部获取字符串时,必须进行一些编码转换。在 Python 的内部,虽然平假名、汉字是作为 Unicode 的数据进行保存的,但是用 Jupyter Notebook 等程序显示时还需要进行转换。Python 自身程序内部拥有各种显示用的编码信息,因此,Python 可以一边读取信息,一边进行所需信息的转换工作。shell 显示的编码,是根据使用何种 OS 而发生改变的。如果是 Windows,则使用 cp932(ShiftJIS)或者 UTF-8;如果是 Linux、macOS X,则一般使用的是 UTF-8。

从 Unicode 转换为编码的字符,在 Python 3 中成为称为字节(bytes)类型的特殊的字符串对象。

字节类型在处理图像、声音这样的字符串以外的二进制数据时也经常被使用。本小节主要讲解在字节类型中处理字符串的方法。有关在字节类型中处理二进制数据的方法，将在 4.11 节中讲解。

字符串类型和字节类型的不同在于多字节字符串的处理。在字符串对象中，即使是像日语这样的多字节字符也是“1 个字符的长度为 1”，而字节类型则是“1 字节的长度为 1”，如图 4.7 所示。示例代码如下：

使用字节类型

```
s = "あいうえお"                     # 定义包含平假名的字符串类型
len(s)                               # 查看长度
```

```
5
```

```
bs = s.encode("shift - jis")         # 从字符串类型转换为字节类型
len(bs)                              # 查看长度
```

```
10
```

```
print(bs)                            # 使用函数 print()显示字节类型
```

```
b'¥x82¥xa0¥x82¥xa2¥x82¥xa4¥x82¥xa6¥x82¥xa8'
```

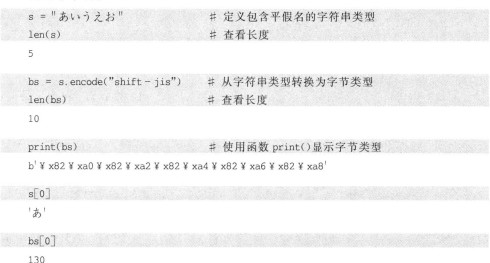

```
s[0]
```

```
'あ'
```

```
bs[0]
```

```
130
```

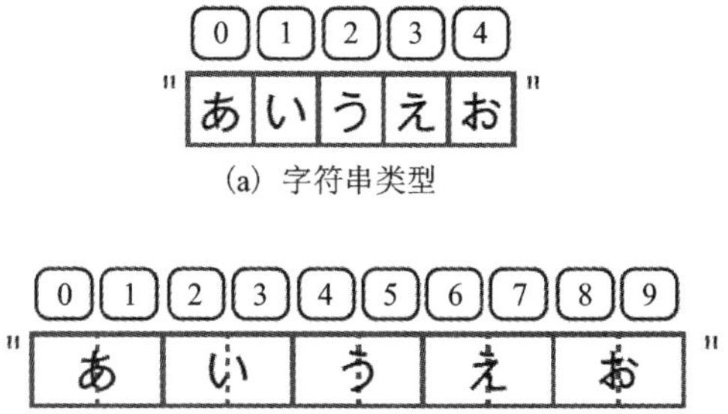

(a) 字符串类型

(b) ShiftJIS的字节类型

图 4.7　在字节类型中不论是什么编码，1 字节都表示 1 个字符

使用 ShiftJIS 显示 1 个字符的平假名需要 2 字节，因此，如果使用 len()函数查看字节类型对象的长度，则“あいうえお”这个字符串就是 10 个字符。另外，显示字节类型的对象就会显示转义序列，而不会显示日语的字符串。如果指定索引来显示元素，则字符串中平假名开头的字符就会显示出来。在字节类型的对象中，字节串开头的数据会以数值的形式显示出来。

字节类型的字符串也可以定义“b'..'”这样的字符，但是，在字面量中，不能写入 ASCII 字符以外的多字节字符串。如果使用转义序列，则可以插入相当于多字节字符的字符串。

4.10.4 字符串向字节类型转换

如果使用字符串方法 encode(),则可以将字符串对象转换为字节类型。对参数指定想要转换的编码等。

encode()方法:将字符串转换为字节类型

表记方法如下:

```
encode([编码名称[,错误处理的方法]])
```

对于参数的编码名称,用字符串来指定在 Python 中可以使用的编码。

例如下述代码,可以将变量 s 中的字符串转换为 EUC-JP 的字节字符串。另外,像指定的错误处理的方法一样,如果转换时发生错误,则返回异常(错误),并停止转换。

向字节类型转换

```
u = s.encode("euc-jp","strict")          # 向 EUC-JP 字符串转换
```

在 Python 中可以使用的日语编码如表 4.8 所列。由表 4.8 可知相同的编码会有好几种指定方法。读者在记忆时可以像"用英语字母表记,使用连字符(-)隔开"这样进行记忆。因为英文的大写和小写字母被看作是相同的,所以无论是写成"SHIFT-JIS"还是"Shift-JIS"都可以。另外,也可以使用下画线(_)代替连字符。

表 4.8 在 Python 中可以使用的日语编码名称

编码名称	Python 的编码名称
ShiftJIS	shift-jis、shift_jis、sjis
ISO-2022-JP (JIS)	iso-2022-jp(不能使用 jis)
EUC-JP	euc-jp
UTF-8	utf-8

如果编码转换时输入了不正确的字符串,就会产生错误;如果向参数指定(自定义)错误处理的方法,在转换编码时就可以针对发生的错误指定对应的方法;如果在想要转换的字符串中包含了不能转换的字符串,在指定采取什么的对策时也可以使用这样的错误处理的方法。

在错误处理的方法中,可以指定表 4.9 所列的字符串。

表 4.9 向转换错误指定应对的字符串

字符串	描 述
strict	在错误产生时引发错误(异常),停止转换。如果没有指定自定义,则会使用默认操作
replace	如果有不能转换的编码字符,则会被"?"等恰当的字符串替换,然后返回。转换时即使出现错误,依然继续进行转换
ignore	即使转换编码时出现错误,仍继续进行转换,因为错误不能进行转换的字符串将被删除

4.10.5　字节类型向字符串类型转换

当字节类型的字符串向字符串类型转换时，使用字符串方法 decode()。编码的指定方法、发生错误时的应对方法与 encode()方法使用相同的字符串。

decode()方法：字节类型向字符串类型转换

表记方法如下：

```
decode([编码名称[,错误处理的方法]])
```

字符串中的变量或者字符串的字面量等字符串对象使用点号(.)隔开，然后再调用 decode()方法。因为点号前面的字符串是转换的对象，所以不需要向参数指定字符串(参数可以通过自定义指定)。

字符串方法的 decode()方法通过以下方式调用。

字节类型转换到字符串类型

```
u = s.decode("shift-jis","ignore")
                       # 相当于 ShiftJIS 的字节类型向字符串类型转换
```

注意：有一个与字节类型十分相似的字符串类型叫作 bytearray 类型。字节类型和字符串类型都是不可更改的对象，但是 bytearray 类型是可以更改的对象，它像列表一样，可以更改元素。

4.10.6　脚本文件的编码指定

在 Python 中，有指定脚本文件编码的功能。到 Python 2 为止，如果在注释或字符串字面量中含有日语，则必须进行编码指定。从 Python 3 开始，作为默认的编码指定了 UTF-8。如果使用 UTF-8 编写 Python 3 的源代码，就没有必要进行编码指定了。

如果进行编码指定，就可以使用 ShiftJIS、EUC-JP 等各种编码编写程序了。

指定脚本文件的编码需要进行以下形式的记述：

```
# coding：编码名称
```

或者

```
# coding=编码名称
```

其中，可以在 coding 的前后放置任意的字符串。接下来的表记，以使用 Emacs 编辑器的读者为对象。

```
# -*- coding:编码名称 -*-
```

脚本文件的编码指定在第 1 行或者第 2 行，除此以外的其他行，就算有示例中这样的代码,也并不是编码指定的,而是被当作注释。

另外,在 Linux、macOS X 中,在第 1 行的部分经常是像"#! /usr/local/env python"这样,先书写"shebang(#!)",然后书写从 shell 调用 Python 的记述。那像这样的情况,需要对第 2 行指定编码。

在脚本文件的编码中必须指定保存文件时的编码。例如,使用 UTF-8 保存文件时,在编码名称的部分写入"utf-8"。

```
# coding: utf-8
```

4.10.7 编码的判断

在 Python 中,一般尽可能地将字节类型字符串转换成字符串类型之后再使用。如果事先知道字节类型字符串的编码还好,但如果不知道就会有一些麻烦。如果不事先查看字节类型字符串相当于哪个编码再进行转换,就会发生乱码现象。

如果使用以下代码中的函数,就可以简单地判断多字节字符的编码了。

List guess_encoding()函数

```
def guess_encoding(s):
    """
    将字节类型的字符串作为参数接收,
    简单地判断编码
    """
    # 将进行判断的编码保存到列表中
    encodings = ["ascii","utf-8","shift-jis","euc-jp"]
    for enc in encodings
        try:
        s.decode(enc)              # 尝试编码转换
except UnicodeDecodeError:
    continue                       # 编码转换失败,尝试下一个
else:
    return enc
    # 如果没有发生错误,则返回转换成功的编码
else:
    return""                       # 如果没有成功转换的编码,则返回空的字符串
```

这个函数使用了非常简单的方法,因此在给予比较短的字符串时,容易出现编码判断失败的情况。这是因为某一个编码的 8 位字符串在其他编码中会被分到另外的字符串中。如果是有一定长度的字符串,则可以以较高的准确度判断编码。

4.10.8 编码和乱码

本小节将讲解在 Python 中处理像日语这样多字节字符时容易出现的问题,在

讲解问题原因的基础上，再针对处理方法进行说明。

有多个编码可以将日语字符集替换为数值。作为数据，即使看上去相同，但如果编码不同，也会被分为其他字符的，如图 4.8 所示。为了正确显示日语的字符串，仅仅依赖保存在程序内部的数值信息是不够的。如果不知道正确的编码，就会被转换成完全不同的其他字符串。简单点来说，一般所说的乱码现象就是以这样的结构产生的。

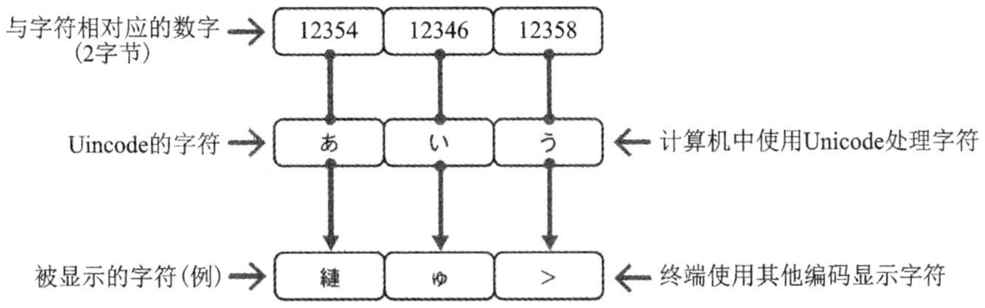

图 4.8　如果编码不同就会显示不一样的字符

显示计算机中所保存字符的数值，与想要显示字符的一方，如果编码不匹配，就不能显示出正确的字符。例如，在 shell、命令指示符中使用 Python 这样的程序设计语言时，如果显示字符终端的编码没有正确设定，就会产生乱码。在 Python 想要显示包含日语的字符串时，如果不传送与终端中设定的编码相同的编码数据，字符就不能正确显示。

在用 print()函数显示包含日语的字符串时，如果出现乱码，则请确认一下终端的编码是否被正确地设定，如果没有被正确设定，则请再次设定环境变量等，让其正确显示。

默认编码转换

在 Python 2 中，有时会发生在字符串格式化时默认进行编码转换的情况。在默认执行编码转换时，会出现 Python 想要将多字节字符串转换为 ASCII 编码，然后发生错误的情况。如果是使用过 Python 的读者，则应该遇到过“UnicodeDecodeError”这个错误，这个错误基本上都是由现在要讲解的情况产生的。

在 Python 3 中，字符串是以 Unicode 为基础的一个字符串类型，即使进行像字符串格式化这样的字符串操作，因为要处理以相同 Unicode 为基础的字符串，所以像在 Python 2 中出现的默认进行编码转换的事情就不会发生。另外，来自外部的数据向字符串转换时，会明确地进行编码转换，即使在 Python 3 中，这种类型的编码转换的也会出现错误。但是，不会出现像 Python 2 中那样，在字符串处理中默认进行编码转换，也不会出现不知道原因的错误。但是，即使是 Python 3，也会出现像 Python 2 一样默认进行编码转换的地方。不过，那是属于 Python 3 的标准输入、输出。

例如,使用 shell,在交互模式中启动 Python。在此基础上使用 print()函数输出结果时,Python 会默认进行编码转换。Python 通过观察环境变量等,来决定输出结果时所使用的编码。例如,Python 在查看环境变量后,决定的输出结果的编码为 ASCII,那么,如果想要使用 print()函数显示多字节字符,会出现什么样的情况呢?因为不能将多字节字符串转换为 ASCII,所以会发生“UnicodeDecodeError”这个错误观。不管是 Python 2 还是 Python 3,都会产生同样的错误。另外,对于 shell 输出时出现的错误,如果将编码设定成 UTF-8 就可以解决了。

在 Python 3 中,需要注意以输出记录等为目的、将 print()函数的输出位置文件化的情况,并且这里也会出现默认进行代码转换、发生错误的情况。为了避免这样的错误,明确地写出文件会比较安全。

4.10.9 多字节字符和字符的分界

像 ASCII 这样,1 字节不对应一个字符是多字节字符串的特征。为了辨别是何种类型的字符,需要执行查看前面的字节,或者从字符串的一开始查看转义序列等特殊的处理。

例如,在 Python 的字节类型对象中,处理被 ShiftJIS 等编码过的日语字符串时,需要注意:在 Python 中没有内置辨别字节类型字符串分界的功能,需要自己制作辨别字符的分界等的程序代码;分割、替换字符串时,如果没有恰当地辨别字符的分界,就会出现乱码。

为了正确地处理多字节字符,比起在欧美使用的编码,则需要更多的知识。因为无论是汉字文化圈的开发人员还是使用很多语言的欧洲的开发人员,都对此事有深刻的体会,所以一般都会十分注意多字节的处理。但是,很多英语圈的开发人员并没有很关心多字节字符的处理问题,有可能是因为只要使用 ASCII 字符,就基本不会因为编码出现问题,所以他们也就没有深刻地体会到多字节字符的复杂性吧。

4.11 Python 的文件处理

数值、字符串、列表这样内置的数据类型使用起来是非常方便的。使用内置类型处理的速度非常快,而且使用内置类型也比较容易处理较大的数据。只要记住使用方法,就可以高效率地编写出代码。

在 Python 中,数值、字符串等数据是放在内存中的。对于内存中的数据,可以非常快速地执行查找、改写等操作。但是,放在内存中的数据在程序结束后就会消失。例如,在 Jupyter Notebook 中定义一些变量,然后关闭 Jupyter Notebook,再次启动程序后就会发现,之前定义的变量已无法使用。

想要保存程序处理的结果时,使用文件会比较方便。将文件写入像硬盘一样的记忆装置中,一旦写入就不会消失。如果是写入文件的数据,则即使关闭 Python,只要不删除文件，数据就不会消失。重新启动 Python 时，通过读取文件可以再次显示书写过的内容。

另外，通过使用文件可以从外部向 Python 读取数据。例如，读取内存大的文本文件然后处理，或者在 Python 中读取在表计算软件这样的应用程序中书写的数据，还可以是为了在程序中进行加工而使用文件。

在 Python 中，为了操作文件，需要使用内置类型的文件类型。因为已经有作为内置类型处理文件的类型了，所以事先不需要进行特殊的声明等，打开文件，就可以读/写文件的内容。

在 Python 中操作文件时，使用内置函数 open()。如果调用这个函数，则可以用来操作文件的文件对象。将作为函数的返回值而返回的文件对象代入变量中，在读/写文件时使用。

文件对象拥有好几种方法，通过调用这些方法，可以对文件进行操作。与调用字符串类型等的方法一样，在文件对象的后面写上点号(.)，然后进行调用。

内存和文件的优缺点，如表 4.10 所列。使用文件对象进行文件操作的示意图如图 4.9 所示。

表 4.10　内存和文件的优缺点

优、缺点	内　存	文　件
优点	处理速度快、容易操作	关闭程序或是断开电源时，数据都不会消失
缺点	关闭像 Python 这样的程序或是断开电源时，数据就会消失	处理速度缓慢

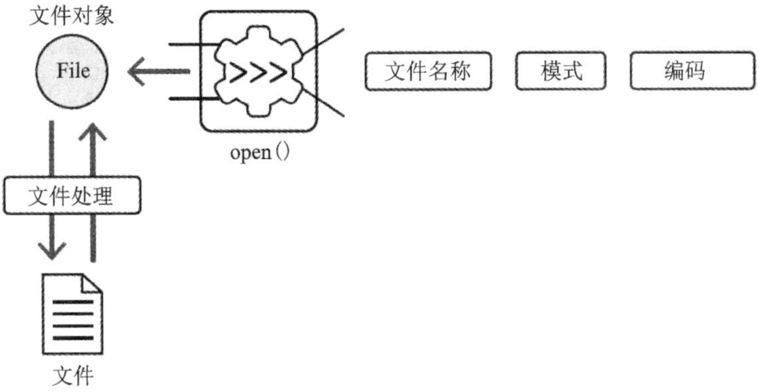

图 4.9　使用文件对象进行文件操作

读取文件时，灵活运用字符串或列表，进行将文件的内容转换为内置的数据类型、或者将写出的数据事先转换为字符串类型的处理。

了解 C 语言等程序设计语言的读者，有可能对 Python 的文件对象的使用方法感到熟悉，向制作文件对象的 open()函数传递参数等，与 C 语言的 fopen()函数基本相同。

注意: 在 Python 中,像目录操作、文件名称更改这样的文件处理,在文件对象中是不能进行的,像这样更高难度的文件处理是用模块的形式另行管理的,详细内容请参看第 8 章。

4.11.1 文件和文件对象

1. 打开文件

在 Python 中打开文件需要使用 open()函数。因为 open()是内置函数,所以不需要特殊的声明等,任何时刻都可以使用。

在 open()函数中,为了打开文件,需要将必要的信息作为参数进行给予,然后调用。作为最开始的参数,需要向想要打开的文件给予路径,其中可以给予绝对路径,也可以给予相对路径。路径分隔所使用的记号是由所使用的 OS 等环境决定的。如果使用 Windows,则用反斜杠(\);如果是 Linux、macOS X,则需要使用斜杠(/)。

如果向最初的参数仅给予文件名称,则打开当前目录中的文件。如果没有进行特殊的操作,则当前目录就是启动 Python 时的目录。

在以下的例子中,作为最初的参数,指定名为“foo.txt”的文件名,然后打开当前目录中所包含的文件;作为第三个参数给予编码名称,从文件指定读取的字符串的编码;调用 open()函数返回的结果是文件对象,将文件对象代入变量中然后接收。通过将文件对象代入变量中,在之后的处理中可以使用通过 open()函数打开的文件。

打开文件

```
f = open("foo.txt","r", encoding="utf-8")    # 打开文件
s = f.read()                                 # 将文件内容读取为字符串类
                                             # 型的变量
print(s)                                     # 显示文件的内容
f.close()                                    # 关闭文件
```

注意: 实际尝试的时候需要指定打开的文件的路径名称。另外,Jupyter Notebook 的当前目录是制作 Notebook 的目录。

在 open()函数中,可以给予以下参数,其中,[]中的参数是自定义的(可以省略)。表记方法如下:

```
open(打开文件名称[,模式[,编码[,错误处理]]])
```

为了指定以怎样的状态打开文件,向第 2 个参数传递模式。例如,想要打开读取专用的文件时传递“r”,想要给已经存在的文件中添写内容时传递“a”。也就是说,打开文件以后,根据如何使用文件对象来传递适当的模式。另外,省略模式时就与传递“r”的操作相同。

打开文件时使用的模块如表 4.11 所列。

表 4.11　打开文件时使用的模块

自定义	描　述
r	文件作为只读文件打开，不能写。如果用这个模式打开不存在的文件则会出现错误
w	文件作为只写形式打开，不能读取。文件不存在不会出现错误，会制作新文件。如果打开已经存在的文件，则原有的内容会被删除
a	为了在文件最后进行追加而使用的模式。和 w 模式一样，以只读的形式打开文件。如果指定已经存在的文件，则保持原来的内容不变，写入的内容被添加到文件的结尾。不能读取
+	和 r、w、a 组合，像"r+""w+"这样使用的自定义。读和写都可以
b	文件是使用二进制方式打开的自定义，像"rb""wb"一样，与其他的自定义组合，然后使用。对于指定这个自定义然后打开的文件，使用字节类型进行读/写

文件模式可以先组合然后再使用。查看图 4.10，应该可以找到想要的组合。还有，使用二进制方式想要打开文件时，请在图 4.10 所选的模式后添加 b。

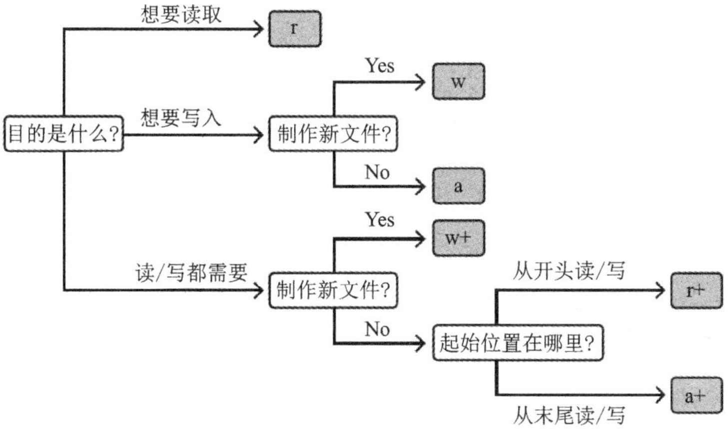

图 4.10　模式的设定方法

向 open()函数的第 3 个参数传递文件的编码。这个编码是可以省略的，省略时的默认编码是 UTF-8。

有关最后的参数错误处理，请参照表 4.9。

2. 文件和 seek 位置

处理文件时，请注意以 seek 位置为对象进行读/写。所谓 seek 位置，指的是和字符串的索引相似的功能。文件对象先记住相当于文件上索引的 seek 位置，然后在读/写文件时使用。

如果 seek 位置在文件开头，则从文件开头进行读取。写入时，seek 位置在最前面，如果有内容写在文件上，就会被新写入的内容覆盖。

如果 seek 位置在文件末尾的状态中进行写入，则变成向文件添加内容了。读取时，seek 位置在文件结尾的状态下，什么也读取不了(返回空字符串)。并且就算使用可以自动读取到末尾的文件对象，当进行再次读取时，也只会返回空的字符串。

根据制作文件对象时指定的模式，打开文件时的 seek 位置会发生改变。如果分开使用模式，则可以控制打开文件之后的 seek 位置。

对文件进行读/写操作是以 seek 位置为基准的，如图 4.11 所示。

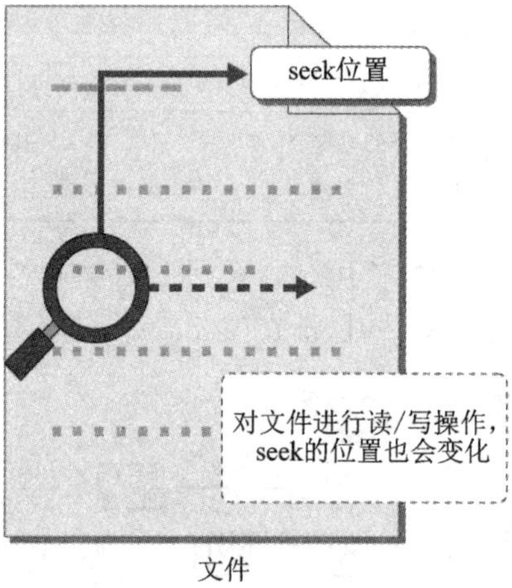

图 4.11　对文件进行读/写操作是以 seek 位置为基准的

3. 关闭文件

对文件对象调用 close()方法，可以关闭文件。已经关闭的文件不能进行读/写操作，如果进行读/写操作，就会出现错误。

表记方法如下：

```
F.close()
```

调用方法之后明确表示不关闭文件，会由结束程序或者垃圾收集(自动删除不要的对象的功能)，在文件对象被删除时自动关闭文件。

打开文件进行处理时，如果是马上就会结束的小脚本，即使不调用 close()方法，也不会引起什么问题。

4.11.2　从文件中读取

为了读取文件，使用 open()函数返回的文件对象。但是，创建文件对象时(也就是打开文件时)，有必要指定可以读取的模式。如果想要对用“w”(写)模式打开的文件进行读取操作，则会出现错误。

对文件的操作是对文件对象调用方法之后进行的。在文件对象后书写点号(.)，然后指定方法名称进行调用。

读取文件的方法有 read()方法、readline()方法及 readlines()方法几种。根据处理的内容，参数和返回值有些不同。各方法的记述例子中，“F”表示文件对象，用“[]”括起来的参数是自定义的(可以省略)。

1. read()方法：连续读取文件内容

表记方法如下：

```
F.read([整数的尺寸])
```

从文件进行读取操作，返回字符串。使用 open()函数指定的编码进行转换时，如果出现错误，就返回错误。

2. readline()方法：从文件中读取 1 行

表记方法如下：

```
F.readline([整数的尺寸])
```

从文件读取 1 行，作为字符串返回。如果指定了自定义的参数，则可以指定读取行的字节尺寸。

3. readlines()方法：以行为单位连续读取

表记方法如下：

```
F.readlines([整数的尺寸])
```

从文件中读取多行，返回值是包含了将字符串作为要素的序列。如果不指定自定义的参数，就会一直读到文件的最后，分割成行，返回列表；如果指定了自定义参数，则可以指定读取字节尺寸的上限。

4. 从文件中逐行读取然后处理

当程序处理记述了字符的文本文件时，应该逐行读取然后进行处理。想要编写这样的代码，需要将 for 语句和文件对象组合之后再使用。在 for 循环中从文本文件中逐行读取，在循环块中记述处理。

为了读取文本文件，分割成行，需要像下述代码那样向 for 语句添加文件对象。于是，从文件中逐行读取字符串，可以一边代入循环变量一边进行处理。

将文本文件分割成行

```
f = open("test.txt", 'r', encoding='urf-8')     # 打开文件
for line in f:                                    # 从文件中逐行读取
    print(line,end="")                            # 逐行显示
```

给在 for 块中的 print()函数传递 end 参数。这与之前叙述的一样，print()函数是用于替换在最后增加的改行字符的参数。

如果从文件中逐行读取，就会包含字符串中进行换行的、被称为“换行字符串”的

特殊字符串。因为 print()函数也是在最后输出换行字符串,所以如果不进行任何操作,就会显示换行重叠了两次。通过向 end 参数指定空白,变成只能显示一次换行。省略参数 end,然后比较执行了代码的结果,就可以知道参数 end 的效果了。

虽然还可以使用 readlines()方法,但是处理较大文件时会出现问题。只要没有特殊理由,将文件对象用上文中所提到的把文本文件分割成行的方法添加到 for 语句中就好了,详细内容将在 5.3 节中讲解。

4.11.3 写入文件

和文件的读取一样,写入文件时也需要使用文件对象。在调用打开文件的 open()函数时,需要事先指定对写入来说恰当的模式。

写入文件的方法有以下两种,各个方法的记述例子中的"F"表示文件对象。

1. write()方法:向文件写入字符串

表记方法如下:

```
F.write(字符串)
```

指定字符串,然后对文件进行书写操作,一边将字符串转换为 open()指定了的编码一边书写。这个方法没有返回值。

在以下的示例中,制作新的文件,使用 UTF-8 编码写入文件,对变量 s 事先代入写入文件的字符串中。

指定模式,然后打开文件

```
f = open("newfile.txt","w", encoding="UTF-8")   # 使用 w 模式打开文件
f.write(s)                                       # 将变量 s 的字符串写入文件
f.close()                                        # 关闭文件
```

2. writelines()方法:将序列写入文件

表记方法如下:

```
F.writelines(序列)
```

将元素中包含字符串的序列(列表等)赋给参数,然后进行文件的写入操作。请注意,写入时添加的换行字符不写出。

4.11.4 处理二进制文件

在处理像图像、声音这样的二进制文件时,给予 open()函数"b"选项,然后打开文件。例如,给予"rb"选项(r 和 b 模式的组合)然后打开的文件,为了读取二进制文件,返回准备好的文件对象。因为在二进制文件中没有编码这个概念,所以编码不需要指定。

从像“rb”这样的指定 b 选项之后打开的文件对象中使用 read()方法读取数据，返回的不是字符串类型对象而是字节类型的对象。对于指定“wb”或“ab”选项之后打开的文件，调用 write()方法然后写入时，果然要传递字节类型的数据。

例如，假设读取图像文件，然后要确认这个图像文件是否为 PNG 文件。这时，像下述代码中使用“rb”模式打开文件，然后查看在图像数据的特定位置的数据，就可以知道该图像是否为 PNG 文件了。

打开二进制文件

```
imgfile = open('someimage.png', 'rb')
imgsrc = imgfile.read()
if imgsrc[1:4] == b'PNG':
    print('image/png')
```

在上述代码中，从图像数据的 0 开始计算，查看从第 1 个到第 3 个的数据中是否记录着“PNG”，然后判断图像的种类。因为使用 read()方法返回的字节类型也是序列类型的同类，所以可以使用切片取出数据。

在第 3 行中，请注意使用“b'PNG'”和字节类型的字面量进行比较的地方。在 Python 中，凡是不同类型之间进行的比较一定是 False。因此，作为比较对象的字面量也需要配合 imgsrc 变量的类型(字节类型)。

这样做之后，为了处理二进制文件，就需要给予“b”选项然后打开文件。将二进制文件作为对象数据的读/写操作，需要使用字节类型。

4.11.5　文件名称的处理

Python 能应对使用多字节字符串的文件名称。如果将字符串类型传递给文件名称，则即使文件名称中包含日语，也可以正确处理。

原本在文件名称或者目录名称中使用像日语的汉字或假名这样的多字节字符串时需要注意，因为根据 OS 或 OS 版本的不同，文件名称中使用的编码也有所不同。在 Python 中处理文件名称时，如果使用字符串类型，就需要转换成适当的编码。

安装 Python 时，配合所安装的 OS，在处理多字节的文件名称时，就会自动设定使用的编码信息。如果给操作文件名称的处理传递 Unicode 字符串，就可以使用安装时所设定的信息，自动转换成恰当的编码。

Python 对于多字节的文件名称使用了怎样的编码，可以使用 sys 模块参见 11.5 节的 getfilesystemencoding()函数查看。在以下的例子中，使用在 macOS 中下载的 Python 3，查看系统使用的文件名称的编码。

确认编码

```
>>> import sys                          # 导入 sys 模块
>>>sys.getfilesystemencoding()
'utf - 8'
```

Jupyter Notebook 的万能指令

在 Jupyter Notebook 中,有一个叫作万能指令的功能。如果使用万能指令,则可以向 Jupyter Notebook 给予命令。

万能指令中有以一个百分号(%)开头的和连续使用两个百分号(%%)开头的两种形式。一个百分号是指只有那一行作为命令处理;如果是连续两个百分号开头,则可以将全部的单元传递给命令。

在 Jupyter Notebook 里可以使用的万能命令中,经常使用的有如下几种:

(1) %matplotlib inline

显示将图表埋入 Notebook 中的命令。在本书中作为"咒语"出现了好几次。

(2) %%time

显示执行单元内代码时所需要的时间。

(3) %run Python 的脚本文件名称

执行脚本文件,在输出单元显示结果。

(4) %%file 文件名称

将单元的内容写入文件。

第 5 章

Python 与函数式程序设计

虽然 Python 是面向对象的程序设计语言,但也会巧妙地引入其他程序设计范式。本章将讲解使用 Python 进行函数类型程序设计的技巧,同时还将介绍巧妙编写程序的方法。

5.1 什么是函数式程序设计

第 4 章已经介绍了几种在程序设计中应用的技巧,如命令类型、面向对象等,这些技巧被称为程序设计的范式。由于 Python 是兼具多种范式的语言,因此也被称为多范式的程序设计语言。

本节将要介绍的函数式程序设计也是程序设计范式中的一种。所谓函数式程序设计,就是用函数来解决所有问题的技巧。与使用融合了数据和命令(方法)的零件,进行程序设计的面向指向相比较,函数类型被称为与之相对的范式。

Python 在拥有面向对象功能的同时,还吸收了函数式程序设计的优点,它是一种实用至上的程序设计语言。因为面向对象功能和函数式程序设计各有各的优点,所以根据情况进行区分使用。

为了了解函数式程序设计的精髓,其捷径就是在 Python 中接触函数式语言功能。将序列的反转作为案例,看一下 Python 的函数式语言功能。思考一下在 Python 中,判断词语颠倒后依然是相同词语的方法,即判断"回文"的方法。

如果要将某个字符串反转,应怎么办呢?如果是列表,那么使用 reverse()方法就好了,但是没有与字符串对应的方法。使用列表类型的 reverse()方法反转字符串看上去比较简单,首先将字符串转换为列表,然后将反转的结果使用 join()再修改回字符串,接着与原本的字符串相比较进行回文判断。示例代码如下:

使用了列表类型的方法的处理

```
orig_str = "よのなかねかおかおかねかなのよ"
str_list = list(orig_str)            # 将字符串转换为列表
str_list.reverse()                   # 反转列表
"".join(str_list) == orig_str        # 将列表改回字符串进行回文判断
True
```

代码中“"".join()”的部分看上去是从字符串的定义(字面量)出现的方法,可能感觉有些不同寻常。因为字符串字面量本身也是对象,所以可以像这样调用方法。这一部分执行的处理是,使用空字符串将转换成列表的字符逐个连接,然后返回一个字符串对象。

因为需要进行一次将字符串转换成列表的工作,所以代码烦琐了一些。若要使代码变得简洁一些,则可使用与 reverse()方法相似的名为 reversed()的内置函数。示例代码如下:

使用了 reversed()函数的处理

```
orig_str = "おかしがすきすきすがしかお"
"".join(reversed(orig_str) == orig_str
True
```

“使用了列表类型的方法的处理”代码是面向对象的样式,“使用了 reversed()函数的处理”代码是函数类型的样式。通过以上两段代码,应该可以理解关于某些特别规定的问题,使用函数类型可以更简洁地进行记述。

为什么使用函数类型就可以更简洁地进行记述呢?能想到的理由有几个,其中一个是,数据和方法是一体的,这是面向对象的特征。但在第一个例子中却向着不好的方向起作用了。因为列表的数据是对象本身所带有的,所以执行列表的 reverse()方法的结果是列表对象的数据自身被改写,这是一种破坏性的操作。一方面,因为 Python 的字符串类型是不可更改的,所以反转顺序的结果不能改写对象的数据,因此即使是同样的序列类型,也会出现“在列表中有 reverse()方法,字符串中却没有”的情况。故在回文判断的“使用了列表类型的方法的处理”代码中,有必要按照先将字符串转换成列表,然后调用 reverse()方法,等待列表对象内部数据被改写,接着再一次转换成字符串这样的顺序进行。

另一方面,因为函数 reversed()在处理时不会伴随着破坏性操作,所以无论是列表还是字符串都可以作为参数接收。不论是否可以更改,只要是序列都可以处理。此外,因为结果作为返回值返回,所以无论是列表还是字符串都可以进行同样的处理。

像列表类型的 reverse()方法这样,由于更改对象所拥有的数据或状态而出现了问题,有时会把这种情况称为副作用。函数类型和面向对象相比,代码比较简洁的最大理由就是在处理时不会伴有副作用的出现。如果是面向对象,则需要先设想作为方法的执行结果,对象内部的数据会进行怎么样的改写,然后再进行程序的编写。在函数式程序设计中，是使用针对输入得到输出，这样容易理解的结构来制作程序的，所以可以保持程序结构的简洁性。

5.1.1　Python 的语句和表达式

在 Python 中，使用函数式程序设计法可以简洁地编写程序的另一个理由是，使用函数的代码不会有换行和块。在 Python 中，需要定义函数或循环、条件分支的代码中，伴随着块的语法需要换行。即使是编写比较短的代码，也需要编写包含换行的代码，所以代码会变得冗长。如果使用函数式程序设计法，则无需换行。

将 Python 代码按构成的元素分，有语句和表达式。语句是 Statement 的译文，例如定义函数的 def 语句、循环的 for 语句，或 while 语句、条件分支的 if 语句等，是在名称中加上"…语句"将元素进行分类的术语。在 Python 中，对语句就需要使用换行和进行缩进的块。另外，向变量代入也是语句的一种。

表达式是 Expression 的译文，正如字面意思，是将以使用算术运算符、比较运算符的计算表达式、比较表达式为首的元素，归为一类的术语。另外，字符串或数值的字面量、变量本身、函数调用等也是表达式的一部分。和语句不同，表达式不使用换行，不管有几个都可以按顺序并排书写。

使用函数式样式可以将需要像循环、条件分支、定义函数等语句的处理，替换成不伴有换行的表达式。因此，可以使用简洁的代码，无需换行进行记述。

5.1.2　Lambda 表达式

在 4.4.1 小节中讲解了使用列表类型的 sort()方法自定义排列顺序的方法。进行排序时，为了决定元素的顺序，定义了使用数值评价元素的函数。在这里使用在 Python 的函数式程序设计中所使用的 Lambda 表达式，就可以不定义函数，直接进行排列顺序的自定义。

使用 Lambda 表达式可以定义一次性函数。由"表达式"这个词语可知，使用表达式可以定义函数。因为使用 Lambda 表达式定义的函数是没有函数名称的，所以它也称为匿名函数。

使用 Lambda 表达式定义函数的语法如下，冒号之后的表达式是函数的返回值。

句法：lambda 表达式的格式

```
lambda 参数的列表:使用了参数的表达式(返回值)
```

在 4.4.2 小节的示例代码中，为了用数值评价坦克的性能，定义了 evaluate_tankdate()函数。给该函数传递一个想要排序的元素，就会返回数值。现在使用 Lambda 表达式来定义一下这个部分吧！示例代码如下：

使用 Lambda 表达式进行排顺序

```
tank_data = [("IV 号坦克",38, 80,75),("LT-38",42,50,37),
             ("八九式中坦克",20,17,57),("Ⅲ号突击炮",40,50,75),
             ("M3 中坦克",39,51,75)]

# def evaluate_tankdata(tup):
# return tup[1] + tup[2] + tup[3]

tank_data.sort(key = lambda tup: sum(tup[1:4]),reverse = True)
tank_data
```

[('IV 号坦克',38, 80,75),('Ⅲ号突击炮',40,50,75),('M3 中坦克',39,51,75),('LT-38',42,50,37),('八九式中坦克',20,17,57)]

“lambda tup: sum(tup[1:4])”是与被添加注释(comment out)的函数进行了同样处理的 Lambda 表达式部分,在函数中指定索引,然后加上元组的元素。但是,如果在 Lambda 内部使用 sum()和切片,则可以改写得更简短。其中,Lambda 表达式部分作为 sort()方法的 key 参数被传递的。因为 Lambda 是表达式,所以可以嵌入在调用函数的内部,作为参数传递。

另外,像与列表类型的 reverse()方法相对应的 reversed()函数一样,sort()方法也有对应的函数 sorted()。上述代码中 sort()方法的部分可以改写如下:

根据 sorted()函数进行替换

```
r = sorted(tank_data, key = lambda tup: sum(tup[1:4]), reverse = True)
r
```

[('IV 号坦克',38, 80,75),('Ⅲ号突击炮',40,50,75),('M3 中坦克',39,51,75),('LT-38',42,50,37),('八九式中坦克',20,17,57)]

sorted()函数是将序列作为参数,返回排序结果的函数。不仅可以将列表传递给参数,还可以将字符串等其他序列类型传递给参数,然后再进行排序。

5.2 解析式

在 Python 的程序中,有时为了处理像列表、字符串这样的序列需要创建循环。如同 5.1 节讲解的那样,因为在 Python 中,组成循环的 for、while 是语句,所以伴随着缩进的块。当使用循环进行复杂处理时,确认块的范围非常方便,但如果只进行简单的处理,代码就容易变得冗长。

Python 的解析式(comprehension)是在使用 for 语句等进行处理期间,可以巧妙地书写比较简洁的处理的文法。解析式是从英语 comprehesion 替换过来的词语。解析式不是语句,而是表达式,也正因为是表达式,所以可以不使用换行,简洁地书写代码。

Python 3 中有 3 种解析式,分别为列表解析式、字典解析式和 set 解析式,下面将逐一介绍。

5.2.1　列表解析式

使用列表解析式改写 2.5 节中讲解的语句时求身高方差的代码，如下：

列表解析式的例子

```
monk_fish_team = [158, 157, 163, 157, 145]

total = sum(monk_fish_team)                 # 列表的合计
length = len(monk_fish_team)                # 列表的元素数量(长度)
mean = total/length                         # 求平均值

# for height in monk_fish_team:
#     variance = variance + (height - mean) * * 2
#
# variance = variance/length
variance = sum([(height - mean) * * 2 for height in monk_fish_team])/length
variance
```

```
35.2
```

添加注释(comment out)的部分使用的是原代码中的 for 语句求方差的情况，下面的部分是将相同的处理使用列表解析式改写的代码。被 sum()小括号中的方括号所包围的部分，是执行列表解析式的部分。利用列表解析式，制作了一个从列表中逐一取出数值，然后减去平均值再做平方的列表。通过使用 sum()计算数值的总数，执行了与在 for 语句中相同的处理。

因为列表解析式是表达式，所以可以作为函数参数进行传递。将 sum()函数的返回值(身高减去平均值，平方后加上方差)除以元素数量编写为一个表达式，就使得原需要 3 行的代码只用 1 行就可以了。

因此，利用列表解析式可以简洁地写出比较冗长的 Python 代码；另外，它与使用 for 语句制作的循环相比，执行的速度更快。

5.2.2　列表解析式的详细介绍

列表解析式是操作列表等序列的元素创造出新序列的表记方法(见图 5.1)。将定义列表字面量的方括号([])和 for、in 等到目前为止见过的关键字进行组合，然后使用。符号、关键字的排列顺序与已经学过的知识相同，很容易记忆。

句法：列表解析式的书写方法

```
[ 表达式 for 循环函数 in 序列 ]
```

在列表解析式中，一边将序列的元素逐一代入循环变量中，一边计算左侧的表达式。计算表达式的结果是列表解析式作为返回列表的元素。

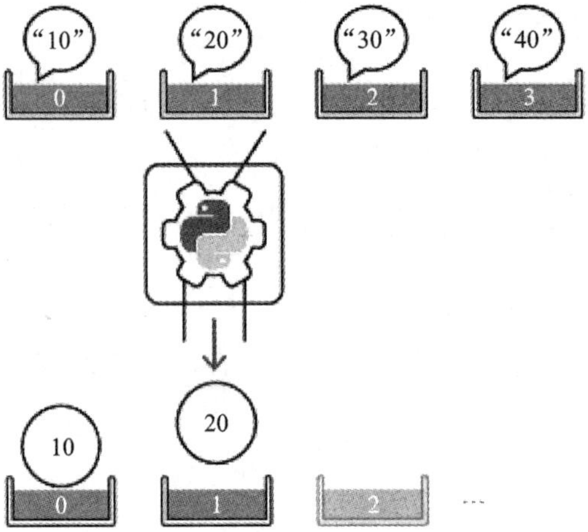

图 5.1　列表解析式是用序列制作列表

在刚刚计算方差的例子中,相当于表达式的部分是"(height-mean) * * 2"。因为 height 是循环变量,所以计算表达式的结果,即从循环变量减去平均值的值作为列表的元素被添加。

为了进行确认,试着在上述代码的单元下面仅输入列表解析式部分,列表解析式返回的列表将显示如下内容,请确认。

列表解析式返回的列表

```
[(h - mean) * * 2 for h in monk_fish_team]
```

```
[4.0, 1.0, 49.0, 1.0, 121.0]
```

再看一个使用列表解析式的例子。在 4.3.2 小节中的示例代码中,将与用空白字符串隔开的数值相当的字符串转换成了数值。这里也制作了使用 for 语句的循环,如果使用列表解析式,那么向数值转换的部分用一行即可。在这个例子中将使用 split()方法进行的分割字符串,以及使用 int()进行的向数值转换的处理都可以使用列表解析式代替,以达到简化代码的效果。

使用列表解析式改写的代码

```
str_speeds = "38 42 20 40 39 "
speeds = [int(s) for s in str_speeds.split()]
speeds
```

```
[38, 42, 20, 40, 39]
```

5.2.3　在列表解析式中使用 if

在列表解析式的序列右侧,可以放置使用 if 的条件表达式。如果编写 if,只有在条件为 True(真)时才会评价开头的表达式,然后将其作为列表元素进行添加。

句法:包含 if 的列表解析式的书写方法

```
[表达式 for 循环变量 in 序列 if 条件表达式]
```

将用空白隔开的字符串转换为数值的列表时,如果在字符串中混入了数字和空白以外的字符串,就会出现错误;如果包含多余的字符串,则为了跳过那一部分,会考虑改写代码。

为了查看字符串是否仅由数字构成,可以使用字符串类型的方法 isdigit()。这个方法是当字符串中的所有字符都为数字,且为一个字符以上时,返回 True,否则返回 False。使用该方法是为了在转换之前进行字符串的检查,试着改写一下列表解析式的部分吧!示例代码如下:

排除数字以外的字符串制作列表的例子

```
str_speeds = "38 42 20 40 a1 39"
speeds = [int(s) for s in str_speeds.split() if s.isdigit()]
speeds
```

```
[38, 42, 20, 40, 39]
```

由上述代码可知,第 5 个元素中混入了字母,仅将其他元素转换为数值。如果没有 if,那么这个字符串会被传递到函数 int()中,就会出现错误。

5.2.4　字典解析式

在 Python 3 中,有一个与列表解析式相似的叫作字典解析式的功能,其语法与列表解析式非常相似。在列表解析式中使用的是方括号,而在字典解析式中使用的是大括号({})。另外,在 for 的左侧有像“a:b”这样带有冒号的两个元素。字典解析式使用的是与字典的字面量非常相似的表记方法,很好记。具体如下:

句法:字典解析式的表记方法

```
{键:值 for 循环变量 in 序列(if 条件表达式)}
```

下面是一个字典解析式的简单例子,从时区和时差的字典中制作将值和键颠倒了的另一个字典。

使用字典解析式

```
tz = {"GMT":"+000","BST":"+100",
      "EET":"+200","JST":"+900"}          # 制作时区的字典
                                          # 制作将时区和时差颠倒的字典
revtz = {off:zone for zone, off in tz.items()}
revtz
```

```
{'+000': 'GMT', '+100': 'BST', '+200': 'EET', '+900': 'JST'}
```

在 for 之前,可以看见“off:zone”,该部分是字典的键和值配对(元素)的内容;在

for 之后,使用了字典的 items()方法取出键和值,然后代入循环变量。因为循环变量的顺序颠倒了,因此生成了键和值互换的字典。

像这样,使用字典解析式,可以简洁地书写由序列制作字典的代码。与列表解析式相同,如果添加 if,则使用简单的条件就可以生成字典。

5.2.5 set 解析式

从 Python3 开始添加的另一个解析式是制作 set 类型对象的解析式,也就是 set 解析式。其语法和字典解析式非常相似。使用定义 set 类型字面量时用的是大括号,for 左侧的元素不用冒号隔开。

句法:set 解析式的表记方法

```
{表达式 for 循环变量 in 序列 (if 条件表达式)}
```

试着执行一个简单的示例代码吧,一边将字符串转换为小写字母,一边转换为 set 类型,删除重复的元素。

使用 set 解析式

```
names = ["BOB","burton","dave","bob"]  # 定义名称的列表
unames = {x.lower() for x in names}     # 将名称改为小写字母,然后删除重复元素
unames
```

```
{'bob', 'burton', 'dave'}
```

像这样,如果使用 set 解析式,则可以简洁地编写这样一边加工序列元素一边制作 set 类型对象的代码。

5.3 使用迭代

处理按顺序排列的数据,也就是序列时,在程序设计中有几种典型的技巧。说到"按顺序排列的数据",阅读本书的读者最先想到的应是列表或者元组。在列表、元组中,使用给排列的数据分配序号(索引),然后通过添加序号访问元素这样的技巧。

在程序设计的世界中,还有其他处理序列时使用的技巧,那就是本节将要介绍的迭代。

5.3.1 什么是迭代

在 Python 的程序中处理序列时,基本上使用 for 语句制作循环,或是使用解析式这样的功能。在循环中,会进行将序列从开头按顺序取出的处理,也就是在程序中比起使用索引无顺序抽出元素的处理,更多情况下是进行抽出下一个元素这样的处理。

另外，因为不断地取出下一个元素，序列的处理不会终止，所以有必要进行通知元素是否结束的处理。所谓迭代，就是指像这样一边进行“取出下一个”“结束了的话就通知”的反馈，一边进行处理，如图 5.2 所示。

图 5.2　迭代是按照“取出下一个”“结束了的话就通知”的步骤处理序列的

Python 中，在使用 for 语句等的循环中使用迭代，内置类型、标准库等所有地方都可以运用迭代结构。例如，使用循环，从文件逐行读取并进行处理时，文件对象将作为迭代进行工作。另外，网络处理、数据库处理等也可以使用迭代。

在 Python 中，使用称为迭代对象的特殊对象来实现迭代的结构，即一边对迭代对象进行请求下一个元素的反馈，一边处理序列。但是，实际上，即使编写 Python 的程序，可能也不太会有意识地关注迭代工作的结构。在使用 for 语句的循环中，Python 会自动判断是否可以使用迭代，如果可以，就会在内部使用迭代。

5.3.2　迭代和延迟评价

在 Python 中之所以使用迭代，是因为它有很多优点，例如，结构很简单，只要是按顺序排列的结构的数据，几乎都可以用迭代进行处理；再如，只需在必要时准备数据即可。为了更通俗地讲解这个优点，请设想一下使用 Python 处理文件的场景。例如，用 Python 制作阅读文本文件概要的程序，仅读取程序最初的 5 行然后显示，就可以知道这是一个什么样的文件了。

那么，如何仅显示开头的 5 行呢？首先想到的办法是，将文件全部读取然后分割成行，再仅取出最初的 5 行。以已经存在的 some.txt 文本文件为前提，简单地制作一个程序吧！示例代码如下：

使用 read()方法读取全部文件

```
f = open('some.txt')              # 制作文件对象
body = f.read()                   # 读取全部文件
lines = body.split('¥n')          # 使用换行分割文件
print('¥n'.join(lines[:5]))       # 显示最初的 5 行
```

但是，当使用这个方法处理行数很多的文件时，例如有 10 万行的文本文件，如果一直到读取结束，则既要花费时间，又会消耗很多内存。

对于仅读取开头的 5 行，在 Python 的文件对象中有一个名为 readline()的方法，使用该方法可以实现从文件中只读取 1 行的操作。如果使用这个方法读取 5 行，那么即使是大文件也可以高效地进行处理。示例代码如下：

使用 readline()方法逐行读取

```
f = open('some.txt')                    # 制作文件对象
lines = ''                              # 初始化显示的字符串
for i in range(5):                      # 读取最初的 5 行
    lines += f.readline()
print(lines)                            # 显示最初的 5 行
```

虽然程序变得比较有效率,但是对于程序员,一边考虑各种元素一边编写代码则有些麻烦。如果知道在 Python 中,如果文件对象是可迭代对象,则同样内容的代码就可以像下述代码一样简洁地写出来了。

使用迭代

```
for c, l in enumerate(open('some.txt')):
    print(l, end='')                    # 显示行
    if c == 4:                          # 显示 5 行后循环就结束
        break
```

在 4.11.2 小节中讲解了如果将文件对象加入 for 语句就可以逐行读取并处理循环的内容。此时,Python 在内部将文件对象作为迭代进行处理。如果将文件对象作为迭代进行处理,则每次循环时就会有从文件逐行读取的动作。

在上面的示例代码中,将 open()返回的迭代又用 enumerate()函数接收了。在 4.8.2 小节中讲解了 enumerate()是将序列作为参数调用的,实际上也可以将迭代作为参数传递。当 enumerate()传递迭代时,将与元素索引相当的数量与从迭代按顺序取出的元素组对,然后返回。根据这个,也就可以简短地记述计算循环次数的处理了。

必要时所准备的数据叫作延迟评价。上述代码直接表现出了延迟评价的优点。通过简单地处理有顺序的数据,编写简洁代码的同时,执行的效率也可以提高。延迟评价是函数式程序所拥有的一个特征,也就是说,Python 在这里也巧妙地摄取了函数式程序的精华。

当然,延迟评价并非万能药。例如,迭代自身不能计算元素数量。例如,为了计算文件的行数,需要读取文件到最后。另外,寻找最大值、最小值,以及进行排序时,都需要把握序列的所有元素。在进行这种类型的处理时,迭代的结构就没有多大帮助了。

在处理庞大数据以及需要花长时间进行抽出的数据时就能感觉到迭代的延迟评价的作用了。使用迭代对内存大的文件进行处理,也会提高处理效率。而且,迭代也可以在对网络数据进行访问,或是抽出数据库中的数据等情况时使用。

Python 的迭代安装

在 Python 中处理迭代时,使用的对象称为迭代对象。作为 for 语句的序列添加

内置类型时，虽然 Python 是自动进行转换的，但也可以手动进行转换。将列表等的序列转换成迭代对象，需要使用内置函数 iter()。为了从迭代对象得到下一个元素，需要使用内置函数 next()。

iter()和 next()函数的例子

```
i = iter([1, 2])                    # 列表向迭代对象转换
next(i)
```

```
1
```

由上述代码可知，向迭代对象转换的最初的列表中包含两个数值，调用两次 next()后，就没有抽出的元素了。如果此时再调用 next()，则会怎么样呢？参见如下代码：

没有抽出元素的情况

```
next(i)
next(i)
```

```
---------------------------------------------------------------
StopIteration                        Traceback (most recent call last)
<ipython-input-99-0c09fca4433d> in <module>()
        1 next(i)
----> 2 next(i)

StopIteration:
```

由上述代码可知，会返回名为 Stoplteration 的错误。Stoplteration 是由第 10 章介绍的被称为异常的结构。在 Python 中，通过引发异常来反馈迭代对象的元素没有了。

在 Python 中，通过这样的结构安装迭代。实际上，与迭代直接进行对话，取出元素这样的操作，在程序设计中可能不太有。

5.4　使用生成器

如果用一句话来概括 Python 的生成器，就是为了简单地定义迭代的结构。通过使用 yield 语句代替 return 语句来定义将返回值返回的函数，从而可以定义迭代。

有时会将 Python 的迭代这样的结构叫作外部迭代，生成器这样结构的称为内部迭代。那么借用前面的说法，可以说生成器是使用函数定义内部迭代的结构。

作为生成器工作的函数叫作生成器函数。如果调用生成器函数，则返回迭代对象。实际上，生成器函数是添加到 for 语句等中进行使用的。

5.4.1 定义生成器函数

定义生成器函数,看一下生成器的使用方法吧!试着定义一个制作质数的生成器函数。虽然其看上去像是普通的函数,但是在该函数中可以看名为 yield 的关键字。示例代码如下:

返回质数的生成器函数的定义

```
def get_primes(x = 2):
    while True:
        for i in range(2, x):
            if x % i == 0:                          # 找到能除尽的数
                break
        else:
            yield x                                 # 发现质数则返回 yield
        x += 1                                      # 增加数值
```

然后,使用该生成器函数显示 10 个质数,示例代码如下:

生成器函数的执行

```
i = get_primes()                # 从生成器函数取得迭代
for c in range(10):             # 显示 10 个质数
    print(next(i))
```

```
2
3
5
(以下,显示到第 10 个质数为止)
```

生成器函数的执行方式与普通函数的执行方式不同;在调用函数的部分中,函数块的代码没有被执行,而只是返回了迭代;在 for 块中使用了 next(),从迭代对象中取出下一个值,这时,迭代函数的块第一次被执行。

在函数块中,如果遇到 yield 那行,则程序控制就会从生成器函数中脱离出来,而能让其他具有相同优先级的等待线程获取执行权。另外,使用 yield 语句跳脱到函数外部之后,函数内部的本地变量还是照原样保存。接下来使用 next()向函数内部移动执行的程序,就可以接着处理之前的状态了。

在生成器函数内的 while 循环中添加 True 可以看出,如果使用这个生成器函数,则可以制作无限寻找质数的迭代。这样的迭代也称为无限列表。另外,使用生成器还有一点很方便的就是,可以简单地制作使用了延迟评价的无限列表。

5.4.2 生成器表达式

在 Python 中,可以使用像列表解析式这样的表记方法,轻松地定义生成器。还可以使用生成器表达式定义生成器。在列表解析式中使用方括号包围表达式，在生成器表达式中使用小括号包围表达式。

句法：生成器表达式的表记方法

```
(表达式 for 循环变量 in 序列(if 条件表达式))
```

生成器表达式看上去与列表解析式非常相似，但列表解析式返回列表，所有的元素都是确定的，示例代码如下：

列表解析式的例子

```
[x**2 for x in range(1, 10)]    从 1 到 9 的平方列表
[1, 4, 9, 16, 25, 36, 49, 64, 81]
```

而生成器表达式返回的是迭代，在刚刚执行了生成器表达式之后，所有的元素都是不确定的。对迭代执行请求下一个元素的处理之后，才开始确定元素。也就是说，进行了延迟评价。实际上，生成器表达式添加到 for 语句的使用方法有很多，所以一般不使用 next()取出值。在这里主要是作为一个实验，将生成器表达式返回的迭代对象传递给 next()函数，然后看一下会发生什么。示例代码如下：

生成器表达式的例子

```
i = (x**2 for x in range(1, 10))
print(next(i))
print(next(i))
print(next(i))
1
4
9
```

使用生成器表达式，可以比使用生成器函数更容易定义迭代。当执行没有必要进行特意定义函数的简单处理时，使用生成器表达式会很方便。

5.5　高阶函数和装饰器

作为函数式程序设计的结束部分，本节将要讲解关于高阶函数的问题。或许本节内容对读者来说有些复杂、枯燥乏味，但是，如果努力学习，则还是可以有不小的收获的。

在进行列表类型排序的 sort()方法中，作为参数，通过传递函数可以自定义排列顺序。此时，将函数的名称传递给了关键字参数 key。为什么可以这么做呢？详细的内容将在 9.2 节中讲解，在这里请先掌握函数也可以像变量一样处理这一点。

5.5.1　高阶函数

如果将函数像变量一样处理，则可以将函数传递给函数。所谓高阶函数，就是像

这样传递函数进行处理的函数,或者指作为返回值返回函数的函数。只看这样的文字叙述可能很难理解其中的含义,那么,试着编写一段代码吧！示例代码如下：

接收函数定义执行的函数

```
def execute(func, arg):
    return func(arg)                # 执行作为参数接收的函数


print(execute(int,"100"))
```

```
100
```

函数 execute(),将其他函数与向其传递的参数作为参数,这就是简单的高阶函数。在函数内部,接收的函数在 func 参数内,像调用函数一样调用这个参数,然后返回结果。实际上,如果将 int()函数作为参数,试着调用 execute()函数,则返回的结果与调用 int(100)的相同。

上述代码看上去像是没有什么含义的代码一样,但仔细观察就会发现,根据定义函数 execute(),可以将“只取一个参数的函数调用”进行抽象化。

接下来看一下作为返回值返回函数的函数吧！示例代码如下：

定义接收、执行函数的函数

```
def logger(func):
    def inner( * args):
        print("参数:",args)           # 显示参数列表
        return func( * args)          # 调用函数
    return inner
```

函数 logger()有一个有趣的地方,就是在函数内部定义了函数(inner)。如果在函数内部定义了函数,那么该函数就会作为本地变量来处理。在 logger()函数的最后,将 inner()函数像变量那样处理,作为返回值返回。也就是说,logger()函数是接收函数,然后再返回函数的函数。

再定义一个简单的函数吧,即接收两个参数,返回相加之后的结果的函数。试着调用定义的函数,然后确认是否返回了正确的结果。示例代码如下：

定义将两个值相加的函数

```
def accumulate(a, b):
    return a + b


print(accumulate(1,2))                # 调用函数
```

```
3
```

然后,将这里定义的 accumulate()函数传递给 logger()函数,试着制作一个新的 newfunc 函数。接着,若将 newfunc 像 accumulate()一样调用,则会发生什么呢？示

例代码如下：

使用 logger 转换 accumulate

```
newfunc = logger(accumulate)
print(newfunc(1,2))
```

```
参数：(1, 2)
3
```

不仅是返回值，而且给予函数的参数也被显示出来了。这是因为执行了在 logger()函数内部定义的名为 inner()的函数。logger()返回的是 inner()函数。因为将 inner()函数代入了 newfunc，所以只要将 newfunc 作为函数执行，inner()函数就会被执行。关于这一点，仔细想一下也是可以理解的。在 inner()函数中，将参数作为列表接收，然后通过使用 print()函数显示参数列表，同时给予函数的参数也可以被显示出来了。

像这样使用高阶函数，可以给函数添加一点便利的功能。

5.5.2 装饰器

在 5.5.1 小节中的例子中，将函数像变量一样处理，使用了高阶函数。在 Python 中，有可以更巧妙地记述使用高阶函数的方法，那就是装饰器(decorator)。

例如，在 5.5.1 小节中由 logger()和 accumulate()组成的代码中，如果使用装饰器，则可以在函数定义的前面，紧接着@符号书写高阶函数，而无需使用代入变量中这样的方法来使用高阶函数，非常方便。示例代码如下：

由装饰器指定的例子

```
@logger
def accumulate(a, b):
    return a + b
```

使用装饰器试着执行一下适用于高阶函数的 accumulate()函数吧！与 5.5.1 节中的例子一样，参数的列表作为 log 被输出。示例代码如下：

accumulate()函数的执行

```
print(accumulate(1, 2))
```

```
参数：(1, 2)
3
```

在 Python 的标准库中，有好几个可以与装饰器进行组合使用的高阶函数，这里将介绍 functools 模块的 lru_cache()函数。如果使用 lru_cache()函数，则可以与参数相关联，然后缓存函数的结果。也就是说，使用相同的参数调用函数时，在第二次之后，不会再进行函数的调用，而是直接返回保存的返回值。

现在使用回归方法来计算斐波那契数。在 fib()函数中调用相同的函数，如果作为参数被传递的数值大,则在已经调用的那部分会再一次调用 fib()函数。将 lru_cache()函数转换成装饰器,然后灵活地使用缓存,则会使该处理变得更高效一些。示例代码如下:

将 lru_cache()函数用于装饰器

```
from functools import lru_cache
@lru_cache(maxsize = None)
def fib(n):
    if n < 2:
        return n
    return fib(n - 1) + fib(n - 2)
```

试着显示 16 个斐波那契数。因为缓存有效果,所以处理瞬间就结束了。示例代码如下:

显示斐波那契数

```
[fib(n) for n in range(16)]
[0, 1, 1, 2, 3, 5, 8, 13, 21...]
```

在 Jupyter Notebook 中,如果在%%time 这个万能指令的后面编写代码,则可以显示执行所花的时间。如果比较一下使用缓存和没有使用缓存的情况,则可知它们之间有数十倍的速度差异。

像这样,将装饰器和高阶函数相组合,则不需要对原先的函数进行加工,就可以添加功能,也可以变更函数的执行。可以做这样的事情也是函数式程序设计有趣的地方。

第 6 章

类与面向对象开发

本章将讲解有关 Python 的面向对象功能，通过更加详细地讲解对象、类的使用方法及制作方法，可以使读者更深刻地理解 Python 的面向对象功能。

6.1 在 Python 中使用类

第 4 章讲解了对象是将数据和命令（方法）汇集为一体的事物，并以 Python 的内置类型为例，对对象进行了解说。对象的示意图如图 6.1 所示。

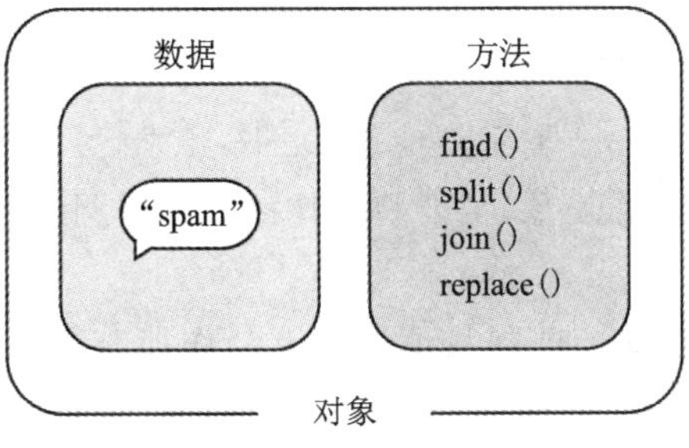

图 6.1 对象的示意图

对象，也就是在程序中使用的类似零件一样的东西。将现成的零件组合然后制作程序，是面向对象开发的特征。在这里，想重新就什么是对象进行总结。

6.1.1 对象和类

在对象中有像数值、字符串、列表这样的数据，还有可以对数据执行各种处理的方法。对象不仅仅是单纯的数据，它知道自己该如何运行。对象是根据数据的性质进行分类的，对于拥有相似性质的对象，可以使用相同的方法。

到目前为止,本书都是以内置类型为中心,来了解 Python 的面向对象功能的,而在以 Python 为首的面向对象程序设计语言中,不仅使用了像内置类型这样的现成的对象,而且还使用了根据需要制作的、很多种类的对象来制作程序。此时,使用的是类。

所谓类,简单的说就是对象的设计图。对象拥有怎样的性质,进行怎样的行动这些事编写到代码中,然后总结成类这个形式,就可以在程序中使用更加便利的对象了。

在 Python 的标准库中,拥有很多程序中可以使用的很方便的类。当然,如果需要,还可以制作单独的类。本章的目的就是希望大家可以知道类的制作方法。

在学习类的制作方法以前,首先使用标准库中附属的类,从而了解类到底是什么。

6.1.2 由类制作对象(实例)

为了处理十进制浮点数,在 Python 内置的类中有 Decimal 类。这个类是为了避免 Python 的数值运算中可能会出现的误差而使用的。因为 Python 的数值类型(float 类型)是使用二进制进行运算的,所以可能会出现非常小的误差。例如计算"0.1 * 3"时,结果不是"0.3",而是"0.30000000000000004"。如果使用 Decimal 类,就不会出现这样的误差。

为了使用 Decimal 类,先要输入以下命令:

使用 Decimal 类的准备

```
from decimal import Decimal
```

这样就可以使用 Decimal 类了。使用 Decimal 类,可以制作将十进制的数值作为数据的对象了。由类制作对象,需要将类像函数一样调用。根据想要制作的类,调用类时需要给予参数。

Decimal 类是为了管理十进制数值的类。制作拥有具体数据的对象,需要传递数值。试着使用 Jupyter Notebook 由 Decimal 类制作对象,然后确认对象的内容。请紧接上述代码输入以下代码:

使用 Decimal 类

```
d = Decimal(10)            # 制作 Decimal 类的实例
print(d)
```

```
10
```

为了能够区别,将由类制作的对象,称为实例(instance)。因为实例既拥有数据,也拥有方法,所以是对象的一种。在以上代码中,也可以把变量 d 中的内容称为 Decimal 类的对象,但是为了区别,这里称为 Decimal 类的实例吧!

6.1.3　使用实例

Decimal 类的实例在程序中可以像内置类型的数值类型一样使用，例如，与数值一样，可以对使用 Decimal 类的实例进行四则运算。

使用了实例的运算

```
print(d + 20)              # 给 Decimal 类的实例加上数值 20
30
```

在计算包含小数点以下的 float 类型的数值和 Decimal 类的实例时需要稍微注意一下。为了保证准确度，在运算时需要使用 Decimal 类的实例。另外，在制作包含小数点以下的 Decimal 类的实例时，要将参数的数值作为字符串给予。这是因为，如果参数是 float 类型则会产生误差。例如，float 类型的 0.1 乘以 3 应等于 0.3，这里会出现很小的误差，因为将“0.1 * 3”与“0.3”进行比较，返回的结果为 False。如果使用 Decimal 类的实例，就可以不出现误差，并可以进行正确的比较。

使用 Decimal 类型的比较

```
0.1 * 3 == 0.3             # 0.1 和 3 相乘然后与 0.3 进行比较
False
```

```
Decimal('0.1') * 3 == Decimal('0.3')
True
```

在不允许出现 float 类型产生的细小的误差的情况下，使用 Decimal 类是非常重要的。另外，因为包含了使用运算符的四则运算，可以和数值类型一样使用，所以为了使用 Decimal 类，需要新记忆的事情也比较少。只是需要注意与内置类型的数值类型的功能、作用不相同的地方，在这些地方需要特别的使用方法。

Decimal 类的实例也拥有方法，例如，使用 sqrt() 方法可以计算平方根，示例代码如下：

计算平方根

```
print(d.sqrt())              # 对实例 d 使用方法 sqrt()
3.162277660168379331998893544
```

在 Python 中，有很多像 Decimal 类这样的在特殊用途上使用的类。

6.1.4　对象和实例

在 6.1.3 小节中已经简单地介绍了一下无误差地处理 Decimal 这个十进制数值的类，以及由 Decimal 类制作的实例的使用方法。由此可以发现，类的实例和内置类型的对象有着非常相似的结构（见图 6.2），两者都有数据，而且为了对数据进行操作都有相应的方法。

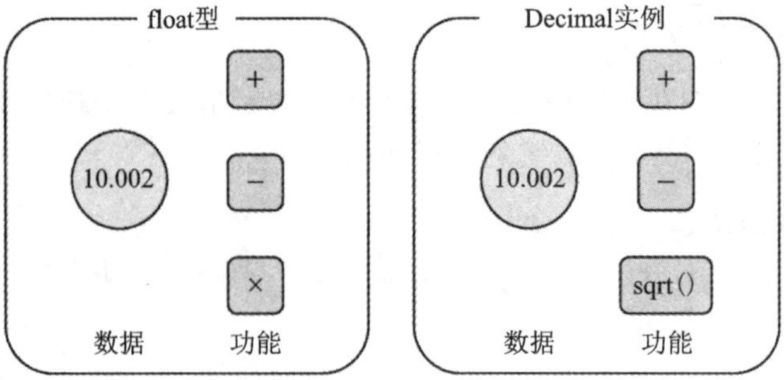

图 6.2 内置类型的对象和实例的构造相似

在内置类型中,根据数据的性质,有数值类型、字符串类型等的“类型”。类里面,类的名称(类名)相当于前面的类型,可以说,类的名称决定了实例的性质。另外,在内置类型中,根据类型的不同,对对象可以执行的操作或方法的种类也各不相同。如果是实例,则根据实例类型的不同,其方法与处理的种类也会发生变化。

内置类型的类型、类可以当作是程序中所使用零件的“设计图”。以“设计图”为基础,为了组建程序制作的“零件”就是对象或者实例。

事先做好在程序中使用的零件设计图,然后根据需要制作零件,是使用面向对象开发的基础。设计图相当于类型,由设计图制作的零件相当于对象。

在本章是首次围绕类和实例进行讲解,类与字符串或列表这样的内置类型非常相似,实例和内置类型的对象相似。面向对象听上去是很难的概念,但其实思考方式上并没有特别难。

6.2 制作类

如果用一句话解释类,那就是,类是在程序中所使用对象的设计图。对象是在程序中使用的像螺丝、齿轮一样的零件,在对象中数据和命令是一个整体。对象不仅知道自己拥有怎样的数据,而且还知道执行怎样的命令比较好,以及知道自己自身做怎样的动作比较好。由叫作类的设计图制作的实例如图 6.3 所示。

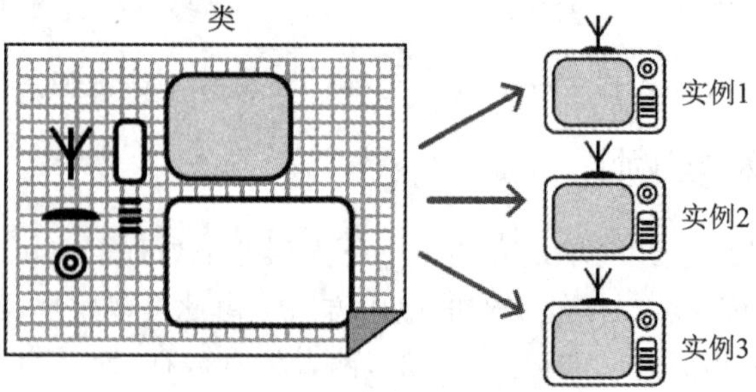

图 6.3 实例是由叫作类的设计图制作的

Python 拥有很多个类。在程序所执行的内容中，大部分的内容都是使用 Python 事先拥有的类，通过制作实例来解决的。但是，有一些稍微特殊的、想要都独自处理的情况，如果仅是使用 Python 拥有的类，则不能执行理想的处理。此时，就需要制作新的类，或者扩展已经存在的类。就像目前为止看到的那样，类是实例的设计图一样的东西。根据实例所拥有的数据的性质，以及对于实例所拥有的数据需要进行的处理，设计图会发生相应的变化。定义类就是根据实例所拥有的性质来制作类的设计图。所以，将制作类的设计图称为定义类。

Python 的对象拥有数据和方法。类的设计图中，会定义对象保存怎样的数据，以及拥有怎样的方法。数据使用多为属性(attribute)的、类似变量的内容，保存在对象中的。方法使用与 Python 的函数定义相同的表记方法进行定义。

这里将讲解有关使用 Python 制作“我的类”的方法。

6.2.1　定义类

定义类需要使用 class 语句。在 class 后面紧接着写类名称，定义类，如图 6.4 所示。

图 6.4　根据 class 语句定义类

Python 定义类的表记方法与定义函数的表记方法相似。使用 Jupyter Notebook，试着定义一个简单的类吧！

定义类时，需要加上类名称。这里，使用“MyClass”这个类名称。与定义函数或 if 语句相同，在 class 语句的右侧添加冒号(:)。定义类的主要部分书写在缩进块中。因为这次什么也没有定义，所以书写表示不进行任何处理的 pass 命令。

定义 MyClass 类

```
class MyClass:          # 类的定义
    pass                # 书写处理内容
```

这样，类 MyClass 就做好了。虽然没有任何定义，但也是一个出色的 Python 的类。

注意：如果没有特殊的理由，则类的名称需要像“MyClass”这样使用大写字母开头的英语单词。在 Python 中，函数名称使用小写字母进行表记是惯例。如果使用大写字母开头的规则制作类名称，则可以很容易地辨别函数和类。

6.2.2　实例的属性

使用刚才制作的 MyClass 类，试着制作实例吧！为了由类制作实例，所以要像函数一样调用类。将由 MyClass 制作的实例代入变量 i 中，示例代码如下：

制作 MyClass 的实例

```
i = MyClass()              # 将实例代入变量
```

MyClass 类中没有任何定义,就像空白设计图一样。如果由该类制作实例,则可以制作出作为 Python 的类的最简单实例。这个实例既没有任何数据,也没有方法。在 Python 的实例中有名为属性的、像变量一样的结构。想要让实例中含有数据,则使用这个属性。

在 Python 中,通过对象的代入定义变量,属性也是一样,通过代入进行定义。为了对属性代入,从实例用点号(.)隔开,然后书写属性名称,这有些类似于调用内置类型对象的方法。

那么,试着制作一个属性吧!为了确认代入是否正常进行,使用函数 print()显示属性。示例代码如下:

使用属性

```
i.value = 5               # 将数值代入名为 value 的属性中
i.value                   # 显示 value 属性的值
```

```
5
```

像这样,仅是向属性进行代入,就可以向实例添加很多属性(见图 6.5)。属性与变量具有相同的作用,就像变量中可以代入任何种类的对象一样,属性中也可以代入所有的对象。

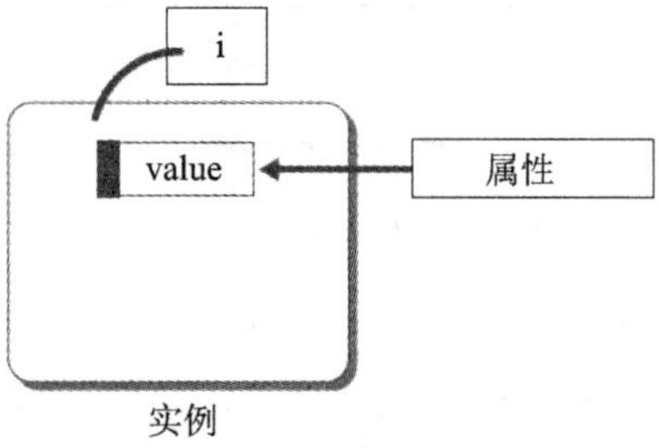

图 6.5 如果给实例的属性进行代入则可以定义属性

属性就像是可以拥有实例的变量一样,虽然可以自由地进行代入,但是如果想要查找没有定义的属性,就会出现错误。这和想要查找未定义的变量会出现错误是一样的。示例代码如下:

查找没有定义的属性

```
i.undefined
```

```
---------------------------------------------------------------
AttributeError                        Traceback(most recent call last)
<ipython-input-69-69ffab9d9f57>in<module>()
---->1 i.undefined


AttributeError: 'MyClass' object has no attribute 'undefined'
```

另外,属性只添加实际进行了代入的实例。假设由 MyClass 类制作一个叫作“i2”的实例。新做的实例是从名为 MyClass 这样一个没有任何定义的类的设计图中制作出来的，还没有代入到属性中。因此，在刚才进行属性代入的名为“i”的实例中，value 属性是不存在的。如果想要查找 i2 的 value 属性，就会出现错误。示例代码如下：

属性存在于每一个实例中

```
i2 = MyClass()             # 定义另一个实例
i2.value                   # 查看 value 属性
---------------------------------------------------------------------------
AttributeError                          Traceback (most recent call last)
<ipython-input-70-a60b2301d7e1> in <module>()
      1 i2 = MyClass()
----> 2 i2.value

AttributeError: 'MyClass' object has no attribute 'value'
```

就像这里看到的，属性是由一个个实例分别制作的，看上去就好像在每一个实例的内部都有一个小世界一样。

在 Python 的类设计中，通过让实例带有属性来添加数据。在属性中，保存着字符串类型与数值、列表这样的内置类型的对象，以及其他类的实例。

6.2.3　方法的定义与初始化方法“__init__()”

像这样，可以灵活地给实例添加属性是非常方便的，但是也会带来麻烦。因为实际上只有进行代入操作的实例才能添加属性，所以想要添加数据时，必须向实例的属性进行代入操作。

请想象一下从某个类制作 100 个实例的情况。为了让实例拥有数值数据，必须向属性进行 100 次的代入操作，这是非常麻烦的。

类是实例的设计图，如果将这个设计图设计为实例应该拥有的数据，在制作实例时事先进行带入，这样就不需要将属性代入到每一个实例中了。

在 Python 中，制作实例时可以定义自动调用的方法（初始化方法）。所有实例都通用且必要的属性，通过这个方法代入并定义。

对 Python 的类定义方法时，需要在定义类的块中书写 def 语句，如图 6.6 所示。虽然定义方法的风格与定义函数是一样的，但还是有一些不同点的。方法中一定是作为参数指定 self 的。

图 6.6　根据 def 语句定义方法

调用方法时，是实例本身传递到参数 self 中的。可能稍微有些难以理解，这里只要记住使用 self 可以操作实例自身即可。因为 self 是指实例自身，所以使用 self 代入属性就可以对实例定义属性了。

那么,与新的类一起试着定义初始化方法吧!初始化方法需要__init__()这个名称,该名称的方法在实例生成时自动执行。请注意方法的定义是位于类的块中的。另外,在初始化方法中,给实例(self)添加属性(value)并代入数值(0)。示例代码如下:

定义含有初始化方法的类

```
class MyClass2:
    def__init__(self):                    # 定义初始化方法
        self.value = 0                    # 在实例中添加属性
        print("This is __init__() method!")
```

使用定义好的类试着制作实例吧! __init__()方法内部含有print()函数。如果正确调用了初始化方法,则制作实例时,print()函数就会工作,然后显示信息。另外,在实例中,属性value应事先已经做好了。示例代码如下:

使用MyClass2类

```
i3 = MyClass2()制作实例
This is __init__() method!

i3.value       # 显示实例的属性
0
```

设计类的时,需要考虑让实例拥有怎样的数据。在实例中,使用属性可以保存数据。定义Python的类时,使用初始化方法事先制作实例所需要的属性。

在初始化方法__init__()中,除self以外还可以设定其他参数。如果在self以外设定参数,则在制作实例时,如“SomeClass(1,2,'foo')”,可以指定添加的参数。如果像这样设定添加的参数,则在初始化实例时传递参数,可以控制实例的数据内容。

注意:如果对Java、C++这样的面向对象语言比较了解,那么也应了解在定义类时,可以定义实例拥有怎样的数据(member)。在Python中没有这样的功能。因为在Python中定义member时,需要在实例的属性中进行代入。

如果使用元类的功能,则可以像Java、C++那样在定义类时就设定member。由于元类的功能属于比较高级的功能,所以本书不做深入讲解。

6.2.4 方法与第一参数“self”

类的方法在__init__()以外也可以自由定义。如果定义类,则与和__init__()一样,一定要将self传递给第一参数。现在一边制作类,一边详细地了解一下有关方法的定义吧!

思考如何将柱子形状的立体“四棱柱”,使用Python的类以数学的形式展现出来。表现四棱柱需要“长(width)”“高(height)”“宽(depth)”这3种数据。像这样,想要轻松地处理拥有多个数据的对象时，定义类就会很方便。

在制作类之前，首先需要思考一下展现四棱柱的类应该是怎样的，也就是说，需要思考如何绘制类的设计图。

首先，思考有关类应该拥有的数据。类的实例拥有"长""高""宽"3 种数据。制作实例时，如果已经收集了这 3 个数据就会比较方便。制作实例时，也就是在调用初始化方法时传递这 3 个数值。将传递给初始化方法的数值作为实例的属性保存起来就好了。

现在试着定义类和初始化方法。在初始化方法中，设定为可以定义包含 self 在内的 4 个参数。制作实例时，传递四棱柱的 3 类数值，并保存在属性中。类的名称要以大写字母开始，这里用四棱柱的英语单词"Prism"命名。然后，将这个类做成"p=Prism(10,10,10)"进行调用。示例代码如下：

定义 Prism 类①

```
class Prism:                                    # 定义初始化方法
    def __init__(self, width, height, depth):
        self.width = width
        self.height = height                    # 添加属性
        self.depth = depth
        继续定义类……
```

其次，思考有关类的动作，也就是制作程序时，需要对实例进行怎样的处理。

类拥有 3 个种类的长度数据，如果由这些数据可以简单地求得四棱柱的体积(高×长×宽)，那就很方便了。为了求体积，给类先定义方法吧！接着刚刚的定义类，在类的块中添加其他方法。与初始化方法一样，其他的方法也作为第一参数指定 self。如果调用这个方法，则实例就会被代入到参数 self 中。

现在，试着定义求体积的方法 content()吧！如果通过 self 指定实例的属性，就可以取出制作实例时所指定的长度数据。计算结果使用 return 语句由方法返回。示例代码如下：

定义 Prism 类②

```
                                                # 继续定义类
def content(self):
    return self.width * self.height * self.depth
```

注意：在定义 content()方法前，请不要忘记需要撤回一个缩进。如果"def"的位置没有与_init_()对齐，就算没有出现错误，也不能作为方法被识别。

试着使用一下显示四棱柱的类 Prism 吧！使用 Jupyter Notebook 定义完类后，试着由 Prism 类制作实例，然后，调用实例的方法计算体积。示例代码如下：

使用 Prism 类

```
p1 = Prism(10, 20, 30)
p1.content()                              # 求体积
```

```
6000
```

定义实例 p1,并将 p1 作为参数传递长度的数据。

在类的方法中,作为第一参数已经指定了 self。但是,请注意在方法的调用中,没有指定代入 self 的实例。从实例调用方法时,在参数 self 中,实例会被自动代入然后被调用。

注意:Python 方法的第一参数的名称一般习惯性地设置为“self”。因为 self 从语法上看仅仅是参数,如果使用 this 或者 me,那么虽然代码也会运行,但却容易混淆且可读性低,所以还是使用 self 吧!

制作实例时,如果指定别的数值,则实例所拥有的数据内容也会发生变化。因为和作为计算基础的数据不同,所以即使调用同样的方法,也会返回不同的结果。示例代码如下:

指定别的数值制作实例

```
p2 = Prism(50, 60, 70)                    # 改变参数
p2.content()                              # 使用改变后的参数求体积
```

```
210000
```

像这样,在 Python 的类的定义中,参数 self 肩负着非常重要的作用。在类定义中,想要对实例进行操作,就必须对参数 self 进行处理。

为了确认 self 和实例是相同的,再多写一些代码吧!

在初始化方法中,已经定义了“width”“height”“depth”这 3 个属性,其包含着四棱柱的高度、长度和宽度的数据。像 p1 或 p2 这样,想要从实例的变量中取出高度、长度这样的数值该怎么做呢?因为长度是实例的属性,所以指定属性就可以取出值。

试着在单元中记入属性然后显示内容,此时应显示出制作实例时所指定的值。示例代码如下:

从实例中取出属性

```
p1.height
```

```
20
```

```
p2.height
```

```
60
```

请确认这里出现的 p1.height 表达式与在函数中书写的 self.height 表达式是相同的。self 表示实例。然后,请改写实例的属性。与改写变量时一样,对属性进行代入。示例代码如下:

改写属性

```
p1.height = 50
p1.content()                                # 求体积
15000
```

改写完属性之后再次求体积，这次返回的是与上次 6 000 不一样的答案。

在函数中，使用参数 self 从实例中抽出值，然后实例使用独自带有的属性进行计算。因为实例 p1 的属性中所保存的高度(height)从“20”变为了“50”，于是结果也发生了变化。

像这样，在定义 Python 类的方法中，灵活使用参数 self 进行处理，也就是将实例带有的数据作为属性添加到 self 中，然后根据需要进行处理(见图 6.7)。在方法中，既可以使用属性进行数值计算这样的处理，也可以改写属性。

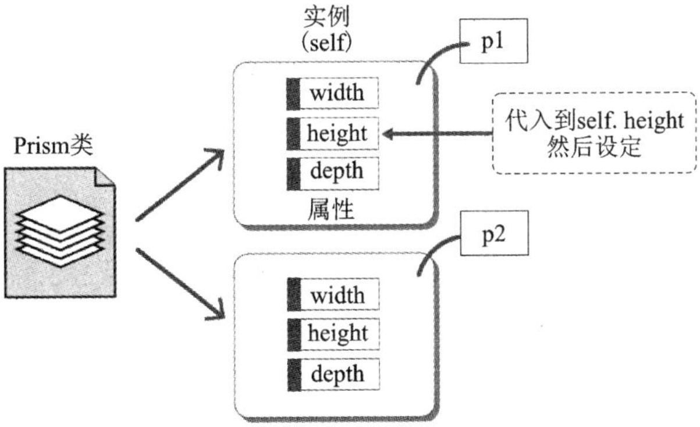

图 6.7　实例在方法中作为参数 self 被处理

使用参数 self，将数据添加进实例，使用方法定义方法的动作，这就是 Python 的类设计风格。

忘记 self 的定义的情况

定义方法时，如果忘记定义第一参数 self，那会怎样呢？方法中没有参数这件事本身，在 Python 的语法中是没有任何问题的，所以定义时不会出现错误，但在方法被调用时则会出现错误。例如，在定义不使用实例的方法时，如果忘记定义 self，就会出现以下错误。

```
Traceback (most recent call last):
File"<stdin>", line 1, in <module>
TypeError: noself() takes no arguments (1 given)
```

假设在调用方法时，Python 将实例默认作为第一参数传递，但是在方法那边却没有定义参数，此时就会出现错误。

6.2.5 属性的隐蔽性

在 Python 类中使用的属性都具有非常强大且灵活的功能。只要对属性像变量一样进行代入,就可以自由地添加属性了。在实例中有一个世界,在那里可以自由地定义变量。

在 Python 的变量中,可以代入各种类型的对象,属性也同样可以代入各种类型的对象。不仅仅是字符串,将列表或字典代入属性中,既可以让实例拥有这些属性,又可以代入到别的类的实例中。

在上述 Prism 类的例子中,在方法中使用第一参数 self 对属性进行访问。与使用参数 self 相同,即使使用实例自身,也可以对属性进行访问。

利用实例,试着从类的外部使用一下属性吧!不仅可以查看属性,而且还可以进行代入操作,制作新的属性。示例代码如下:

试着代入不同的类型

```
p = Prism(10, 20, 30)
p.width                    # 显示宽度
10

p.depth = "30"             # 给属性中代入的不是数值而是字符串
p.content()                # 计算体积
303030303030303030...(之后字符串"30"会继续出现)
```

将字符串代入属性 depth 中,想要计算体积却发生了意想不到的事情,"30"这个字符串显示了很多遍。这是由于其中一个属性改写成了字符串,在方法内部进行了数值和字符串的乘法运算而导致的。请回忆一下在 Python 中数值和字符串进行乘法运算,而字符串仅会重复数值次数的情况,其结果就是非常多的字符串"30"作为返回值返回。

像这样,Python 的属性可以从外部进行改写。通过实例可以自由地操作属性这一点看上去比较方便,但也会产生麻烦的事情。就像上述例子一样,就出现了意想不到的结果。还可能会出现定义在类中的方法不能正确运行或者会产生错误的情况;还可能会出现在类的内部使用的属性,从外部不能使用更好的情况。

另外,Python 定义在类中的方法全都可以从外部使用。但是,如果有的方法从外部使用,则会引发意想不到的后果。因此,将这样的方法设置为从外部不能使用会比较好。

将仅在类的内部使用的属性、方法隐藏,使其不可以从外部使用,这种情况面向对象的专业术语中称为封装。封装也是面向对象中重要的元素之一。

在 Python 中,使用两种手段使属性和方法不能从类的外部进行访问,如下:

(1) 在属性名称或方法名称的开头加上一个下画线(_)

在 Python 中有一个不成文的规则,就是"在名称前加了一个下画线(_)的属性或方法仅可以在类的内部使用”。使用类的功能的人，只要看见“_size”这样在名称前面加了一个下画线的方法，就可以知道该属性不能从外部进行改写。

(2) 在属性名称或方法名称的开头加上两个下画线(__)

想要更严格地限制向属性或方法进行访问，则需要在名称前面加两个下画线。例如，假设给类设定一个名为“__size”的属性，这样从类的外部使用“__size”这个名称就没办法访问该属性。

但是，即使是在名称前面加上两个下画线的方法，实际上也不能完全隐藏属性或方法。如果加上两个下画线，则名称可以在内部被置换成其他的内容。在类的内部，以原先的名称使用属性或方法时，在内部会自动更改名称。但是，在类的外部，不会自动进行名称的改写。这样，属性或方法也就像隐藏起来了一样。不过，如果知道了名称的置换规则，也就可以访问属性或方法了。

由此可见，Python 的封装功能非常简单，与其他面向对象语言，尤其是 Java 或 C＋＋等相比，可以说是很有独特性了。Python 是通过制定所有开发者所需要遵循的规则或置换名称这样简单的方法来实现封装的。

尽管如此，使用 Python 的面向对象进行开发依然很盛行，而且也很少听说由于 Pyhton 的封装太简单而在实际操作中遇到困难之类的问题。由此可见，笔者认为 Python 作为面向对象语言并没有比不上其他语言的地方。

第一参数 self

在 Python 的方法中，作为第一参数添加“self”。虽然在 C＋＋或 Java 语言中使用的是“this”，这个类似于 Python 中 self 的关键字，但是在面向对象语言中也有很多没有使用这一结构的语言。对于从那些语言来到 Python 的读者来说，经常会觉得 Python 的 self 非常碍事。确实有很多人想要废除 self 的使用，但是，self 的废除方案全部都被拒绝了。因为 self 还有很多优点，如下：

第一个优点是：因为有了 self，作用域的规则清晰了。在方法内部，需要区分哪个变量是属性哪个是本地变量的方法，如果第一参数是 self，就可以很快知道像“self. foo＝1”这样的变量是实例的属性，“foo＝1”这样的变量是本地变量了。

第二个优点是：函数或方法定义的规则清晰了。Python 的方法和函数的差异仅在于调用时，实例被代入参数这一点，除此之外基本上完全相同。在可以轻易地将定义在类的外部的函数作为方法进行替换。

虽然在某些语言中会在作用域中的变量前添加“@”符号，或者拥有显示本地变量的特殊声明，但是这都与 Python 以简洁、明确的规则制作语言的风格不相符。因此，与废除 self 的优点相比，留下 self 的好处更多。

第 7 章

类的继承与高级面向对象功能

制作类时，有时会遇到向已经存在的类添加功能，或者更改功能后制作新类的情况，像这样的类的制作方法称为继承。本章将讲解有关使用 Python 进行类的继承的方法；另外，也会讲解有关类、实例的更加深层次的特征。

7.1 继承类

所谓类的继承，就是以某一个类为基类来制作别的类。作为基类的父类称为超类，以超类为基础制作出来的类称为子类。

第 6 章已经讲解了什么是类。使用继承功能，可以以已有的设计图为基础，只改写其中一部分功能，也可以制作出强化了功能的其他设计图(类)，如图 7.1 所示。

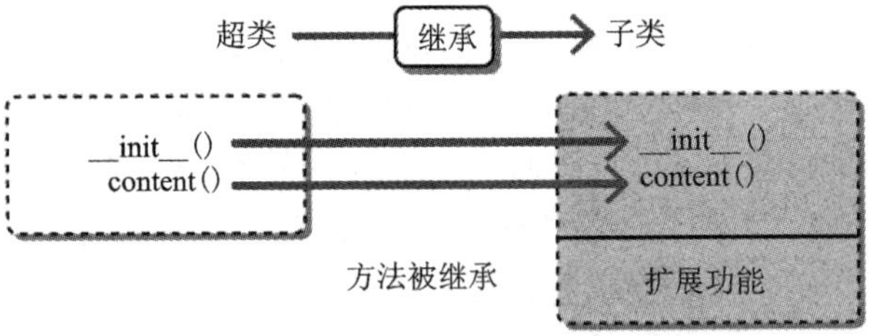

图 7.1　如果进行类的继承，就可以更改或者扩展超级类的功能

在进行类的继承时，元设计图(超类)中定义的基本功能可以照常使用。在子类中，仅改写必要的部分，将新增加的功能添加到设计图中即可。因此，不用重复书写相同处理的代码，也就可以更高效地进行程序开发了。

另外，Python 也可以应对类的多重继承。所谓多重继承，就是将多个类进行组合然后定义一个新的类。同样，Python 也可以用继承数值、字符串这样的内置类型来制作新的类。内置类型所含有的丰富的功能可以原封不动地继承，制作拥有新功能的“我的类”。

7.1.1　指定超类

在 Python 中进行类的继承，需要使用 class 语句指定超类。在类的名称后面加上小括号，在里面写上想要继承的类（也就是超类）的名称。继承多个类（多重继承）时，使用逗号（,）列举类的名称。

句法：类的继承

```
class 类名称(超类名称 1[,超类名称 2,…]):
```

扩展一下第 6 章制作的，为了展现四棱柱 Prism 的类吧！这次试着制作立方体（Cube）使用的类。立方体正好是骰子一样的形状，它也拥有“长度”“高度”“宽度”这 3 种类型的边长，不过和四棱柱不同的是，立方体的三边长度都是一样的。

继承了 Prism 类的 Cube 类的定义部分如下所示，在 class 语句类名称的后面，紧接着在小括号里指定超类的类名称。

```
class Cube(Prism):                                    # 类的定义
```

7.1.2　方法的重写

在继承类时，超类的方法会直接继承给子类。只有想要更改功能的方法才需要在子类中重新定义。像这样，在子类中重新定义方法的操作称为方法的重写。注意，在子类中定义的方法会将原有的内容覆盖，如图 7.2 所示。

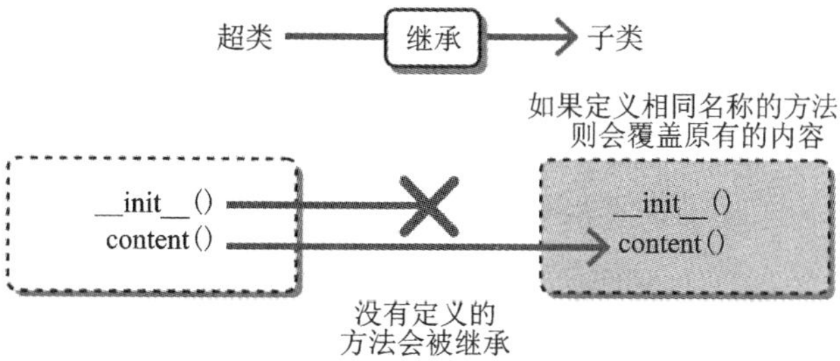

图 7.2　在子类中定义的方法会将原有的内容覆盖

在 Prism 类中，使用数值向初始化方法传递了三边的长度。在这次制作的立方体的类中，因为三边长度相同，所以只需要传递一个数值。减少初始化方法参数的数量，使其不必传递不需要的参数。

配合 Cube 类的特征，重新定义_init_()方法（初始化方法）。不改变第一参数 self，而是更改参数的数量。在初始化方法的内部，将“width”“height”“depth”这 3 个属性使用参数“length”进行定义。使用稍微特殊一点的表记方法，试着将 3 个属性

同时初始化。如果使用等号指定3个对象,则可以一次性代入到多个变量或属性中去。Cube类的定义如下:

Cube类的定义

```
class Cube(Prism):                      # 继承Prism类
    def __init__(self, length):         # 再次定义__init__()方法
        self.width = self.height = self.depth = length
                                        # 使用length将属性初始化
```

那么,试着使用Cube类制作实例吧!在定义完上面的类之后,制作实例,示例代码如下:

使用Cube类

```
c = Cube(20)                            # 将"20"传递给lengh
c.content()                             # 调用Prism类的方法
8000
```

Cube类继承了Prism类,因此,可以直接使用已经在Prism类中定义过的content()方法。在content()方法中,从属性中得到长、高、宽的数值,并计算了体积。虽然Cube类的初始化方法只取得一个参数,但是与Prism类的实例所含有的3个属性拥有相同的属性。因此,可以直接使用content()方法。

7.1.3 初始化方法的重写

如果重写Python的方法,就会执行完全覆盖。虽然是非常简单且容易理解的做法,但是根据不同的情况,也会产生不同的比较麻烦的事情。比如,假设对Cube类的超类的Prism类添加新的功能,不仅要在实例中保存三边的长度,而且还要保存厘米(cm)、毫米(mm)这样的单位。

在制作实例时,将单位作为参数传递。与定义函数相同,Python的方法可以指定默认的参数。使用这个功能,在不指定参数的情况下,将厘米(cm)作为单位。与此想配合,添加unit_content()方法,其将带有单位的体积作为字符串返回。

Prism类的新定义如下述代码所示,初始化方法中添加了参数,与之相对应,Prism类的实例拥有了叫作unit的新属性。在这个属性中,将单位作为字符串保存。另外,还添加了名为unit_content()的方法,该方法实现的功能为计算体积并添加单位,然后作为字符串返回。

Prism类的新定义

```
class Prism:                                            # 添加参数
    def __init__(self, width, height, depth, unit = 'cm'):
        self.width = width
        self.height = height
```

```
        self.depth = depth
        self.unit = unit                          # 添加属性
    def content(self):
        return self.width * self.height * self.depth
    def unit_content(self):                       # 添加方法
        return str(self.content()) + self.unit    # 给计算结果添加单位
```

继承这个 Prism 类后，再像刚才一样定义 Cube 类，会发生什么呢？在 Cube 类中定义了__init__()方法。由于在 Python 中方法的重写会覆盖原有的内容，所以就不能调用在原本继承的超类中定义的相同方法了。

通过扩展 Prism 类，增加了新的参数，也添加了将单位作为字符串保存的属性。属性的初始化使用__init__()方法。使用 Cube 类定义单独的__init__()方法的结果是，在 Prism 类中定义的__init__()方法不会被调用。其结果是，新添加的属性在 Cube 类的实例中不再被定义。

作为尝试，在 Prism 类添加新功能的状态下，再次定义 Cube 类然后使用。如果调用查看 unit 属性的 unit_content()方法，则会出现错误(AtributeError)。因为在 Cube 类的实例中，并没有叫作 unit 的属性，所以发生这样的错误也不足为奇。示例代码如下：

调用已添加的属性

```
c = Cube(10)
c.unit_content()
```

```
---------------------------------------------------------------------------
AttributeError                           Traceback (most recent call last)
<ipython-input-111-6a0f8db38c72> in <module>()
      1 c = Cube(10)
----> 2 c.unit.content()

AttributeError: 'Cube' object has no attribute 'unit'
```

如何才能避免发生这样的事情呢？或许可以配合 Prism 类的更改，也更改一下继承的 Cube 类。

另外，还有一个更巧妙的方法，就是用子类的初始化方法调用超类的初始化方法。

7.1.4　得到使用 super()的超类

在 Python 3 中，为了调用超类的方法，使用名为 super()的内置函数。如果不给予内置函数 super()参数而直接调用，则可以自动调用超类。

另外,在传递参数时,第一个参数是查看超类的子类的类名称,第二个参数是传递实例(self)。返回使用参数指定的子类的超类名称。

使用 Cube 类,试着调用超类的方法吧!示例代码如下:

在 Cube 类中使用 super()函数

```
class Cube(Prism):
    def __init__(self, length):
        super().__init__(length, length, length)
```

函数、类名称、方法名称混杂在一起,可能有些难以理解,但若仔细观察,则应该可以理解。也就是在 Cube 类的初始化方法(__init__)中,使用 super()函数调用了超类(Prism)的__init__()方法。

像这样,通过调用超类的初始化方法,即使超类的内容发生了变化,也无需修改子类的代码了。

注意:在 Java、C++这样的语言中,因为有可以自动调用超类的初始化方法(构造 Constructor)的功能,所以不会发生这样的事情。但是对于 Python,如果重写方法,则会完全覆盖原有的内容。因此在需要调用超类方法时,需要明确地写出代码。

7.1.5 插　槽

在 Python 中,通过代入可以自由地给实例添加属性,如果使用插槽功能,则可以限制属性的添加。这是为了提高内存使用效率等而使用的功能。

通过让类拥有名为__slots__的属性来限制属性的添加。像"__slots__='foo','bar'"这样,将添加到实例的属性名称(字符串)使用序列进行代入,就会变成只能添加序列中所拥有的属性了。插槽的定义如下:

句法:插槽的定义

```
__slots__ = [允许添加的属性名称]
```

现在,进行一个简单的实验吧!如果想要定义一个在_slots_中没有定义过的属性,就会出现错误。示例代码如下:

根据插槽进行属性的限制

```
class Klass:                          # 定义类
    __slots__ = ['a','b']             # 限制属性
    def __init__(self):
        self.a = 1                    # 制作名为 a 的属性


i = Klass()                           # 制作实例
i.a                                   # 确认名为 a 的属性
```

```
1
```

```
i.b = 2                                    # 添加名为b的属性
i.b
```

2

```
i.c = 3                                    # 不能添加名为c的属性
```

```
Traceback (most recent call last):
    File "<stdin>", line 1, in ?
AttributeError:'Klass' object has no attribute 'c'
```

7.1.6 特　征

Python 的属性(attribute)可以通过实例来查看或改写。但是,像属性这样直接操作实例所带有的数据并不是很好,因为有可能会被不经意地改写成意料之外的数据,这样就会变成出现错误的原因。为了防止这样的事情发生,有时会制作有更改实例的数据(属性)或专门用于查看功能的方法。为了更改数据,可以调用 ins.set_foo(10)方法。

设定数据的方法被称为 setter,取出数据的方法被称为 getter。特征(property)是可以轻松定义 setter 和 getter 的功能的。如果对属性进行代入或查看操作,则会自动将处理分配给 setter、getter。

特征是使用特殊的内置函数 property()进行设定的,其使用的表记方法是,将 property()的返回值代入到作为特征的属性名称中,将 setter 和 getter 的方法名称传递到 property()的参数中去。具体如下:

句法:特征的定义

```
property([getter[,setter]])
```

使用 Jupyter Notebook 定义一下含有特征的类吧!在实例中设定名为"__x"的属性。请回忆一下,在开头有两个下画线的属性表示对外部进行了隐藏。

在方法 getx()和 setx()中,对属性__x 进行代入和查看操作。如果使用这个方法,就可以访问实例__x 的属性了。

在类定义的最后,使用特征定义 setter 和 getter。因为要将 property()的返回值代入名为 x 的属性中,所以如果对属性 x 进行代入或查看操作,就会调用名为 getx()、setx()的方法。示例代码如下:

特征的定义

```
class Prop:
    def __init__(self):
        self.__x = 0                  # 制作属性
    def getx(self):                   # getter
        return self.__x               # 返回属性
    def setx(self, x):                # setter
```

```
        self.__x = x                  # 将值代入属性中
    x = property(getx, setx)          # 设定特征
```

在这里试着使用一下制作好的类吧！制作 Prop 类的实例，然后对 x 进行代入或查看操作，示例代码如下：

使用特征

```
i = Prop()                            # 制作实例
i.x                                   # 查看属性 x
```

```
0
```

```
i.x = 10                              # 代入 x 中
i.x
```

```
10
```

```
i._Prop__x                            # 强行访问__X
```

```
10
```

在上述代码的最后，使用 i._Prop__x 这个表记方法强行查看了属性。可以看出，由于更改了对特征指定的“x”值，所以由 setter 自动给属性“__x”代入了数值 10。

像这样，如果使用特征，就可以一边隐藏内容，一边使用。

注意：请注意，如果在 setter、getter 内部处理的属性名称与在特征中设定的属性名称重名，就会引起无限循环。例如，在名为 seta()的 setter 内，对属性“a”进行代入操作，假如设定了像 a=property(seta,geta)这样的特征。如果要对实例的属性 a 进行代入操作，则首先要调用方法 seta()。因为在内部对属性 a 进行了代入操作，再次调用 seta()时，处理会不断地延续下去。

7.2 使用特殊方法

在 Python 的类的部分，已经讲解了定义名为__init__()的初始化方法。在 Python 中，还有很多其他的带有两个下画线的方法，这些方法中很多都被称为特殊方法(special method)。

特殊方法，是进行使用了运算符的运算，或者查看使用了方括号的元素。例如，假设使用代入数值对象的变量“a”进行“a+1”的运算，则这个运算是在名为__add__()的特殊方法的内部处理的。向方法的第一参数传递叫作 a 的实例自身，向第二参数传递进行加法运算的数值。其结果作为方法的返回值返回。

像这样，在更改对象的行动，或者要让其拥有符合类的性质的特殊行动时，则使用特殊方法。

就像根据对象的类型的不同，功能也不同一样，根据类型的不同，被定义的特殊方法也不一样。如果想要进行没有作为方法被定义的操作，就会发生异常(TypreError)。

定义特殊方法

如果对新制作的类定义特殊方法，就可以对实例进行使用运算符等的操作。另外，在继承了内置类型的类中，如果重写特殊方法，则可以更改使用了运算符等时的处理内容。这个称为运算符的重写，是面向对象的重要元素。

下面将按照功能对在 Python 中经常使用的一些特殊方法进行讲解。

1. 定义算术运算符的特殊方法

模仿数值类型所使用的特殊方法有如下几种。另外，也有像列表、set 类型那样使用运算符添加元素的方法。不论是哪一种方法，其参数形式都是相同的。向第一参数代入实例，向第二参数代入进行运算的对象，然后被调用。

(1) __add__()方法：使用"+"运算符时被调用

表记方法如下：

```
__add__(self, 对象)
```

这个方法是使用"+"运算符进行加法运算时被调用的方法。如果定义__iadd__()方法，则可以定义复合运算符"+="。

(2) __sub__()方法：使用"-"运算符时被调用

表记方法如下：

```
__sub__(self, 对象)
```

这个方法是使用"-"运算符进行减法运算时被调用的方法。如果定义__isub__()方法，则可以定义复合运算符"-="。

(3) __mul__()方法：使用"*"运算符时被调用

表记方法如下：

```
__mul__(self, 对象)
```

这个方法是使用"*"运算符进行乘法运算时被调用的方法。如果定义__imul__()方法，则可以定义复合运算符"*="。

(4) __truediv__()方法：使用"/"运算符时被调用

表记方法如下：

```
__truediv__(self, 对象)
```

这个方法是使用"/"运算符进行除法运算时被调用的方法。如果定义__itruediv__()方法，则可以定义复合运算符"/="。

(5) __floordiv__()方法：使用"//"运算符时被调用

表记方法如下：

```
__floordiv__(self, 对象)
```

“//”运算符不怎么使用,但也是进行除法运算的运算符。与“/”运算符的区别是,可以舍去小数点之后的数字。例如,“5//2”得到“2”。如果定义方法__ifloordiv__(),则可以定义复合运算符“//=”。

(6) __and__()方法:使用“&”运算符时被调用

表记方法如下:

```
__and__(self, 对象)
```

这个方法是使用“&”位运算符时被调用的方法。

(7) __or__()方法:使用“|”运算符时被调用

表记方法如下:

```
__or__(self, 对象)
```

这个方法是使用“|”位运算符时被调用的方法。

2. 定义比较运算符的特殊方法

这里将讲解使用比较运算符进行对象之间比较时所使用的特殊方法。如果定义这里的特殊方法,则可以进行对象之间的比较。注意,Python 2 中的__cmp__()方法在 Python 3 中不能使用,而__eq__()方法或者__lt__()方法、__gt__()方法则可以使用。

(1) __eq__()方法:使用“==”运算符时被调用

表记方法如下:

```
__eq__(self, 对象)
```

当 self 和对象相等时返回 True,不相等时返回 False。其中,“eq”是“equal”(相等)的缩写。

(2) __ne__()方法:使用“! =”运算符时被调用

表记方法如下:

```
__ne__(self, 对象)
```

当 self 和对象不相等时返回 True,相等时返回 False。其中,“ne”是“not equal”(不相等)的缩写。

(3) __lt__()方法:使用“<”运算符时被调用

表记方法如下:

```
__lt__(self, 对象)
```

当“self<对象”成立时返回 True,不成立时返回 False。其中,“lt”是“less than”(不足)的缩写。

方法__le__()是为了辨别“self<=对象”而使用的,其中“le”是“less or equal”

(小于或等于)的缩写。

(4) __gt__()方法:使用“>”运算符时被调用

表记方法如下:

```
__gt__(self, 对象)
```

当“self>对象”成立时返回 True,不成立时返回 False。其中,“gt”是“greater than”(大于)的缩写。

方法__ge__()是为了辨别“self>=对象”而使用的,其中,“ge”是“greater or equal”(大于或等于)的缩写。

3. 定义类型转换的特殊方法

就像从字符串类型转换为数值类型一样,将某个对象转换为另一个类型时,也需要使用特殊方法。当调用“int(" 123 ")”这样的函数时,实际上是定义在字符串(str)类型中的__int__()方法被调用。因为和类型转换相关的只有实例自身,所以仅取出第一参数。

(1) __int__()方法:使用 int()函数时被调用

表记方法如下:

```
__int__(self)
```

该方法是使用内置函数 int()向整数类型转换时被调用的特殊方法。

(2) __float__()方法:使用 float()函数时被调用

表记方法如下:

```
__float__(self)
```

该方法是使用内置函数 float()向浮点数类型转换时被调用的特殊方法。

(3) __str__()方法:使用 str()函数时被调用

表记方法如下:

```
__str__(self)
```

该方法是使用内置函数 str()将对象转换为字符串类型时被调用的特殊方法。使用 print()函数显示对象时也会被默认调用。

(4) __repr__()方法:返回对象的字符串表记方法

表记方法如下:

```
__repr__(self)
```

该方法是将实例转换为“尽量可以恢复到原先状态的字符串(printable representation)”的方法。例如,数值 3 的_repr_()返回的是字符串“3”。如果是字符串“3”,那么就像返回用引号包围的“'3'”一样,返回的是可以看出原来状态的字符串。

在 Jupyter Notebook 或者交互式 shell 中,不使用 print()显示字符串,却显示了使用引号包围的输出,正是因为该方法被默认调用了。

(5) __bytes__()方法:使用 bytes()函数时被调用

表记方法如下:

```
__bytes__(self)
```

该方法是使用 bytes()函数将对象转换为字节类型时被调用的特殊方法。

(6) __format__()方法:使用 format 函数时被调用

表记方法如下:

```
__format__(self, form_spec)
```

该方法是使用 format()函数执行字符串格式化时被调用的特殊方法。配合对象的性质,可以定义独特的格式化方法或者格式化字符串。

4. 在容器类型中使用的特殊方法

所谓容器类型,就是像列表、元组、字典这样的拥有多个元素的类型的总称。虽然为了访问对象的元素使用了方括号,但在使用这样的表记方式时还有几种可以使用的特殊方法。另外,这里还要讲解与使用了 for 语句的循环与迭代相关的方法。

(1) __len__()方法:使用 len()函数时被调用

表记方法如下:

```
__len__(self)
```

该方法是调用内置函数 len()时被执行的特殊方法,以数值返回元素的个数。

(2) __getitem__()方法:索引时被调用

表记方法如下:

```
__getitem __(self, 键)
```

该方法是使用像 l[1]或 d[" key "]那样带有方括号的表记方式,在查看元素时被调用的特殊方法。像列表一样使用索引访问元素的对象时,在第二参数中接收整数。像字典那样保存与键相对应的值的对象时,接收不可更改对象。

在这个特殊的方法中,可以接收数值的对象,可以添加 for 语句进行循环。

(3) __setitem__()方法:向序列的元素代入时被调用

表记方法如下:

```
__setitem__(self, 键, 元素)
```

将参数的键作为对象代入元素。该方法是像“l[1]=1”或“d[" key "]=1”那样进行代入时被调用的特殊方法。

(4) __delitem__()方法:删除序列的元素时被调用

表记方法如下:

```
__delitem__(self, 键)
```

删除相当于指定的键的元素。该方法是对对象的元素使用 del 语句时被调用的特殊方法。

(5) __iter__()方法：使用 iter()函数时被调用

表记方法如下：

```
__iter__(self)
```

该方法是内置函数 iter()被调用等时使用的特殊方法。对容器对象内的元素，必须返回可以进行迭代(反复)处理这样的迭代对象。在迭代对象中，定义名为__next__()的方法，每次调用时都返回下一个元素。

(6) __contains__()方法：使用"in"运算符时被调用

表记方法如下：

```
__contains__(self, 元素)
```

该方法是检查序列等元素的比较运算符"in"被使用时调用的特殊方法。查看作为对象的元素，item 是否存在，如果存在则返回 True，如果不存在则返回 False。

如果没有定义这个特殊的方法，则使用索引或迭代进行元素检查。

5. 访问属性所使用的特殊方法

在 Python 中，可以自定义对象的属性操作。如果使用这里介绍的特殊方法，就可以使属性的访问更加灵活。另外，可以安装用于限制的 hack 类型功能。

(1) __getattr__()方法：查看没有定义的属性时被调用

表记方法如下：

```
__getattr__(self, 属性名称)
```

该方法是查看对象中不存在的属性时被调用的特殊方法。查看时，所使用的属性名称作为字符串传递给参数。

如果定义这个特殊方法，就可以对特定的属性名称返回对象或可以调用的对象了。不存在的对象也可以像存在的对象一样处理。

另外，如果属性不存在，则会引发异常"AttributeError"。

(2) __getattribute__()方法：查看所有的属性时被调用

表记方法如下：

```
__getattribute__(self, 属性名称)
```

与__getattr__()一样，该方法是查看属性时被调用的特殊方法，并且是被无条件调用的。

(3) __setattr__()方法：向属性代入时被调用

表记方法如下：

```
__setattr__(self, 属性名称, 元素)
```

向对象的属性代入时,该方法一定会被调用。该方法虽然可以灵活地进行各种处理,但是想要完全掌握这个方法还是比较难的。如果在方法内部像“self. spam = value”这样,就会变成无限循环。另外,在这个方法内,如果不向属性代入,就不能添加属性。也就是说,有关属性代入的所有问题都需要自己注意。

6. 其他的特殊方法

除了到目前为止介绍的特殊方法外,在 Python 中还有以下几种特殊方法可以使用。

(1) __call__()方法:将对象像函数一样调用

表记方法如下:

```
__call__(self[, args...])
```

在对象的名称后面添加小括号,被作为函数调用时调用的特殊方法。

(2) __del__()方法:删除对象时被调用

表记方法如下:

```
__del__(self)
```

该方法是对象从内存上删除时被调用的特殊方法。这样的对象称为析构函数(destructor)。除了使用 del 语句删除对象时调用外,使用垃圾收集删除对象时也会被调用。

(3) __hash__()方法:使用 hash()函数时被调用

表记方法如下:

```
__hash__(self)
```

该方法是想要定义作为字典类型或 set 类型的元素对象等时,定义的特殊方法。从内置函数 hash()中被调用,返回数值类型。本书不针对 hash()函数讲解,但需要知道,hash()函数是在想要得到对象的 hash 值时使用的。当对象的数值相等时,相等的时候,为了返回相同数值需要安装。大部分的情况只要安装为,返回将实例固有的对象传递给 hash()函数的结果就好了。

7.3 继承内置类型

在 Python 中,可以继承内置类型,然后制作新的类。内置类型是非常强大且拥有很多功能的类型,通过自定义部分功能,可以在继承内置类型强大功能的同时,制作一些更容易使用的类。

另外,如果使用特殊方法,如运算符、元素的操作等,则可以使用与内置类型相同的格式来操作对象。如果对相同的处理可以使用相同方法，那么在使用类时就不需要记忆太多东西了。相同的功能可以使用相同的方法，这是在进行面向对象的开发上很重要的元素。

继承字典类型

试着继承字典类型，然后定义带有特殊功能的新字典吧！

在字典类型的对象的键中，可以使用数值、字符串、元组等不可更改的对象。在这里，制作一个只可以将字符串作为键来设定的特殊字典。

继承字典类型制作类，然后重写设定键时被调用的__setitem__()方法。在__setitem__()方法中，查看作为参数传递的键的对象类型。如果设定键的类型为除字符串以外的数据类型，则会发生错误。示例代码如下：

```
#! /usr/bin/env python

class StrDict(dict):
    """继承字典类型制作类
    """
    def __init__(self):
        pass

    def __setitem__(self, key, value):
        """重写特殊方法
            如果 key 是字符串以外的类型，则引发异常
        """
        if not isinstance(key, str):
            # 如果键不是字符串则引发异常
            raise ValueError("Key must be str orUnicode.")
            #调用超类的特殊方法，设定键和值
        dict.__setitem__(self, key, value)
```

在__setitem__()方法中，使用 isinstance()函数查看参数的类型。Python 中，变量的类型是可以自由变化的，因为会有各种类型的对象传递到函数或方法的参数中。想要限制函数、方法的参数，就要像上述例子一样使用 isinstance()函数。

试着使用这个类（strdict）。在 Jupyter Notebook 中打开 Notebook 文件(.ipynb)，在与其相同的目录（文件夹）中设置 strdict.py，可以导入文件。另外，在 Notebook 的单元中执行“使用继承了字典类型的类”代码（已经下载了示例代码的读者，请直接执行本节 Notebook 中的代码），基本上可以像字典一样使用，也可以很容易地制作功能不同的类。

使用继承了字典类型的类

```
from strdict import StrDict          # 导入类
d = StrDict()                        # 制作实例
d["spam"] = 1                        # 像字典一样使用键、添加元素
d["spam"]
```

```
1
```

```
d[1] = 1                             # 使用数值的键添加元素则出现错误
```

```
ValueError                           Traceback (most recent call last)
<ipython-input-2-50287cb8f2ff> in <module>()
----> 1 d[1] = 1

C:¥Users¥someone¥Documents¥strdict.py in __setitem__(self, key, value)
     13         if not isinstance(key, str):
     14  # 如果键不是字符串则引发异常
---> 15             raise ValueError("Key must be string.")
     16 # 调用超类的特殊方法、设定键和值
     17             dict.__setitem__(self, key, value)

ValueError: Key must be string.
```

```
d.keys()                        # 也可以使用字典的方法
```

```
dict_keys(['spam'])
```

第8章

模　块

在 Python 中，模块与包拥有将程序中使用的零件整合的功能，这就是本章将要介绍的内容。将类与函数等作为模块与包进行整合后，就可以在程序中方便面地使用了。本章将一边介绍模块与包的创建方法，一边对于模块与包构成；另外，根据需要也会对下载的第三方模块的使用方法进行讲解。

8.1　创建模块文件夹

在 2.8 节中，我们已对 Python 中模块的使用方法进行了简单介绍。在 Python 中，我们不仅可以使用作为标准库所附属的模块，而且也可以尝试自己创建模块。将自己创建的函数或类事先添加在模块中，这样也可以在其他程序中使用。另外，通过将模块自身整理为包这样一个形式，可以使代码的再使用变得更容易执行。

本节将详细介绍 Python 的模块，同时也将介绍模块的创建方法。

在第 1 章中，已经讲解了将 Python 的代码记述到文件(脚本文件)的方法。在交互式运行 shell 中编写的程序，随着 shell 的终止会消失。但是，如果在文件里编写程序，就可以重复多次使用。对于使用频率较高的程序，采用这种方法将会很方便。

在 Python 中，脚本文件可以当作模块使用。将使用频率较高的函数等写在脚本文件中，根据具体需要进行导入，这样就可以在需要时使用函数了。

在脚本文件的文件名称中，“. py”等的扩展名之前的部分就是模块名称。可以作为模块名称使用的字符与 Python 的变量名称一样，都有必须遵循的规则。为了在今后也可以将该脚本文件当作模块来使用，请在为文件命名时多加留意。

在为可以当作模块使用的脚本文件命名时，请遵循以下规则：

① 文件名称不能从数字开始，或是在扩展名前包含“.”；

② 尽量避免使用可能会用于变量名称或函数名称的一般名称；

③ 如果没有特别需求,应尽量只使用小写英文字母。

例如,假设创建了“00module. py”脚本文件,这个文件可以当作一个 Python 程序来运行,却不能作为一个模块来导入。另外,如果存在多个同样名称的模块,则会出现各种问题;如果文件名称与标准库的模块名称相同,那么也会引发一些问题。因此如果没有特殊需要,则不要使用这样的文件名称比较好。

注意:把 impart 语句和 as 组合起来,可以用与文件名称不同的名称来导入模块。按以下的方法操作,可以用“anothermodule”这个名称来导入“somemodule”。

```
import somemodule as anothermodule
```

在 Python 中,模块与脚本文件基本上是同样的意思。书写了 Python 代码的脚本文件,根据使用情况也可以成为一个模块。脚本文件主要是以执行程序为目的来创建的,而模块主要是根据需要,即从外部也可以使用定义在内部的函数和变量来创建的。

8.1.1 导入模块时的操作

为了更好地了解 Python 的模块,这里先了解一下 Python 是以怎样的方式来导入模块的。Python 在导入模块时,采取与执行脚本文件相同的处理方法。

如果书写导入模块的代码,则 Python 会读取相当于模块名称的文件。在读取文件时,会执行位于顶层的块,也就是说,执行被定义在没有缩进的位置上的命令。如果书写 print()函数,则会显示结果;如果书写调用函数,则会调用函数。

如果在模块顶层的块中定义了变量或函数,则可以创建新的变量或函数。注意,这时的变量或函数是作为模块的附属品被定义的。

创建一个简单的模块,来尝试一下导入模块时的操作。首先,把下述脚本文件命名为“testmodule. py”并保存。

List testmodule. py

```
#! /usr/bim/env python

import sys                               # 导入标准库

a = 1                                    # 定义函数
b = "some string"

def foo():                               # 定义函数
    print("This is the function 'foo'")

print("this is the top level")           # 显示字符串
```

```
if __name__ == '__main__':
    print("this is the code block")
```

然后,在导入模块后做一个简单的测试。请注意,位于模块顶层的命令只有print()。另外,在模块中不仅定义了函数,而且还定义了变量,并且在模块内部还导入了其他标准模块 sys。

请在与浏览器中打开的 ipynb 文件相同的目录/文件夹下保存该文件,然后试着在 Jupyter Notebook 中导入模块。示例代码如下:

导入模块后使用

```
import testmodule                    # 导入 testmodule 模块
this is top level

testmodule.a                         # 显示变量
1

testmodule.b
'some string'

testmodule.foo()                     # 调用函数
"This is function 'foo'

testmodule.sys.argv                  # 在模块内使用 import 的模块
['']
```

模块内部的代入或 def 语句在执行的过程中,变量与函数被作为模块的附属品来定义。在导入模块之后,会显示出字符串。这是因为"testmodule. py"中第 11 行的 print()函数被执行了。由于位于模块中顶层位置的命令在导入时被执行,所以如果需要格式化模块中使用的变量,则只需要在顶层书写代码就可以了。

在 testmodule 模块中导入了 sys 模块。在模块内部导入的外部模块也看作是该模块的附属品。前文代码中的最后一行代码,使用了在模块内被导入的 sys 模块的变量。

8.1.2 仅在执行文件时执行的块

在"testmodule. py"的最后是 if 语句的块,在该块的内部写着显示字符串的代码。虽然 if 语句本身位于顶层的块中,但是就算导入模块该语句也不会被执行。

像这样,如果在模块中设置"if __name__ ='__main__':"这样的 if 语句块,则该部分在导入时就不会被执行。但是,像下面这样,将模块文件作为 Python 的参数传递,然后直接执行,就可以执行 if 语句的块。

```
$ python testmodule.py
```

在这样的 if 语句中,可以写用于测试模能的测试代码。在确认模块是否能正常运行时,不是通过导入模块来确认,而是通过直接执行文件来确认。

注意:在 Python 的脚本文件或者模块中,定义了多种内置属性(attribute),这种内置属性就好像是执行程序时自动定义的变量一样,如果可以灵活运用内置属性,就可以得到与正在执行中的程序有关的各种信息,或者可以控制 Python 的动作。"_name_"是内置属性的一种,在文件被作为模块导入的情况下,Python 会将模块名称代入_name_变量中。在直接执行文件的情况下,则代入"_main_"这样的函数。读者可以利用这一点来判断程序是如何被读取的。

另外,还有"_file_"这样的内置属性,在这个属性中,模块文件的路径作为字符串来保存。

8.1.3 类与模块

虽然有些重复,但在 Python 中,几乎采用同样的方式来处理脚本文件与模块。如果在加上了". py"这个扩展名的文件的顶层块中定义了类,就可以在模块中定义类了。使用 import 语句或 from 语句,可以导入在模块中定义的类。

例如,假设在"bookmark. py"文件中定义了 Bookmark 类,也就是说,在 bookmark 模块中定义了 Bookmark 类,则在外部的文件,可以用以下的方法来读取并使用类。

```
import bookmark                         # 导入 bookmark 模块

#由 Bookmark 类创建实例
b = boolmark.Bookmark("标题","http://path.to/site")

from bookmark import Bookmark           # 导入 Bookmark 模块

# 由 Bookmark 类创建实例
b = Bookmark("标题","http://path.to/site")
```

使用 from 语句的话,可以更简短地书写类。

那么,当使用从其他模块中导入的类来继承类时,应该怎样操作呢? 按照下述操作方法,就可以继承定义在外部模块中的类了。

```
import bookmark                         # 导入 bookmark 模块

# 创建继承 Bookmark 类的类
Class Blogmark(bookmark.Bookmark):      # 继续类的定义
```

使用 from 语句可以比较简短地记述超类,因为可以直接记述 Bookmark 类。示例代码如下:

```
from bookmark import Bookmark                # 导入 Bookmark 类

# 创建继承了 Bookmark 类的类
Class Blogmark(Bookmark):                    # 继续类的定义
```

8.2 模块的层次(包)

在 Python 中，有一种名为包的结构，其可以将多个模块集中管理。如果是稍微大一些的程序，则使用的模块数量会增加。如果遇到这样的情况，则可以根据模块所执行处理的种类，将模块进一步分类，此时作为包来汇总会比较方便。

像 Django 或 NumPy 那样，在用 Python 创建的规模较大的架构或库中，正是使用了包这样一种结构在管理模块。为了解读这样构架的源代码，还是多少了解一些关于包的知识吧。本节将简单地对包进行说明。

8.2.1 包的本质

使用包可以将多个模块收纳汇总到一个包下。包的本质就是将作为模块的文件收纳汇总的目录(或者是文件夹)。包产生出层次构造。

如果遇到图 8.1 所示的构造的包，则为了导入“modulea”，应按照下面的方法进行操作。层次构造用点号(.)来分隔表示。

```
import packagea.modulea
```

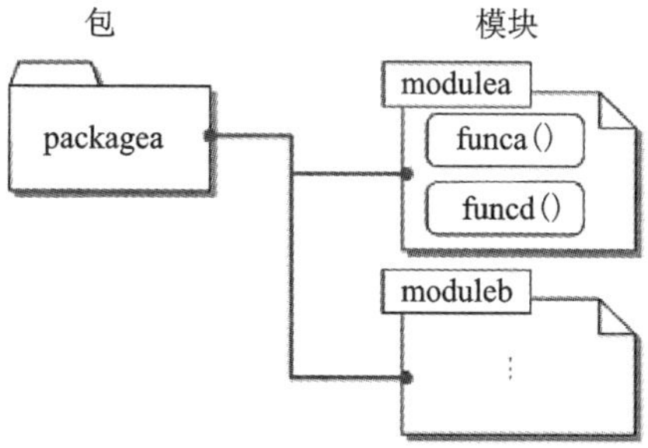

图 8.1 在包的目录下配置模块文件，创建层次构造

为了执行被定义在 modulea 中的函数 funca()，应像 packagea.modulea.funca()这样操作。在这样的情况下，包的名称、模块名称都不可以省略。作为 import packagea 只导入 packagea，像 packagea.modulea.funca()这样，在之前位置出现的模块并不能使用。在导入时，必须指定到模块。

如果想要写得更简短，就使用 from 语句。越过中间的层次来读取模块，然后定义。示例代码如下：

```
from packagea import modulea
```

因此，函数 funca 的调用可以写为 modelea.funca()。随着包的层次加深，模块数量的增加，导入的方法也会变得更多样、更复杂。

8.2.2 创建包

虽然 Python 包的本质是目录(或者文件夹),但是并不是所有的目录都可以作为包成为导入对象。在想要作为包来使用的目录中,设置名为_init_. py 的文件。导入包时,首先要读取这个文件,然后执行顶层块。在顶层块中,可以书写导入包时想要执行的初始化用的代码,把文件清空也没有关系。

8.3 使用模块时的注意事项

本节将简单说明在 Python 中使用模块时应该注意的事项。

8.3.1 使用 from 语句导入的弊端

如果使用 from 语句执行省略了包名称或者模块名称的导入,则可以更简短地记述模块中定义的函数或变量。另外,在使用了 from 语句的导入中,通过使用星号(*)就可以把定义在模块中的函数或变量全部导入。这样的功能乍一看来非常方便,但是请记住它也有弊端。例如,在 Python 的标准库中,os 模块与 sys 模块中都各自定义了 path 这个名称。“os. path”是模块,“sys. path”是记录读取模块目录的列表(变量)。若将这两者导入“from sys import path”与“from os import path”,则会怎样呢? 使用 from 语句,将不同类型的内容以相同的名称(这里是 path)多次导入时,会出现先导入的“sys. path”被覆盖,后导入的“os. path”的内容会以 path 这样的名称被代入的情况。

注意:在 Python 中,会相同对待像模块、函数与变量这样拥有名称的东西,在定义的过程中,就算“名称重复”也不会出现错误,而是将其覆盖;会将最后定义的内容作为最后的名称。

不仅是标准库,像“path”这样没有具体意义的抽象单词在程序的各个地方都有被使用。如果 from 语句的导入使用得较多,则会发生类似名称被覆盖这样的问题。

这里要特别注意使用了星号(*)的导入,因为可能会出现导入的模块与函数在不知不觉间被覆盖的情况。使用了星号(*)的导入,只限于在较短的程序中使用会比较好。使用 from 语句时,指定想要导入的函数或变量会比较安全。

8.3.2 模块的搜索顺序

Python 在导入模块时,是按照既定的顺序来搜寻模块的。如果出现模块名称重复的情况,则在搜索模块时会先读取处在优先顺序较高位置的模块。

Python 在搜索模块时使用的优先顺序如下:

① 主目录。如果指定脚本文件启动 Python,则文件所在目录就会自动成为主

目录。在 Jupyter Notebook 的情况下,Notebook 文件(.ipynb)所在的目录会自动成为主目录。

② 被设定在环境变量 PYTHONPATH 中的目录。根据指定环境变量 PYTHONPATH,可以指定 Python 在读取模块时作为搜索对象的目录。对于环境变量没有被指定的情况,不能使用该功能。

③ 标准库的模块目录。这个目录会根据环境的不同而不同。另外,在安装了多个 Python 版本的情况下,会根据版本的不同而有各自的库。

④ 用于设置添加模块的目录。以位于标准库模块目录中的"site-packages"目录为对象,进行检索。在这里添加一个安装好的模块。

8.4 使用第三方模块

除了标准库以外,还公开了许多在 Python 中可以使用的库或模块。其中,有很多非常有用的模块都是可以免费使用的。本节将介绍如何搜寻不包含在 Python 标准库中的模块及其安装方法。

8.4.1 模块的搜寻方法

内置在 Python 中的标准库种类丰富且使用起来十分方便。另外,像 Anaconda 这样用途被特殊化了的发行版中,除了拥有标准库以外,还附属了运算、可视化等库。但是,像与 MySQL、Hadoop 这样的数据库相连接的模块,用于与 Facebook(脸书)、Dropbox(多宝箱)与 Google(谷歌)所提供的网络基站的 API 连接的库等,在本家版的 Python 与 Anaconda 中都不包含。标准库是一个根据程序的用途来决定是否使用的库,而没有被标准化或者是不被广泛使用的模块,一般都不会搭载。

但是,像这样的外部数据库或模块中都有许多方便好用的功能,这一点不可否认。本小节将介绍如何搜寻 Python 发行版中所不包含的模块。

用 PyPI 来搜寻模块

在 python.org 网站中提供着一个名为 PyPI(Python Package Index)的服务,其网址为 http://pypi.python.org/pypi。

PyPI 是一项为了聚集数量庞大的 Python 模块所使用的服务。使用这项服务,可以使用关键字等来搜索模块。另外,想要公开自己开发的模块,也可以将其上传至 PyPI。其中,PyPI 所收集的 Python 的部分模块如图 8.2 所示。

在 PyPI 中,按模块版本来分别管理每个模块的重要信息。下载用的网址与作者信息等,可以以模块为单位来表示。另外,每个模块都有用英文书写的简单介绍;而且为了了解与模块相关联的类型,还设定了关键字,可以以包含在介绍或关键字中的字符串为对象进行检索。

对于添加在 PyPI 中的模块,有些还不能在 Python 3 中运行,只能在 Python 2

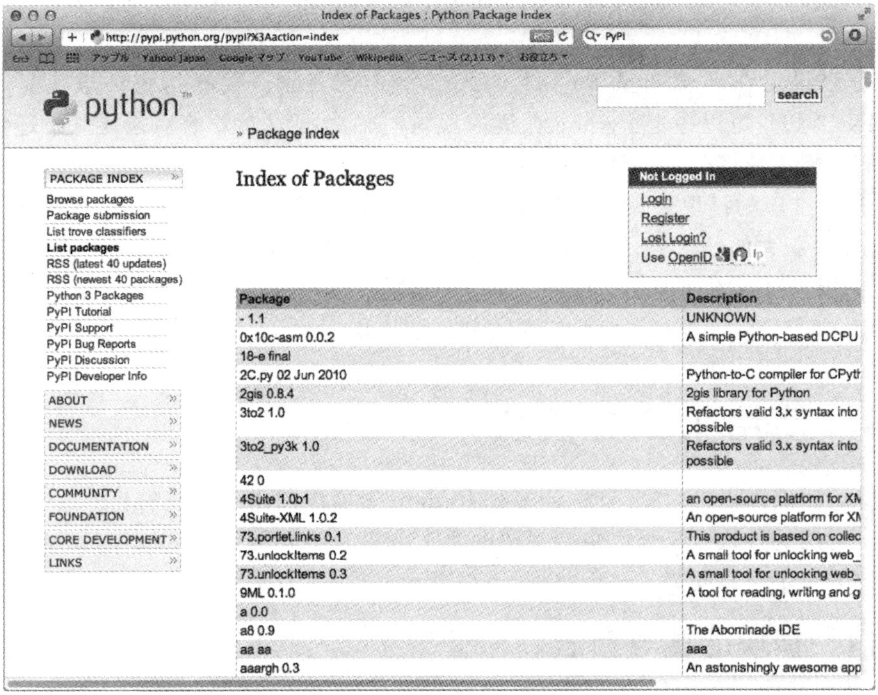

图 8.2　PyPI 所收集的 Python 的部分模块

中运行。在图 8.2 左侧有一个“Python 3 Packages”链接,单击该链接就可以只显示对应 Python 3 的模块。

8.4.2　使用 pip 安装模块

使用 pip 就可以轻松安装已经添加在 PyPI 中的模块。pip 自身原本是外部库,但是从 Python 3.4 开始,就已作为 Python 标准的外部库安装工具而被包含在标准库中了。因此,只需安装 Python 就可以使用 pip 了。

pip 的方便之处在于,可以解决库之间的依存关系。所谓依存关系,就是某个外部库使用另一个外部库的功能,这样库之间建立的像亲子一样的关系。使用 pip 可以将目标安装库所依存的库也一并安装。

可以从 Windows 的命令提示符、macOS、Linux 的 shell 来使用 pip。像下面这样输入指令,就可以从网络上下载到所需要的文件,并且会自动安装目标库。

句法:库的安装

```
$ python -m pip install 库名称
```

另外,如果想要将已经安装好的库进行版本升级,则需要输入如下指令:

句法:库的升级

```
$ python -m pip install --upgrade 库名称
```

此外,特别是在Windows操作环境下,根据库的不同,可能会出现使用pip难以安装的情况。例如,Anaconda中所包含的NumPy或matplotlib等就是这类库的代表。为什么难以安装呢?我们将在8.4.3小节中进行详细说明。

8.4.3 使用conda安装模块

使用搭载在Anaconda中的conda这一功能,就可以轻松地下载到一些使用本家版Python的pip难以下载却又常用的外部模块上。使用conda与使用pip一样,都需要使用命令提示符或shell。首先,来确认一下在PyPI中找到的库是否可以用conda安装吧!

句法:库的检索

```
$ conda search 库名称
```

如果确认可以用conda安装,就立刻安装试试吧!

句法:库的安装

```
$ conda install 库名称
```

添加在PyPI中的库,有一部分是使用C语言来编写的,如果使用pip来安装这样的库,则需要用所安装的计算机来进行编译。如果没有设定编译软件,那么用C语言来书写的库就不能用pip进行安装。而conda则可以使用提前编译过的文件来下载。因此,对于pip难以安装的库,如果使用conda,也可以轻松安装。

8.4.4 模块的种类

Python的模块大致可以分为以下两种类型:

1. 只使用Python书写的模块

只使用Python代码书写的模块,不需要提前进行编译等处理。下载模块的一套文件,就可以用于设置了。另外,无论是Windows还是Linux,哪一种OS都可以使用。

2. 使用C语言书写源代码的模块

为了实现一些功能,有些模块需要将用C语言书写的源代码进行编译。比如,一些要使用OS、应用程序中功能的模块,又或者是考量到需要进行高速处理而编写的模块。

为了使用Windows来构建这样的模块,需要准备一个名为C编译器的应用程序。

对于一部分著名的模块,为了能在 Windows 中使用,有时早已准备好了安装程序或完成编译的库(DLL 动态链接库)。对于这样的情况,就算没有编译器,也可以使用库。

如果是 Linux,则使用编译器的情况居多,可以较轻松地构建这样的模块。

如果是 macOS,则安装一个名为 Xcode 的可以免费使用的开发环境就可以进行构建了。另外,还有一部分库以 macOS 包的形式备有安装程序,因此使用这些安装程序时,不安装 Xcode 也可以使用模块。

8.4.5 手动安装模块

就算有的模块不存在于 PyPI 中,也不能用 pip 安装,但只要准备好使用环境,安装也不是一件难事。在 Python 中,为了模块的构建与安装,准备了通用的结构。模块大都是压缩文件的形式,将压缩文件下载后,解压可以发现,大多数情况下,当中会有一个名为"setup. py"的 Python 脚本文件,通过向该脚本发送命令,就可以进行构建与安装。

但是,有时也会出现在模块中找不到"setup. py"的情况。这种情况多存在于一些使用 C 语言等来书写代码的模块中,如果遇到这样的情况,请遵循各个模块的构建方法来进行构建。

模块的构建非常简单,只需要将"setup. py"作为脚本执行,再给予"install"指令即可。

如果是在 Linux 或者 macOS 中,则可以使用 shell。此外,模块被放置在普通用户不能操作的地方,如果需要操作模块,就必须先使用 su 指令等成为超级用户。

```
$ python setup.py install
```

发出指令后,Python 就会处理模块,并在适当的地方进行安装。

8.4.6 模块的设置场所和 Python 的版本

在 Python 中,模块集中设置在一个目录中,标准库以外的第三方库设置在一个名为"site-packages"的目录中。"setup. py"将应设置的模块目录自动分割出来,然后进行安装。大多数情况下都不需要太在意模块被安装在哪里。

关于放置在"site-packages"中的模块,并不需要指定目录。如果使用设置在"site-packages"中名为"foo"的模块,则只需要指定"import foo"就可以导入模块了。不需要指定"from site-package import foo"等。

例如,将本书使用的 Anaconda 安装在 macOS 或 Linux 中的情况,Anaconda 的相关文件被集中在用户目录下名为 anaconda 的层次中,并在名为"lib/python3. 5/site-packages"的层次里放置了外部模块。附属于 Anaconda 的本家版 Python 中没有的 NumPy 等库,也都放置在这个层次里。

此外，在本家版的 Python 中，“site-packages”放置在以下位置：

(1) Windows 环境下

放置在“C:¥Python¥Lib¥site-packages”等位置，根据版本的不同，中间部分的目录会发生改变。

(2) Linux 环境下

放置在“/usr/lib/python3.5/site-packages”等位置，根据发行商或安装方法的不同，放置位置会发生改变。

(3) macOS 环境下

放置在“/Library/Python/3.5/site-packages”等位置，根据安装方法的不同，放置位置会发生改变。

虚拟环境的构建

处理外部模块时，有时会因模块间的依存关系而引起故障。例如，假设名称为 A 的模块与名称为 B 的模块都依存于名称为 C 的模块，假设模块 A 需要模块 C 的版本 1，而模块 B 需要模块 C 的版本 2。这时，如果模块 C 的版本 1 与版本 2 之间的兼容性崩坏，那会怎么样呢？因为同一模块的多个版本不能并存，所以模块 A 或者模块 B 会出现不能正常运行的状况。

为了避免这样的状况出现，于是使用虚拟环境。每一个用 Python 书写的应用程序或者开发的个体，通过将外部库整合在一个独立的地方，可以解决库之间由依存关系而引发的问题，也常常用于使环境的转移变得容易。

用于创建虚拟环境的工具，最初是以外部库的形式来提供的。从 Python 3.3 开始，venv(pyvenv)这一工具就被添加到了标准库中。自此，不需要另外安装就可以使用虚拟环境了。另外，Anaconda 中搭载的 conda 里也已经具有使用虚拟环境的结构。

可以按照以下的方法使用虚拟环境。

- 创建虚拟环境；
- 进入虚拟环境；
- 开发或使用应用程序；
- 离开虚拟环境。

如果创建虚拟环境，则 Python 的执行文件或 site-packages 目录也会随之被创建。如果进入虚拟环境，则环境变量等被改写，可以使用虚拟环境中的库；如果离开虚拟环境，则环境变量等又会复原。

from_future_import

Python 在版本升级时，最大限度地考虑了对旧版本的兼容性。要增加有可能会导致兼容性崩坏的新语法规则时，都是先暂且作为附加功能实际安装后，才作为正式的语法规则被添加。

在未来的版本中添加的功能有可能放在一个名为_future_的虚拟模块中。为了使用在未来的版本中添加的功能,可以像下面这样将功能导入后使用,也就是说,从未来(future)添加新功能。

```
from__future__ import 模块名称
```

第 9 章

作用域与对象

在 Python 中,简洁又统一的规则会在各种情况下使用,从而形成了语言功能。本章将把重点放在作用域与对象的层次上,复习此前讲解过的内容。

9.1 命名空间、作用域

在程序设计语言中,使用叫作"命名空间"或"作用域"的规则来管理变量与对象的可见方式。在 Python 中,命名空间、作用域采用的规则既简洁又具有统一性。在讲解之前,先简单地看一下有关于命名空间与作用域这两个词的定义吧!

1. 命名空间

命名空间指的是对象所属的"位置"。Python 中,根据对象最开始被定义在代码中的位置来决定所属的命名空间。例如,被定义在 Python 函数中的变量,一旦离开函数就看不见了。这是因为,定义在函数中的变量只有在函数内才属于有效的命名空间。

命名空间的"命名",指的是变量名称与属性(attribute)名称这样的名称。在 Python 中,为了管理,为对象命名的名称已经准备了好几种"空间"。

下面举几个具体例子来说明。请思考,在某个命名空间中,向"foo"这个名称的变量进行代入的情况。在这个命名空间中,如果没有"foo"这个名称,就会创建一个新的变量,然后代入对象。如果已经有了"foo"这个名称,就将已经添加的对象进行覆盖。在查找名称时也一样,在目前的命名空间的可视范围内,查找目标名称,如果找不到名称,就会发生错误。Python 中的对象就是这样运行的。

2. 作用域

作用域指的是在代码上对象的有效范围。判断什么样的名称在怎样的范围内有效,是由这个名称所属的命名空间决定的。例如,在函数中的作用域,可以查找到上层命名空间中定义的变量;相反,从函数的外部不能查找到定义在函数内部的变量。

请将作用域理解为"包含了命名空间与名称的、查找规则的,一个范围更广的定义"。

在这里,不将命名空间与作用域做特别的划分,而是把查找名称时的一些规则称为作用域。

9.1.1 作用域的规则

Python 的作用域可大致划分为 3 个种类,分别是内建作用域(built-in scope)、全局作用域(module (global) scope)和局部作用域(local scope)。其中,需要注意的是全局作用域与局部作用域(见图 9.1)。关于这两种作用域的使用,已在 2.7.8 小节中进行了简单说明。作用域就好像是一个放置对象的变量(名称)的范围。

模块的作用域的范围是事先准备好的,随时可供使用。基本规则是:每一次进入函数块时,都备有局部作用域的空间;从函数离开时,这个范围也随之消失。在 Python 中,关于作用域也是采用了这样非常简洁的规则。

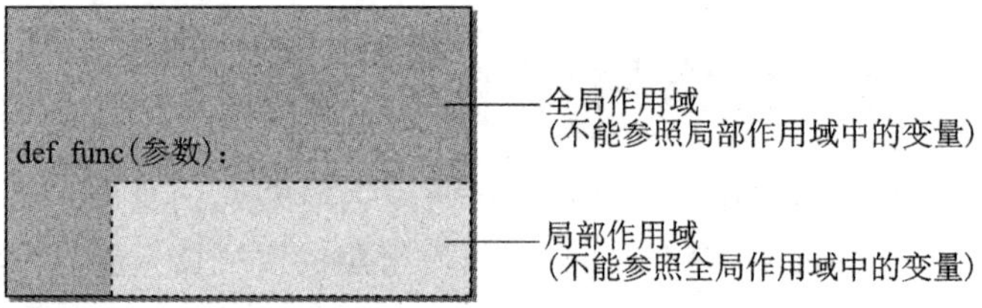

图 9.1 根据变量等定义的块的不同,作用域会发生变化

Python 的作用域是有等级的。我们可以查找较高级别作用域中的"名称",但是不能从高级别作用域中查找较低级别作用域中的变量。

下面将详细介绍 Python 中的这 3 个作用域。

(1) 内建作用域

内建作用域:定义了内置函数与内置的变量等,不必要特别声明或导入就可以使用的函数或变量等的名称的作用域。在 Python 的程序中,内建作用域是一个像空气一样时常存在的作用域。在编写程序的过程中,几乎意识不到该作用域的存在。另外,在这个作用域上,不能新建变量或函数这样有名称的对象。

(2) 全局作用域

全局作用域:定义在模块的顶层,并定义了像变量与函数等名称的作用域。在 Python 中,脚本文件与模块几乎作为同样的东西被对待。也就是说,脚本文件与模块,是程序中可以自由定义名称的、最顶层的作用域。

在 Python 中,不存在一般意义上的全局作用域。因为不存在全局作用域,所以也不存在全局变量,也就不能像某些程序设计语言那样,将变量定义在一个从程序全体都可以查找到的位置，在任何地方使用。

(3) 局部作用域

局部作用域：每当定义一个函数，就会新建的作用域。在函数内代入后定义的变量属于局部作用域。在函数中，如果使用 def 语句创建一个嵌套的函数，则会创建一个局部作用域。像这样创建出来的作用域也被成为嵌套作用域(Nested Scope)。

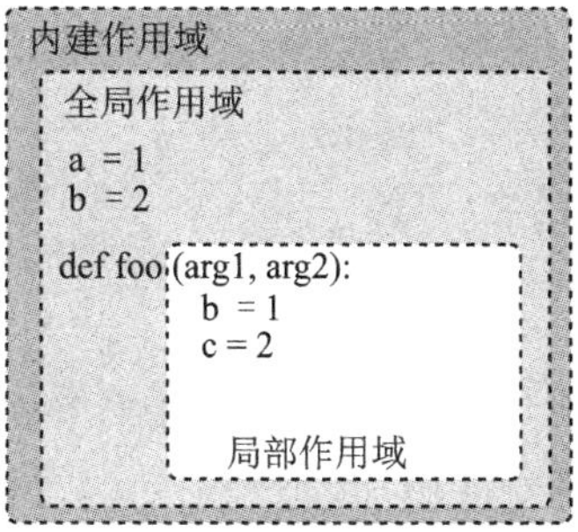

图 9.2　3 种作用域的影响范围

虽然本书不对全局语言做过多介绍但如果使用全局语句，则可以将定义在局部作用域中的变量移动到全局作用域中。

3 种作用域的影响范围如图 9.2 所示。

编写一个简单的代码来做一个实验吧！编写的脚本文件如下：

scopetest1. py

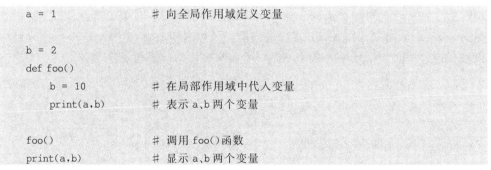

```
a = 1                    # 向全局作用域定义变量

b = 2
def foo()
    b = 10               # 在局部作用域中代入变量
    print(a,b)           # 表示 a、b 两个变量

foo()                    # 调用 foo()函数
print(a,b)               # 显示 a、b 两个变量
```

由上述代码可知，在全局作用域中定义了“a”“b”两个变量，定义了名为 foo()的函数，在变量 b 中代入数值后，用 print()函数显示两个变量；然后调用函数 foo()，并再一次用 print()函数来显示“a”“b”两个变量。执行该脚本文件后会得到以下结果：

```
1 10
1 2
```

在程序最开始位置的变量 a 中代入“1”，给 foo()函数中的变量 b 中代入“10”，所以结果的第一行显示“1 10”。那么第二个结果会怎样呢？应该代入数值“10”的变量 b 却回到了原本的“2”，那么数值“10”去哪里了呢？考虑到 Python 作用域的规则，就可以理解这种情况了。如果程序的操作移动到函数中，那么新的作用域就会随之被创建。在 Python 中，由函数内部的向变量代入数值就是定义新变量，新创建的作用域中没有名为 b 的变量，所以会注册一个新的名称，然后向该变量代入数值“10”。位于函数外的函数 print()在全局作用域上运行，因为从全局作用域中无法看到函数(局部)作用域上的变量 b，所以显示的是在程序最开始时向变量 b 代入的数值“2”。

那么,接下来确认一下关于模块的作用域吧！新建一个脚本文件(在 Python 中,脚本文件就是一个模块,所以这就相当于创建了模块),然后导入新建模块,试着显示在模块中定义的变量。请将这个文件创建在与脚本文件“scopetest1.py”相同的位置。

scoprtrst2.py

```
import scopetest1

print(a,b)
```

但是,执行这个脚本会发生错误。因为 a 与 b 两个变量都没有在这个模块中定义,所以会出现找不到名称(NameError)这样的错误。在 Python 的全局作用域规则中,名称不会对其模块以外的部分产生影响。也就是说,即使是已经定义过的名称,只要超出了当前模块的范围就不会被找到。

在不定义变量的情况下,要怎样做才能不出现错误呢？该代码想要实现的功能是,在别的模块上表示定义在模块 scopetest1 中的变量 a、b。这里有两种解决方式：

第一种是改变附加在函数 print()中变量的查找方法,即在变量 a、b 之前,添加名为 scopetest1 的模块名称,并在变量与模块名称之间放置一个点号(.)。这样就可以查找位于模块作用域中的名称(变量)了。修改后的代码如下：

scopetest3.py

```
import scopetest1

print(scopstest1.a, scopetest1.b)
```

第二种是将进行模块导入的那一行用 from 语句改写为“from scopetest1 import a,b”,就算 print()函数没有变化,也可以将代码改写得不会发生错误。

9.1.2 类、实例的作用域

类与以类为根据创建出来的实例,都有自己独立的作用域。Python 中,类的构造与模块很相似。类的作用域正好与全局作用域具有同样的功能。

实例的作用域相当于局部作用域。实例的作用域位于比类的作用域低的位置,因此,可以从实例中查找到定义在类中的属性,如图 9.3 所示。这与可以从局部作用域中查找到全局作用域中的名称是相同的原理。但是,对于实例,在代入与类中属性相同名称的属性时,需要特别注意。如果执行向属性代入的操作,那么新的属性就会随之新建,类属性就会被隐藏,变得不可见。这就和在函数中定义与全局作用域同名的变量时需要特别注意是同样的原理。

使用 Jupyter Notebook 试着做一个实验吧！可以得知,发生了与在函数内代入和位于全局作用域中的变量相同名称的变量时一样的情况。

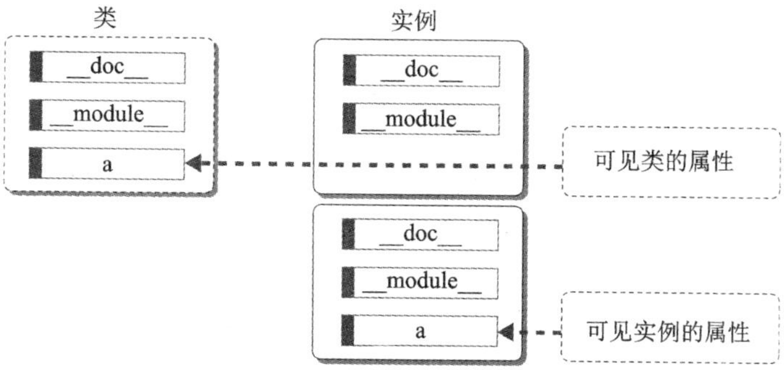

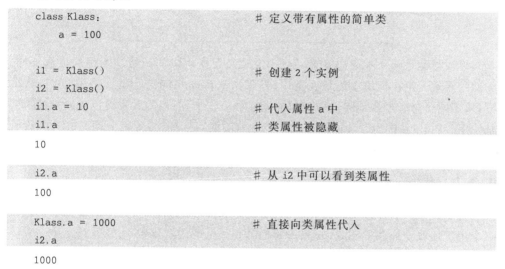

图 9.3　从实例中可以看到类的属性

类与实例的属性

```
class Klass:                          # 定义带有属性的简单类
    a = 100

i1 = Klass()                          # 创建 2 个实例
i2 = Klass()
i1.a = 10                             # 代入属性 a 中
i1.a                                  # 类属性被隐藏
```

```
10
```

```
i2.a                                  # 从 i2 中可以看到类属性
```

```
100
```

```
Klass.a = 1000                        # 直接向类属性代入
i2.a
```

```
1000
```

使用类名称可以直接指定属性。正如上例中所显示的那样，可以从没有将属性覆盖的实例看到对类属性进行的变更。

9.2　纯粹面向对象语言 Python

Pyhon 将“面向对象”这个乍看起来难以理解的概念，用简洁而又有一贯性的规则，作为一种编程语言来使用。读者只需要学习为数不多的法则，就可以很清晰地了解该语言功能的细微部分。本节将一边介绍 Python 是多么地简洁易用，一边解说其更深层次的内容。

9.2.1　对象与属性

在 Python 的类中，属性扮演着非常重要的角色。使用类编写程序时，要创建以类的定义为雏形而制作的实例。属性就像是实例中的变量一样的东西。实例中的数据是通过代入到属性中来保存的。实例具有各自的命名空间,在那里其可以自由地添加属性。

回顾类的功能,再来考虑一下模块,会发现 Python 中类的构造与模块是非常相似的。属性就相当于定义在模块中的变量,它可以像"ins. attr"这样,使用点进行参照,而模块的变量也同样可以像"module. value"这样,使用点来访问。将模块与类进行比较,得出的结论如表 9.1 所列。

表 9.1　模块与类的对应关系

模　块	类
模块的函数	方法
模块的变量	类的属性
在函数内使用变量	实例的属性

模块与类是两个不同的概念,但是,像定义在模块中的函数与实例的方法那样,类似的元素无论在模块中还是在类中,处理方法都是相同的。也就是说,在 Python 中,从不同概念里巧妙地将性质相似的元素抽取出来,类似的元素可以用同样的方式来使用。Python 作为一种语言来说是非常简洁的,很大的一部分原因是在开发设计这种语言时,一直坚持着一贯性原则。

9.2.2　魔法函数 dir()

为了进一步加深关于属性的认识,现在试着使用一下 dir()这个内置函数。这是一个用于抽取添加在 Python 对象中属性名称一览的内置函数。

在 Python 中,作用域(命名空间)的本质是字典。在名称的键中,被参考的对象作为值被收录。使用内置函数 dir(),可以得到定义在作用域(命名空间)中的名称(字典的键)的一览。

使用 Jupyter Notebook 试着定义一个简单的类,然后创建实例,添加一个属性。示例代码如下:

使用 dir()函数

```
class Aklass:                      # 定义简单的类
    def __init__(self):
        self.spam = 1              # 用初始化方法定义属性

i = Aklass()                       # 创建实例
dir(i)                             # 显示属性列表
```

```
['__class__', '__delattr__', '__dict__', '__doc__', '__eq__', '__format__', '__ge__',
'__getattribute__', '__gt__', '__hash__', '__init__', '__le__',
```

```
'__lt__', '__module__', '__ne__', '__new__', '__reduce__', '__reduce_
ex__', '__repr__',
'__setattr__', '__sizeof__', '__str__', '__subclasshook__', '__
weakerf__', 'spam']
```

```
i. egg = 1                               # 在实例中添加属性
dir(i)                                   # 再一次显示属性列表
```

```
['__class__', '__delattr__', '__dict__', '__doc__', '__eq__', '__
format__', '__ge__', '__getattribute__', '__gt__',
'__hash__', '__init__', '__le__', '__lt__', '__module__', '__ne__',
'__new__', '__reduce__', '__reduce_ex__', '__repr__', '__setattr__',
'__sizeof__', '__str__',
'__subclasshook__', '__weakref__', 'egg', 'spam']            # 添加属性
```

像上面这样，使用 dir()函数就可以得到属性的列表。在实例中添加一个属性，观察再一次调用 dir()函数的结果，可以清晰地看到列表中的项目有所增加。

仔细观察 dir()函数返回的列表，还可以发现一个很有趣的现象，那就是可以看到带有两条下画线的字符串。在这些字符串中，还可以看到一个与定义在类中的初始化方法同名的字符串"_init_"。在这里，如果有读者注意到"难道说方法也是属性之一吗"，这就说明您已经开始习惯 Python 式的思考方式了。

9.2.3　作为属性的方法

在 Python 中，像"spam. egg"这样，可以将从实例用点来划分然后记述的东西，全都当作属性来处理，方法也不例外。附着在实例上的东西，全部都是属性。这里同样也发挥着 Python 简洁性的作用。

通过执行代入，可以在实例中增加新的属性，用同样的方法也可以增加或替换方法。按照与代入属性相同的方式，向实例中代入方法。在 Python 中，在方法的名称上加上小括号，就可以调用该方法；反之，如果不加小括号，就会被当作一个变量来处理。如果不加小括号，只将方法名写入代码，则可以执行方法的代入操作。示例代码如下：

将方法代入属性

```
class Atomklass:                          # 定义简单的类
    def foo(self):                        # 定义方法
        print("this is foo method!")

i1 = Atomklass()                          # 创建实例
i2 = Atomklass()                          # 再创建一个实例
i1.bar = i1.foo                           # 将方法代入新的属性
i1.bar()                                  # 调用复制了的方法
```

```
this is foo method!

i2.bar()                                #在这个实例中发生错误
attributeErrror   Traceback (most rencent call last)
<ipython - input - 8 - 89589b307501> in <module>()
----> 1 12.bar()

AttributeFrror: 'Atomklass' object has no attribute 'bar'
```

创建两个实例,只在其中一个实例中执行向属性的代入操作,试着复制方法然后进行添加。这样添加的实例中就增加了新的方法,可以执行调用。另外,在没有执行属性添加的实例中,想要调用同样的方法,则会出现错误提示。

如果调用实例中不存在的方法,则会返回“AttributeError”这样的错误。这是因为方法也是属性,所以会返回这样的错误。

9.2.4 全部都是对象

对象是面向对象程序的中心概念。虽然根据语言的不同,对象的定义也不相同,但是“将数据与方法总结而定义的东西”“以类这样一个设计蓝图为基础来创建的东西”等的特征几乎是共通的。

到目前为止,本书还没有对 Python 的对象进行准确的定义。这是因为在还没有掌握内置类型、模块、类、属性等定义时,很难把对象的定义说明清楚。对于已经阅读到这里的读者,可以很简洁地解释 Python 对象。

- 具有类型、具有属性的就是 Python 的对象。此外,关于对象还有一个定义。
- 在 Python 中,全部都是对象。数值或列表是内置类型的对象;根据类创建出来的实例也是对象;在 Python 中,函数、方法、模块和类等,在程序中使用的都是对象。

此外,从 Python 3 开始,内置类型就作为一个类被安装在了 Python 中。到此为止,我们把 int()与 str()作为“内置函数”都进行说明,但是严格来说,它们都应该被称为类(构造函数)。代码“int(" 20 ")”,就是执行把字符串“20”作为参数进行赋值,创建 int 类型构建函数的操作。

9.2.5 对象与类型

“类型”这个词在本书中已经多次出现,像数值类型、列表类型,为了表示内置类型对象的种类而使用的分类就是“类型”。从内置类型是类这一点可知,类也是“类型”。

此外,类型具有互为继承关系的特征。这里说的继承关系,与在类的说明中涉及的“继承”是相同的意思。超类相当于父级类型,子类相当于子级类型。在 Python

中，所有的类型都以 object 类型为先祖来构建继承关系的。

为了查询某一个对象是属于怎样的类型，可以使用内置函数 type()，表记方法如下：

```
type(对象)
```

内置类型等已经被赋予了固定的名称。

确认对象类型的示例代码如下：

确认对象的类型

```
type(1)                    # 查询数值
int

type("あいうえお")          # 查询字符串
str

type(b"abcde")             # 查询字节类型
bytes

import sys
type(sys)                  # 查询模块
module
```

此外，想要查询某一个对象是否与指定的类型一致，可以使用 isinstance() 内置函数。该内置函数将对象和类型作为参数来传递并调用。表记方法如下：

```
isinstance(对象,类型)
```

对象的类型与参数的类型相同，或者属于继承关系时则返回 True。示例代码如下：

确认对象的所属

```
isinstance(1, type(1))     # 查询是否是整数类型(int)
True

isinstance(1, str)         # 类型不同则返回 False
False

isinstance("あいう", object)
True
```

在 Python 中，所有的类型都继承 object 类型。作为向 isinstance() 函数赋予的类型信息代入 object，则总是会返回 True。此外，如果向内置函数 issubclass() 赋予两个类型，则可以判断某个型是否相当于其他类型的超类。

9.2.6 对象与属性

Python 的所有对象都带有属性，如内置类型和实例等。在之前我们已经看到，使用内置函数 dir()，可以得到对象所带有的属性名称的目录。

属性与对象是被一根纽带紧紧地系在一起的，如图 9.4 所示。这里所说的“纽带”，指的是将变量与对象连接在一起的引用传递。内置类型的属性几乎都带有方法。因为 Python 中一切皆对象，所以方法也是一个对象，它是 method 类型的对象。

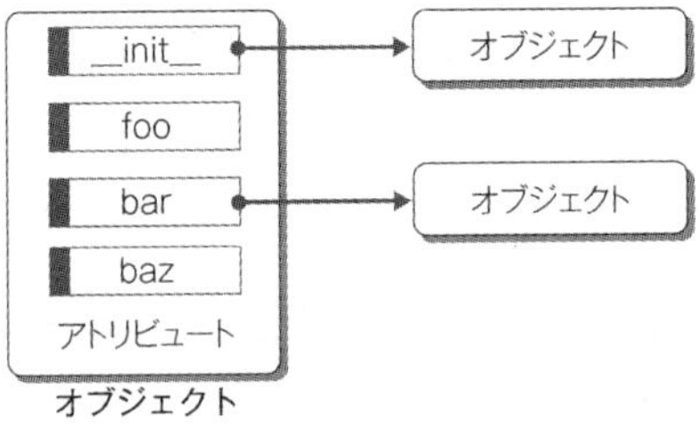

图 9.4　属性与其他对象紧紧相连

创建 dir(" abc ")，试着显示一下字符串类型的属性。应该可以看到带有两个下画线的属性名称和“find”“join”这样的方法名称。带有两个下画线的属性有特殊的意义。特殊方法是使用了运算符的操作或者执行切片等被调用的方法，是为了定义被称为协议的对象的通用动作而使用的。

像方法与函数这样的对象，也被特别称为可调用对象。像这样可以调用的对象，是通过添加小括号来进行调用的。带有_call_属性也是其中的一个特征。方法也是可调用对象的一种。在方法中执行调用时，带有属性的对象将自动代入到第一参数。如果想要获取对象所带有的属性，则可以通过加入点号(.)来叙述属性名称。方法调用就是通过指定对象的属性，添加小括号来调用方法的表记方法。

除了使用点号(.)来分隔以外，同样可以使用内置函数 getattr()来获取属性，表记方法如下：

```
getatte(对象,属性名称)
```

该函数传递对象和属性名称(字符串)两个参数。

把字符串代入变量中来做一个实验吧！使用 getattr()函数试着调用一下方法。虽然在实际运用中几乎是没有什么意义的代码，但是可以很清楚地知道能够从属性中获取方法 object，然后把获取的 object 作为对象来调用。示例代码如下：

使用 getattr()函数

```
s = "abcde"                          # 定义字符串
getattr(s, "find")                   # 取出 find 属性
```

```
<function str.find>
```

```
s.find("cd")                         # 调用 find()方法
```

```
2
```

```
getattr(s,"find")("cd")          # 调用属性
2
```

被改写的属性除了执行代入之外，还可以使用内置函数 setattr()进行改写。和利用 class 语句中定义的类创建的实例不同，内置类型的属性不能添加，也不能改写。

9.2.7　类、模块与属性

在 Python 中，类与模块也被当作对象来对待。因为两者都是对象，所以两者都具有“类型”，两者也都带有属性。正如我们所见，类和模块的构成非常相似，属性的使用方法也非常相似。类的属性与定义在类和超类中的方法被紧紧地捆绑在一起。为了可以像常量那样使用，有时也会把变量作为类的属性来定义。

如果是模块，则被定义在顶层块中的函数与变量作为属性被定义。例如，假设对 math 模块进行了导入操作，就会出现“math 对象 sin 这样的属性与定义在模块中的函数捆绑在一起”的情况。

对象是在 Python 程序中使用的零件的最基本形态，不仅仅是数值和字符串等被定义为对象，函数、类、模块也全都被定义为对象，通过使用相同的规则来保持语言的简洁性。

另外，在 Python 中，利用属性巧妙地表现了对象的分层构造。不论是内置类型、模块还是类等对象，为了表现分层构造，都使用“.”，通过把性质相似的构造用相同的方式表示来保持着语法的简洁性。

9.2.8　对象和变量

可以向变量代入对象。不仅仅是列表、字符串这样的内置类型对象与类的实例，模块与函数等也可以代入到变量中。就像前文介绍过的那样，变量就像是附加在对象上的，带有名称的标签一样的东西。变量是英文字母与数字组合而成的“名称(name)”，与对象本身有所不同。

在编程进程中，有时会使用将长名称的函数等代入变量中，把代码行缩短这样的小技巧。函数是可调用对象，通过对代入的变量加上小括号，向代入的函数赋同样的参数来调用。示例代码如下：

向变量代入函数

```
import math                # 导入 math 模块
m = math                   # 将模块代入变量
s = m.sin                  # 将 sin()函数代入变量
s(0.5)                     # 调用代入的变量
0.479425538604203
```

在属性中，有一个称为对象的“主人”。虽然在创建 Python 程序时不怎么会意

识到这一点,但事实上变量也有“主人”,变量的“主人”就是模块。

在 Python 中,脚本文件和模块是被同等对待的,所以也可以说执行中的文件是变量的“主人”。如果从模块的角度来看,变量、函数以及导入的模块,是作为在名称(name)上捆绑了对象的内容而被处理的。这与对象和方法作为属性捆绑在实例上是相同的。也就是说,内置类型的对象、类似函数那样的可调用的对象以及模块对象都是和某个名称(name)进行了捆绑。

如果打算查看没有定义的变量、函数或者没有导入的模块,则会出现一个名为“NameError”的错误。如果对 Python 的属性、命名空间与对象理解透彻,也就能够理解为何发生“试图查看名称(name)但是不存在”这样的错误了。

9.2.9 对象与命名空间

对于属性与变量等,“所有可以命名的东西都有父级”是 Python 对象的基本构造。在作为父级的对象中,使用字典一样的构造来管理名称。这个字典就是命名空间的实体。

变量名称和属性名称是字典的键,作为与键对应的值来进行对象的添加。在 Python 中,不仅仅是数值、字符串这样的数据,函数、方法和模块等也都属于对象。作为字典的值,各种对象都被添加在其中。

像这样,因为命名空间是以字典为基础创建的,所以在定义相同名称的变量和函数时,会发生一些冲突。这个冲突就是,与字典的键相对应的值会被覆盖。

用 Jupyter Notebook 试着做一个实验吧!定义一个与代入之后定义了的变量相同名称的函数,然后使用 print()函数来显示一下这名称,示例代码如下:

将变量与函数的名称统一

```
spam = 1                    # 定义变量 spam
def spam():                 # 定义函数 spam
    print("Spam!")
print(spam)
```

```
<function spam at 0xbb8b70>
```

在最开始定义变量 spam 时,在模块所带有的命名空间的字典中就添加了“spam”这个键。这时,作为与键对应的值,数值对象“1”被添加。接下来通过定义“spam”这个相同名称的函数,在同一个键中,函数也被添加在其中。在这个状态下,如果用 print()函数来显示分配在“spam”键上的对象,就会显示出函数本身。

在 Python 中,类也是对象。就像模块带有命名空间的字典一样,类也带有字典。在类中定义方法,无疑就是在这个字典中添加与方法名称相当的键。

向与方法相同的块中进行变量的代入操作,可以添加类所拥有的属性,这时也是向类所拥有的命名空间的字典中添加键。另外,实例带有单独的专门给命名空间使用的字典。因为实例与类对象属于父子关系,所以可以透过实例来看类对象。因此,添加在类对象的命名空间中的方法可以通过实例来调用。与之相同,添加在类对象中的属性也可以通过实例来查看。

Python的作用域与属性的查看虽然看起来很复杂,但实际上是由简洁而具有一贯性的规则来规范着的。命名空间的实体是字典;位于父子关系中的对象,可以从子级对象来看到父级对象的命名空间,只要熟知这两条规则,Python作用域的规则也就不难掌握了。

第 10 章

异常处理

异常(exception)是在日常会话中也经常使用的词汇,指的是“不符合例子或原则”。在程序设计中的异常指的是,为了传达在处理程序时出现的错误或状态的变化而使用的构造。本节将对 Python 中发生的错误和传达错误用的“异常”这一构造进行介绍。

10.1 Python 的异常处理

Python 程序发生的错误大致可以分为如下两类:

第一类是在运行程序之前知道的错误。例如,如果不采取添加括号或引用的应对措施,则会发生名为语法错误(SyntaxError)的错误;如果缩进不正确,则会发生名为缩进错误(IndentationError)的错误。无论出现哪一类的错误,都无法执行 Python 程序。此时,Python 会给出一个错误提示,并且停止程序的运行。

第二类错误是在程序运行后才会出现的错误。例如,在列表中指定索引来提取元素时,如果指定了比列表中元素数量更大的索引,就会出现索引错误(IndexError)。但是,由于列表的元素数量在程序运行过程中会发生改变,所以有时会发生错误,有时不会发生错误。

在 Python 中,变量、函数与模块的对象都是动态生成的。是否可以查看变量,是否可以调用函数,这些都会随着程序的运行过程而改变。像 Java 与 C++这样的静态类型语言,会在运行程序之前(编译时)发现错误;像 Python 这样的动态类型语言,如果不实际运行,有时是不会出现错误的。

10.1.1 异常的发生

在 Python 中,处理程序时出现了错误,也就是发生了异常。

在 Python 中,异常同样也是对象。发生异常时,Python 将会创建被称为异常对象的对象。在异常对象中,有记载着错误种类与错误内容的英文语句,可以通过使用异常对象来了解错误的内容。

为了将导致错误发生的各种原因进行分类,在 Python 中已经内置了许多种类的异常。Python 中内置的异常被作为类来定义,以名为 Exception 的类作为父级,根据种类进行分类。

10.1.2 捕获异常

发生异常时,一般来说程序的运行也会随之中断。但是,根据处理内容的不同,也会出现就算发生了异常,依然想要继续执行处理的情况。此外,在程序运行中发生异常时,有时会出现需要进行关闭文件夹或者切断网络等终止处理的情况。

例如,假设创建一个以多个文件名称作为参数的脚本文件。当从命令行指定参数时,有可能会错将不存在的文件名称输入。此时,如果能够对错误的文件名称输出错误,而只对正确的文件名称进行处理,那就非常智能了。

如果要打开不存在的文件,则 Python 会发生一个名为 FileNotFoundError 的异常。对于这种情况,编写一个只在该异常发生时能做出特殊处理的程序即可。

为了在发生错误时能够捕获异常,在程序中放置一个名为 try... except 的块,如图 10.1 所示。在 try... except 块中,为了表示块的范围,代码一定要进行缩进。这与 if... else 块非常相似。

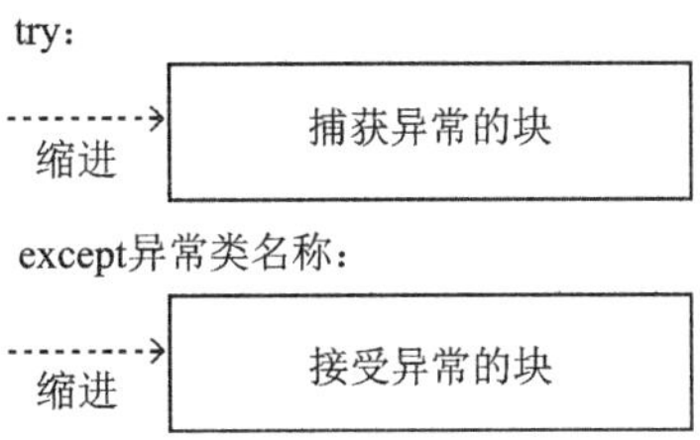

图 10.1　try... except 语句

那么就来编写一个捕获异常的代码吧! 下面是把文件名称作为参数传递并观察文件大小的简单脚本。

filelen. py

```
#! /usr/bin/env python
import sys                          # 导入 sys 模块
for fn in sys.argv[1:]:             # 取出脚本参数
    try:
        f = open(fn)
    except FileNotFoundError:
        print("{}这个文件不存在".format(fn))
    else:
        try:
            print(fn,len(f.read()))     # 显示文件名称与大小
        finally:
            f.close()               # 关闭文件
```

在这个脚本中打开被作为参数传递的文件,若文件无法打开,则发生异常。此外,这个脚本是从命令提示符(或者 shell),像"python filelen. py text1. txt"这样来运行的。

如果"text1. txt"存在,则会像下述代码那样来显示文件名称和大小。

```
text1.txt 32
```

如果"text1. txt"不存在,则会用信息来传达这个意思。

```
不存在名为 text1.txt 的文件
```

如果在 try... except 所包围的块中发生异常,则程序的运行会被跳过(见图 10.2),程序的控制会移动到 except 以下的块中。也就是说,except 以下,只有在文件无法打开(发生名为 FileNotFoundError 的异常)时才运行。在这里,作为出现错误时使用的字符串,显示不能打开的文件名称。

像这样,使用 try... except 块可以捕获到运行中发生的异常,也可以执行错误处理等。此外,就算发生了错误,如果有必要,也可以继续运行程序。

接在 try 语句后的 except 中,为了捕获到特定异常对象,叙述异常的类。如果多个 except 语句连用,则可以叙述根据发生异常的不同而执行不同处理方式的代码。另外,如果什么都不叙述,就变成捕获所有的异常。

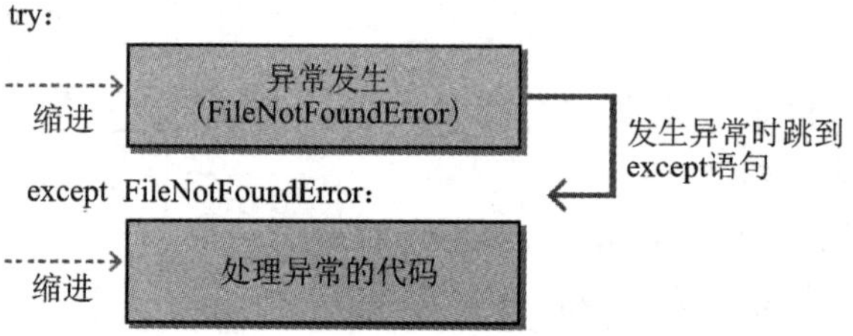

图 10.2 发生异常时,try 块之后的程序会被跳过

另外,也可以用表 10.1 所列的格式来处理异常。其中,except 语句、else 语句等后面分别接续了缩进的块。同时,作为接受异常的类,若指定某个类为多个异常的超类,则可以捕获到包括子类在内的异常。

表 10.1 处理异常的格式

格 式	说 明
except:	接受所有异常,进行异常发生时的处理
except 异常类名称:	指定类,只接受特定的异常。将异常类用小括号包围,用逗号分隔,可以并列记述多个
except 异常类名称 as 变量名称:	指定接受异常类与异常对象的变量名称。使用代入了异常对象的变量,可以获取关于异常更详细的信息

续表 10.1

格　式	说　明
else：	没有发生异常时使用
finally：	无论异常是否发生，在叙述执行的块时使用

10.1.3　with 语句

作为与异常很相似的功能，Python 中还有一个名为 with 语句的语法。With 语句是将使用异常书写的处理定义在类中，以及为了使用上下文管理器高效处理块的运行而添加的功能。

例如刚才介绍过的"如果文件存在就进行处理"的代码，若使用 with 语句则可改写如下：

```
with open(fn) as f:
    for line in f:
        print(line)
```

如果只看代码，则除了增加了使用 with 语句的行之外，就只能看到打开的文件和正在读取的文件。实际上，就上述代码而言，如果文件存在就打开文件进行处理；如果文件不存在，则在进入 with 块之前就发生了异常，因此，在 with 块中不执行任何处理。

在 with 语句中，添加与上下文管理器相对应的对象来叙述。在 Python 的内置类型中，文件类型与上下文管理器相对应。在成功打开文件类型对象的情况下，文件对象被代入到"as"后续的变量中。在此之后，处理移动到块中。这与 for 语句的循环变量很相似。

在文件对象打开失败的情况下，不运行块。从块中抽离时，上下文管理器再次运行，文件关闭，执行块的终止处理。

在 with 语句中，与使用异常处理相比，块的处理可以更简洁地叙述。

10.1.4　异常与追溯

使用异常最大的好处在于，"可以将错误的发生位置与错误的处理分离开来"。就算是同样的错误，究竟是应该停止程序还是应该继续运行，会根据处理的内容而发生改变。进行处理的一方要对应各种情况，这样程序就会变得很繁杂。如果将错误作为异常传递给外界，而把对错误的处理交给外界，就可以保持程序的简洁性了。

特别是在 Python 这样的面向对象的语言中，为了运行一个处理，会将各种对象像容器一样使用。例如，像 Web 或是电子邮件这样网络上的处理，在内部使用的是较低级的套接字处理，其中，套接字处理为了使用网络上的数据，使用名为 stream 的处理；为了实现相对高层的处理，使用运行相对低层处理的对象。

在低层发生的异常,如果有必要则在较高层中补足,然后继续进行处理。对于异常不被补足的情况,Python 会出现名为追溯的错误信息。根据错误的不同种类,有时也会出现"确认追溯"代码中这样比较长的错误。这是想要执行某个处理时,按顺序表示出现过的作为容器调用的函数与方法等。没有被补足的异常显示在最下面。因此,如果先观察一下追溯的最下方,就可以迅速地掌握错误的原因。

确认追溯

```
from urllib import request
request.urlopen("spam://spam.spam/")            # 指定 URL 并打开
URLError                              Traceback(most rencent call last)
<ipython input-3-424f3cfba38> in <module>()
        1 from urllib import request
----> 2 request.urlopen("spam://spam.spam/")

# 省略
C:¥Users¥someone¥AppData¥Local¥Continuum¥Anaconda3¥lib¥urllib¥request.
py in unknown_open(self, req)
    1322        def unknown_open(self,req):
    1323            type = req.type
    1324            raise URLError('unknown url type: %s' % type)
    1325
    1326 def parse_keqv_list(1):

URLError:<urlopen error unknown url type: spam>        # 发生 URLError
```

10.1.5 引发(raise)异常

如果在自己创建的类等中发生了错误,并且想把这件事传达到外界,则可以故意引发异常。为了引发异常,可使用 raise 语句;为了引发异常,可使用异常类。

在 raise 语句中,添加一个由异常类创建的异常对象,来引发异常,如"raise ValueError("Some message")"。在参数中,用字符串来传递异常发生的原因。

此外,可以继承异常类,然后创建自定义的类,还可以定义自定义的异常。在创建比较大的程序时,为了细化定义错误或异常的内容,有时会定义自定义异常类。

注意:异常除了用于告知发生了错误,还有其他用途。例如,在迭代程序中获取元素,但当元素不见时,也可以用异常来告知。此外,在终止 Python 程序的结构中,也使用异常。像这样,异常不仅用于告知错误的发生,而且还用于告知程序执行流程的状态变化。

10.1.6 显示追溯

使用存在于 Python 标准模块中的 traceback,可以显示在异常发生时输出的追溯，也可以将异常内容储存为字符串。异常是了解出现不佳状态的原因所使用的重要手段。如果事先将发生过的异常保存在文件中，那么也会很容易地找到错误。

Python 会自动记忆异常发生的场所。使用 traceback 模块，可以将这些信息抽出显示，也可以将异常内容作为字符串抽出。

如下述代码所示，用接受异常的 except 语句将发生的异常显示为标准输出。如果 try... except 块存在于循环中，则发生的异常会被 except 语句捕获，因此程序可以继续执行。

```
import traceback                      # 导入 traceback 模块

try:
                                      # 执行处理的代码
except:
    traceback.print_exc()             # 显示异常
```

此外，如果按下代码操作，则可以将异常保存为字符串。将保存了异常的字符串作为日志(log)输出，当想要在文件中记录时，再次使用就可以了。

```
try:
                                      # 执行处理的代码
except:
    ex = traceback.format_exc()       # 将异常作为字符串抽出
```

10.2　常见错误或异常与对策

在 Python 中，程序中出现的所有错误都被当作异常来对待。异常发生时，将作为容器被调用的函数或方法向上追溯。在这个过程中，如果找不到接受异常的 except 语句，就会停止程序的执行。如果发生了异常，且程序的执行停止了，则 Python 会显示出名为追溯的错误。在追溯中，可以显示许多信息，例如引起错误的函数、调用方法代码的信息等。

在追溯被表示时，看一下位于最下方的一行，能比较容易地掌握错误的内容。另外，追溯中记载了发生错误的程序的文件名称、行数、异常的种类等。如果关注这些信息，就能比较容易地掌握错误的原因。

根据种类与性质，异常被分为几个种类。首先，异常实际上是名为异常类的类，而异常类的继承关系是根据异常的种类与性质构建的。然后，普通异常的父级是名为 Exception 的类。最后，在 Exception 下面，还有将异常的种类进行大致分类的异常类，在异常类的下面还有将实际发生异常时使用的异常类进行细分并定义。

在 Python 的程序中所涉及的变量、函数，甚至模块都被定义为对象，而对象本身也是使用了属性的非常简洁的构造。因此，有时会遇到同种类的错误(异常)，却是由多种不同的原因产生的情况。鉴于此,Python 在表示错误时,有时会出现看不懂错误发生原因的情况。

不是很清楚 Python 的属性或名称(name)机制的读者,请仔细阅读第 9 章的内容,充分了解 Python 作用域的规则。这样就应该可以理解错误的意思了。

本节将以异常的种类为基础,对 Python 中经常出现的错误与异常进行介绍;另外,也会就对待错误的处理方法进行介绍。

10.2.1 读取程序时发生的错误(SyntaxError)

SyntaxError 被定义为,程序执行前所发生的异常整合而成的类。除了 Python 在读取程序时会发生这种异常以外,在用 import 语句读取模块时也会发生。该异常几乎都是在没有采取引用或括号的对应方法,或是缩进没有正常执行的情况下发生的。在缩进没有正常执行的情况下,将发生名为 IndentationError(缩进错误)的异常。如果发生了 SyntaxError 异常,则 Python 不能执行程序,需要进行编辑脚本文件等操作,消除异常发生的原因后才能再一次执行程序。

10.2.2 程序执行中发生的错误(Exception)

程序执行过程中发生的错误均整合定义在名为 Exception 的异常中。如果用 except 语句来指定 Exception 类,则会接受包括 SyntaxError 等在内的所有异常。如果设定为接受 Exception,就可以只捕获执行程序过程中发生的异常。

Exception 被进一步细分为各种异常类,如下:

1. NameError

NameError 是在查看没有定义的变量时所发生的异常。在 Python 中,函数与模块、变量都是带有名称的对象,当调用没有定义的函数,或是使用没有导入的模块时,会发生 NameError 异常。

大多数情况下 Exception 异常都是因为代码的输入错误而产生的,此时通过重新检查程序,修改输入错误等方法即可排除该异常。另外,使用"+="复合运算符对没有定义的变量进行代入操作时,也会发生 NameError 异常。

2. AttributeError

AttributeError 是查找没有定义在对象中的属性时发生的异常。在 Python 中,对象拥有变量,且方法也作为属性对待。在调用没有定义的方法时,也会发生 AttributeError 异常。另外,像内置类型对象那样,向被禁止添加属性的对象代入属性,结果失败时,也会发生这个异常。

这个异常与 NameError 相同,有时会因为输入错误而发生。在这种情况下,可采取重新检查修改程序等方法来应对。

此外,在向函数传递参数等情况下,当传递了与代码所期待的不同类型的对象时，也会发生这个异常。在调用对象中不存在的方法、对象处理不正确的情况下，也发生 AttributeError 异常。这时，可采取确认调用函数一方的代码，然后进行修改等对应方法。

3. TypeError

TypeError 是在处理过程中，使用了不恰当的类型的对象时发生的异常。添加字符串与数值等，使用运算符运算时，会发生这个异常；将列表的元素用索引来查找时，把整数以外的对象作为索引来使用时，也会发生这个异常。

另外，当未知类型的对象作为内置类型的方法或内置函数的参数进行传递时，也会发生异常。这个异常通常是因为程序的错误而产生的。

在表示发生异常的追溯中，通常会在异常的类名称中添加下面这样的英文来表示异常发生的详细原因。根据不同的原因，选择恰当的方式进行应对。另外，根据 Python 版本的不同，有时所表示的英文也会有所差异。例如：

① “unsupported operand type(s)for+：int' and 'str'”：int 类型与 str（字符串）类型不能做加法运算。

② “cannot concatenate 'str' and 'int' objects”：不能连接 str（字符串）类型与 int 类型。

③ “TypeError list indices must be integers”：列表的索引必须是整数。

④ “iteration over non-sequence”：打算使用不属于序列类型的对象执行迭代操作（在要求序列类型的位置记述其他的对象）。

4. IndexError

IndexError 是在用索引查看列表序列时，指定超过序列的元素数量所发生的异常。这个异常主要是因为程序的错误而发生的。为了让索引可以在列表的元素数量内，可采取修改程序的方法来应对。

5. KeyError

KeyError 是使用键查找字典对象元素时，指定不存在的键的情况下所发生的异常。另外，即使是使用字典风格的表记方法可以访问元素的对象，也会发生 KeyError 异常。在 set 类型中，当访问不存在的键时也会发生 KeyError 异常。

这个异常主要是由于程序的错误而发生的，可通过事先查看键，然后查看字典的键等，再修改程序的方法来应对。

6. ImportError

ImportError 是在 import 语句中无法找到模块定义时所发生的异常。另外，在模块中无法找 from 语句中指定的函数或变量时，也会发生这个异常。

7. UnicodeDecodeError 和 UnicodeEncodeError

UnicodeDecodeError 和 UnicodeEncodeError 是在字符串或者字节类型的解

码、编码发生错误的情况下所发生的异常。

8. ZeroDivisionError

ZeroDivisionError 是用数值除以 0 时所发生的错误。

向函数注释(Function Annotations)

Python 中有一个叫作文档字符串(docstring)的内容。为了记述函数或方法的讲解,在 def 语句的后面放置字符串,作为函数或方法等的讲解。

在 Python 3 中,为了给函数的参数等添加注释,导入了名为"Function Annotations"的表记方法,其刚好与函数所添加的文档字符串一样,也可以对参数、函数的返回值添加注释。

添加注释的示例如下,在参数后面添加冒号,然后写注释的字符串。返回值的说明是在函数定义的后面写一个"->",然后再书写字符串。

```
def func(arg1:"参数的说明 1",
         arg2:"参数的说明 2" = 1) -> "返回值的说明":
    #函数定义
```

也可以在冒号或"->"的后面书写字符串、函数调用、函数对象(函数名称)。

Function Annotations 的内容是放在函数对象所拥有的叫作"__annotations__"的字典中的。不是指定字符串,而是指定校验参数用的函数对象,通过与装饰器组合,可以轻松地校验参数或返回值的类型。

第 11 章

使用标准库

Python 将在程序中执行比较高级的处理时所需要的功能，整合为标准库的形式来提供。正如“标准”一词的意思，Python 标准库也汇集了一些必要的基础库。只要安装 Python，就可以将专业性高的处理程序用简单的方式书写。本章将重点介绍 Python 标准库中较为常用的部分。

11.1 标准库的导入

标准库是附属在 Python 中的库与包的集合体，是用内置类型与内置函数比较难以实现的、难度较高的处理，或是在编写专业性较高的程序时所使用工具的集合。标准库的使用方法简单，只需要使用 import 语句将必要的模块或库导入即可。

例如，将汇集了从 Web 服务器中获取数据等处理的 urllib 模块中的 request 模块导入，就可以获取 python.org 首页的 HTML，并且将其代入到 src 变量中。示例代码如下：

使用 urllib 模块的功能

```
from urllib import request                        # 导入 urllib 模块
src = request.urlopen('http://www.python.org/').read()
```

像这样，根据需要导入模块，然后编写程序。

注意： 本章将介绍许多函数与方法。到目前此为止，在函数或方法的执行格式中，参数的意思一直是使用日语进行表记的。但是在本章中，对于可以省略的参数，一部分使用了英文关键字来进行表记，原因是考虑到实际输入程序的情况。这些参数的含义在文中都有记载。

11.2 数据结构

Python 中已经包含了作为内置类型的好用的数据类型。像列表与字典这样的内置数据类型,其基本功能中就已经具备了十分完善的功能。但是,想要编写专业性更高的程序,就势必需要功能更强大的数据类型,或拥有某种特殊功能的数据类型。

标准库中已经对内置类型进行了扩展,准备了能够解燃眉之急的数据结构的模块。本节将介绍几种这样的模块。

11.2.1 保持添加时顺序的"collections. OrderedDict"

在 Python 的字典中并没有顺序这一概念,因此,如果获取键列表,将会以与添加顺序无关的顺序返回键。但是,在将字典的内容保存到文件时,在某些情况下,如果字典返回的键或元素的顺序能够按照一定的规律排列,则会更加方便。此时,如果使用 collection 模块的 OrderedDict 类,则会变得很便捷。

OrderedDict 是获取键或元素的一览时,按添加顺序返回元素的、类似字典的数据结构。通过使用 OrderedDict,在输出字典内容时,可以保持元素的排列顺序。创建 OrderedDict 的实例时,可以像字典那样添加元素或进行变更。

现在用 Jupyter Notebook 尝试一下吧! 创建包含相同元素的 OrderedDict 实例与字典,然后观察元素的排列顺序,示例代码如下:

使用 OrderedDict

```
from collections import OrdereDict              # 导入 collections 模块
od = OrderedDict()                              # 创建 OrderedDict 实例
od['a'] = 'A'                                   # 添加 a、c、b 与元素
od['c'] = 'C'
od['b'] = 'B'
od                                              # 确认元素
```

```
OrdereDict([('a', 'A'),('c', 'C'),('b', 'B')])
```

```
d = {}                                          # 创建字典
d['a'] = 'A'                                    # 添加 a、c、b 元素
d['c'] = 'C'
d['b'] = 'B'
d                                               # 确认元素
```

```
{'a': 'A' ,'b': 'B' ,'c' : 'C'}
```

由上述代码可知,OrderedDict 是以添加顺序来显示元素的,而字典是以与添加顺序无关的排列顺序来显示元素的。但是,从 Python 3.6 开始,内置类型的字典就可以保持与 OrderedDict 同样的元素排列顺序了。

OrderedDict 保持着最新添加的元素出现在最末尾这一排列顺序，就算把值代入已有的键中，排列顺序也不发生改变。如果用 del 语句等删除元素，再用同样的键来代入，则元素还是被添加在最末尾处。

另外，将几个 OrderedDict 进行比较，只有包括元素排列顺序在内的所有元素都一致时，才判断为相同。在 OrderedDict 与字典进行比较时，不需要考虑排列顺序，只要元素一致就可以判断为相同。

OrderedDict 是字典的子类，因此，除了字典带有的全部方法以外，也可以使用下列方法。其中，格式中的“OD”表示 OrderedDict 实例。

popitem()方法：取出元素并删除

表记方法如下：

```
OD popitem([是否从末尾取出])
```

将 OrderedDict 实例的元素以键和值的元组形式取出，取出的元素将从原来的 OrderedDict 实例中删除。如果在参数中指定 True 或者是省略，则从最尾端提取元素；但如果指定 False，则从前端提取元素。

11.2.2　带有默认值的字典“collections. defaultdict”

collections 模块的 defaultdict 也是字典的子类，它可以添加与键相对应值的默认值。

defaultdict：对象的生成

表记方法如下：

```
defaultdict([函数名称])
```

向自定义的参数指定函数名称，在查找不存在的键时，该函数会被调用，可以将返回值作为默认值设定。

在使用字典时，有时可能会觉得键的检查非常烦琐。例如，创建一个数据来管理多个键的元素，这就意味着作为键的元素需要向字典添加列表。但是在这样的情况下，每一次添加元素都需要进行一次键的检查，如果键不存在，则代入空列表。

假设为了将猫和狗分类统计，通过元组的列表来创建字典。为了处理第一次出现的键，需要编写使用了 if 语句的代码，如下：

通过元组创建字典

```
animals = [('猫','三毛'),('狗','柯基'),
           ('猫','暹罗'),('狗','达克斯狗),
           ('狗','黑 love')]
d = {}
```

```
for k,v in animals:            # 由元组创建字典
    if k mot in d:
        d[k] = [v]             # 因为键不存在,所以用列表初始化
    else:
        d[k].append(v)         # 因为存在键,所以添加值

d
```

{'猫':['三毛','暹罗'],'狗':['柯基','达克斯狗','黑 love']}

此外,如果使用字典的 setdefalut()方法,则代码会变得简洁,但是代码也会显得有点绕圈子,如下:

使用 setdefalut()方法

```
d = {}
for k, v in animals:
    d.setdefault(k, []).append(v)

d
```

{'猫':['三毛','暹罗'],'狗':['柯基','达克斯狗','黑 love']}

如果使用 defaultdict(),则可以编写出简洁易懂的代码,如下:

使用 defaultdict()

```
from collections import defaultdict
dd = defaultdict(list)                  # 创建把空列表作为初始值的字典
for k, v in animals:
dd[k].append(v)

dd
```

defaultdict(<class 'list', {'猫':['三毛','暹罗'],'狗':['柯基','达克斯狗','黑 love']}

defaultdict()的参数指定了名为 list()的创建列表的内置函数,因此,"dd"是作为默认值返回空列表的字典。在 for 语句中,对字典的值调用列表的 append()方法,当键不存在时,对空的列表使用 append()方法添加元素;当键存在时,对既存的列表添加值。比起前两种方法,使用 defaultdict 编写的代码更为简洁易懂。

11.2.3 协助列表 sort 的"bisect"

在 Python 的列表类型中有 sort()方法,使用此方法可以把元素进行排列。bisect 模块为保持列表元素时常处于排列好的状态而提供方便的函数。与使用列表类型的 sort()方法一样,每次添加元素都要重新排列;另外,使用 bisect 模块可以时常保持高速处理的状态。

在 bisect 模块中，使用名为数组二分法 algorithm 的手段，当添加已经排列好的元素时，可以推算出添加在哪个位置比较好。

在 biscet 模块中，已经预备了下面的一些函数。

1. insort_left()函数：在排列好的状态下插入元素

表记方法如下：

```
insort_left(a, x)
```

在完成了排列的列表 a 中，将元素 x 以排列好的状态插入。如果已经有与 x 相等的元素，则在相等的元素前添加新的元素。

2. insort()、insort_right()函数：在排列好的状态下插入元素

表记方法分别如下：

```
insort(a, x)
insort_right(a, x)
```

与 insort_left()相同，在完成了排列的列表 a 中插入元素 x。如果已经有与 x 相等的元素，则在相等的元素的最后方添加新的元素。

3. bisect_left()函数：返回插入位置的索引

表记方法如下：

```
bisect_left(a, x)
```

查找可以向有序列表 a 添加不改变顺序元素的索引。如果在索引中已经有了与 x 相同的元素，则会在相同元素的开头返回添加了新元素的索引。

4. bisect()、bisect_right()函数：返回插入位置的索引

表记方法如下：

```
bisect(a, x)
bisect_right(a, x)
```

查找可以向有序列表 a 中添加不改变顺序元素 x 的索引。如果已经有与 x 相等的元素，将会返回一个像是被添加在相等元素最末尾的索引。

11.3　处理日期数据的“datetime、calendar”

datetime 是用数据表示日期或时刻时使用的模块。在 Python 中，有 time 与 datetime 两个模块，它们汇集了与日期和时刻相关的处理。其中，time 是很早之前就有的模块，它收集了与日期和时刻的相关处理。time 模块以名为 epoch 秒的特殊秒数为基础来处理日期和时刻，可以以字符串为基础来获取有关日期与时刻的数据，也

可以创建表示日期与时刻的字符串;此外,在该模块中还定义了将 Python 的处理暂停一定时间的 sleep()函数。

使用 datetime 模块,可以处理 time 模块无法处理的 1970 年之前或者 2036 年之后的,范围更广泛的日期与时刻。此外,对于使用了日期或时刻的运算与比较,也更容易进行。如果没有特殊的原因,则还是使用 datetime 模块比较好。

在 datetime 模块中定义了以下类,其中,定义在 datetime 模块中的类全都是不可变更的,可以作为字典的键来使用。

1. datetime. date 类

这个是为了处理日期的类。将公历(year)、月份(month)、日(day)作为参数进行赋值,利用“datetime. date(2016,5,1)”语句来创建实例对象。其中,参数不可省略。当方法 today()定义为“datetime. date. today()”时,可以简单地创建指定今天的 date 类实例。

此外,在 date 类实例中,有“year”“month”“day”这样的专用于读取的属性。想要获取公历时,可以像 d. year 这样书写获取日期的元素。

2. datetime. time 类

这个是为了处理时间的类。将时(hour)、分(minute)、秒(second)、毫秒作为参数来赋值,利用“datetime. time(10,20,0)”语句来创建实例。注意,“分”之后的参数可以省略。

此外,在 time 类实例中,有“hour”“minute”“second”这样的专门用于读取的属性,利用“t. hour”语句可以获取时刻的元素。

3. datetime. datetime 类

这个是为了处理日期与时刻的类。将公历(year)、月份(mouth)、日(day)、时(hour)、分(minute)、秒(second)、毫秒作为参数来赋值,利用“datetime. datetime (2016,5,1,10,20,0)”语句来创建实例。注意,时刻之后的参数可以省略。

如果 now()方法被定义为“datetime. datetime. now()”,就可以轻松地创建指定当前日期与时刻的 datetime 类的实例。此外,在 datetime 类的实例中,有带有 date 类、time 类实例的专门用于读取的属性。利用“d. year”或者“d. hour”语句可以获取日期与时刻的元素。

4. datetime. timedelta 类

这个是为了处理日期差或时刻差的特殊类,用于日期与时刻等的运算。timedelta 类的实例作为处理被定义在 datetime 中的日期与时刻的类的运算结果而返回。datetime. timedalta(100)类也可以像 datatime. timedalta(100)这样创建实例。另外,在 timedelta 类的实例中,有“days”“seconds”“microseconds”这样的专门用于读取的属性;日期与时刻的差可以用日期或秒数来获取。

11.3.1　日期与时刻和字符串

在除了 timedelta 之外表示日期与时间的类的实例中，使用 strftime()方法可以获取将日期与时刻格式化后的字符串。此外，使用 strptime()方法，可以从字符串创建日期与时刻对象。在以下表记方法中，“D”表示 date、time、datetime 中任意一个类的实例。

1. strftime()方法：返回格式化后的日期与时刻字符串

表记方法如下：

```
D.strftime(格式化字符串)
```

将日期与时刻数据使用参数的格式化字符串进行整理，然后返回整理后的字符串。在参数传递的格式化字符中，编写以百分号(%)开头的字符串可以置换元素。若想把百分号(%)本身嵌入到字符串中，就可以像“%%”这样叠加两个“%”。表 11.1 所列为常用格式化字符串的列表，其中，英文大写字母与小写字母分别代表不同的元素。

此外，在这里介绍的格式化字符串，也可以与字符串类型 format()方法组合，如“"{:%B %d,%Y}".format(datetime.now())”。

表 11.1　格式化字符串

字符串	说　明
%y、%Y	公历，其中，y 为两位数的年份表示(00～99)，Y 为四位数的年份表示
%m	2 位的月份，如“01”“02”等
%d	2 位的日期，如“01”“31”等
%H	24 小时计时法的时间，如“00”“23”等
%I	12 小时计时法的时间，如“01”“12”等
%M	2 位的分钟，如“00”“59”等
%S	2 位的秒数，如“00”“59”等
%a、%A	考虑本地的星期名，大写字母有省略，小写字母无省略
%b、%B	考虑本地的月份名，大写字母有省略，小写字母无省略
%p	考虑本地的“AM”“PM”这样的上午、下午的表记
%w	表示星期的十进制，其中，“0”是周日，“6”是周六
%x	考虑本地的日期表达
%X	考虑本地的时间表达
%Z	时区的名称

2. strptime()方法：由日期字符串来创建日期与时间数据

表记方法如下：

```
D.strptime(日期字符串,格式化字符串)
```

传递由第二参数"格式化字符串"整理过的"日期字符串",返回与之相对应的日期与时刻数据。在格式化字符串中,与 strftime()中使用的相同,也是指定以"%"开始的字符串。另外,在以下几种情况下会出现错误:没有格式化中指定的元素;包含多余的字符串等;传递与格式化不相符的日期字符串。

11.3.2 日期与时刻的运算和比较

对于定义在 datetime 中的类,可以执行以下的运算和比较。

1. 求日期与时间的差

在 date 或者 datetime 类中,相同类的实例之间进行减法运算可以求日期与时刻的差值,运算结果返回 timedelta 类的实例。示例代码如下:

求日期与时间的差

```
import datetime                          # 导入 datetime
d1 = datetime.date(2016, 6, 28)          # 创建 date 类型的实例
d2 = datetime.date(2015, 6, 28)
td = d1 - d2                             # 计算两个时间的差
print(td)                                # 显示 timedelta 类型的结果
```

```
366days,0:00:00
```

2. 进行日期与时间的加法和减法运算

在 date 或者 datetime 类的实例中,可以将 timedelta 类的实例进行加法或减法运算,由此,将某个日期与时间作为基础,可以算出其他日期与时间。如果是 date 类和 timedelta 类的运算,运算结果就是 date 类的实例;如果是 datetime 类和 timedelta 类的运算,运算结果就是 datetime 类的实例。示例代码如下:

时间的加法

```
import datetime                          # 导入 datetime
d1 = datetime.date(2016, 4, 14)          # 创建 date 类型的实例
td = datetime.timedelta (days = 100)     # 创建 timedelta 类型
d2 = d1 + td                             # 计算 100 天之后的日期
print(d2)                                # 显示结果
```

```
2016 - 07 - 23
```

3. datetime. timedelta 的运算

在 timedelta 类的实例中,可以进行更为灵活的运算。除了进行 timedelta 类型之间的加法和减法运算外,也可以进行 timedelta 类型与整数的乘法运算。此外,使用"//"可以执行抹掉尾数的除法运算。示例代码如下:

日期与时间的乘法、除法运算

```
import datetime                            # 导入 datetime
td = datetime.timedelta(days = 5)          # 创建 timedelta 类型
print(td * 2)                              # 乘以 2
```

```
10 days, 0:00:00
```

```
print(td / 3)                              # 除以 3
```

```
1 days, 16:00:00
```

4. 进行日期与时间的比较

在 date 或者 datetime 类中，可以在相同类的实例间进行比较。示例代码如下：

日期与时间的比较

```
import datetime                            # 导入 datetime
d1 = datetime.date(2016, 6, 28)            # 创建 date 类型的实例
d2 = datetime.date(2016, 6, 28)
d1 > d2                                    # 与 d2 相比，d1 是否处于未来
```

```
False
```

```
d1 == d2                                   # 比较日期是否相等
```

```
True
```

11.3.3 使用 datetime.date 类的方法

在 date 类中定义了以下方法，在以下格式中，“D”表示 date 对象。

1. timetuple()方法：返回表示日期与时间的元组

表记方法如下：

```
D.timetuple( )
```

time 模块的 localtime()函数，将带有返回形式的 9 种元素的数据返回，用于 datetime 模块与 time 模块间数据类型的相互变换。

2. weekday()方法：返回星期号码

表记方法如下：

```
D.weekday()
```

对设定好的日期，返回把星期一作为“0”，星期日作为“6”的星期号码(整数)。

3. isoweekday()方法：返回星期号码

表记方法如下：

```
D.isoweekday( )
```

对设定好的日期,返回把星期一作为“1”,星期日作为“7”的星期号码(整数)。

11.3.4 使用 datetime.datetime 类的方法

在 datetime 类中定义了以下方法,因为 datetime 类是 date 类的子类,所以在 date 类中可以使用的方法在 datetime 类中也同样可以使用。在以下格式中,“DT”表示 datetime 对象。

1. date( )方法:返回 date 对象

表记方法如下:

```
DT.date()
```

返回带有与设定好的内容相同的年、月、日 date 类的实例。

2. time( )方法:返回 time 对象

表记方法如下:

```
DT.time( )
```

返回带有与设定好的内容相同的时、分、秒 time 类的实例。

11.3.5 使用 calendar 模块

在 calendar 模块中,汇集了从公历年或月份这样的信息中获取与日历相关信息的函数等,可以将一个月的星期一览作为元组获取,也可以查询闰年。在 calendar 模块中,把星期作为从 0 到 6 的数值来对待,其中,“0”是星期一,“6”是星期日。这个数值是作为像 MONDAY、TUESDAY 这样的英文大写字母的变量定义在 calendar 模块中的。

在 calendar 模块中定义了以下方法:

1. weekday()方法:返回星期号码

表记方法如下:

```
calender.weekday(公历,月份,日)
```

将公历、月份、日作为参数传递,可以查询并返回相应的星期号码。星期一是整数“0”。

2. monthtrange()方法:将月份信息用元组返回

表记方法如下:

```
calender.weekday(公历,月份)
```

将公历和月份作为参数传递,返回带有两个整数的元组第一天是星期几。元组的第一个元素表示月份的天数;第二个元素是那个月份用数值来表示那个月份的第一天是星期几。

3. month( )方法:返回一个月份的日历

表记方法如下:

```
calender.weekday(公历,月份[, w[, 1]])
```

将公历和月份作为参数传递,以整理好的字符串来返回创建日历的字符串。其中,在自定义参数 w 中指定行数,"1"表示 1 周。示例代码如下:

创建日历

```
import calendar                          # 导入 calendar 模块
print(calendar.month(2199,12))           # 显示日历
    December 2199
Mo Tu We Th Fr Sa Su
                   1
 2  3  4  5  6  7  8
 9 10 11 12 13 14 15
16 17 18 19 20 21 22
23 24 25 26 27 28 29
30 31
```

4. monthcalendar( )方法:将日历用列表返回

表记方法如下:

```
calendar.monthcalendar(公历,月份)
```

将公历与月份作为参数传递,将日历用列表返回。创建含有 7 个数值(日期)的一周的列表,以及只包含月份中星期数量的列表。月份的开头或结尾处没有相应日期的部分为"0"。示例代码(采取换行的形式来显示列表的段落划分)如下:

创建日期的列表

```
import calendar                             # 导入 calendar 模块
print(calendar.monthcalendar(2199,12))      # 显示日期的列表
[[0, 0, 0, 0, 0, 0, 1],
[2, 3, 4, 5, 6, 7, 8],
[9, 10, 11, 12, 13, 14, 15],
[16, 17, 18, 19, 20, 21, 22],
[23, 24, 25, 26, 27, 28, 27],
[30, 31, 0, 0, 0, 0, 0]]
```

5. setfirstweekday( )方法:设定日历最开始的星期

表记方法如下:

```
calendar.setfirstweekday(显示星期的数值)
```

把表示在日历最左边的星期用 0～6 的整数来指定,其中,星期一是 0……星期日是 6。在这里设定的结果会影响 calendar 模块的结果。注意,这个设定在每次读取模块时都会被重置。

6. firstweekday( )方法:返回被设定为第一天的星期号码

表记方法如下:

```
calendar.firstweekday( )
```

把设定在 calendar 模块中的日历中最开始的星期,以星期号码的形式返回。

7. isleap( )方法:返回是否为闰年

表记方法如下:

```
calendar.isleap(公历)
```

将公历作为参数赋值,查询是否为闰年。如果给的公历是闰年,则返回 True。

11.4 正则表达式"re"

所谓正则表达式,指的是为了表现字符串的模式而使用的表现方法。将普通的字符串和名为 meta-character(元字符)的特殊字符组合来创建模式,寻找用模式指定的法则排列的字符串。例如,URL 或电子邮件地址,为了找出按照一定规则编写的字符串,可以使用正则表达式。与单纯的字符串检索相比,可以进行更为灵活、更为复杂的检索。

有个说法是"以一当十",正则表达式有时会被比喻为"瑞士军刀"(一种内置了开瓶器与螺丝刀等的多功能折叠刀具)。如果要使用脚本语言,则正则表达式是必须掌握的技能。

由于正则表达式使用起来非常方便,所以可以将复杂的处理变得惊人的简短。但是,越是进行复杂处理的正则表达式,越是存在容易变成黑箱,以及可读性与可维护性变低的问题。在 Python 中,在复杂的处理中运用正则表达式的场合很少。若从 HTML 或 XML 这样构造比较明确的语句中获取元素,则推荐使用 parser(语法分析程序)或 saraper 功能。

11.4.1 re 模块

为了在 Python 中使用正则表达式,需要使用 re 模块。对于 Ruby 或 Perl 等语言,正则表达式的功能已经内置在其中;但是对于 Python,正则表达式的功能是作为独立的模块来使用的。Python 的正则表达式将对象与调用的方法组合,用来执行置换或检索处理。

在 Python 的正则表达式中使用的 meta-character(元字符)与句法来自于 Perl。不仅仅是 ASCII 字符串,对于 Unicode 也可以使用正则表达式。正则表达式的模式中包含反斜杠(\)。在定义正则表达式的模式所用的字符串时,需在引号之前添加"r"变为 raw 字符串来使用。

11.4.2　Python 的正则表达式

在 Python 中使用正则表达式大概分为两种方法。

1. 创建正则表达式对象进行操作

在进行检索之前,先介绍创建正则表达式对象的方法。创建正则表达式对象时,将包含 meta-character(元字符)等的模式传递给参数,使用 compile()函数进行事前编译。进行与正则表达式对象相对的方法调用,执行处理,如图 11.1 所示。因为多次使用同一个模式时只需编译一次,所以这种方法比接下来将要介绍的"将模式传递给参数进行处理"的方法更加高效。

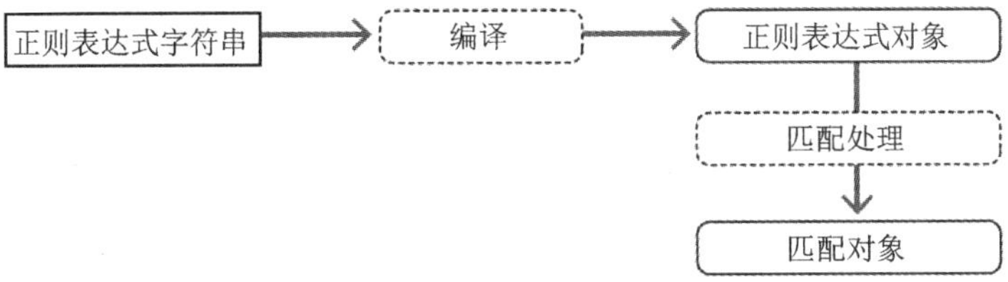

图 11.1　以正则表达式为基础,创建正则表达式对象执行匹配

2. 将模式传递给参数进行处理

使用定义在 re 模块中的函数处理正则表达式。将包含了 meta-character(元字符)等的正则表达式模式传递给参数,然后进行处理。另外,检索等的结果,以名为 match object(匹配对象)的对象返回。而 match object 则带有与正则表达式相匹配的字符串的索引以及匹配的字符串等信息。因此,可以从 match object 中提取需要的信息进行使用。

11.4.3　正则表达式的 pattern 字符串

在正则表达式中,将普通的字符串与名为 meta-character(元字符)的特殊字符串组合来编写模式字符串。此外,为了处理数值或英文字母这样比较常用的字符,名为特殊序列的字符也被定义在正则表达式中。表 11.2～表 11.4 所列为正则表达式中使用的 meta-character(元字符)与特殊序列一览。

注意:在说明中使用的"匹配"一词,是"适合,适应"的意思。在 meta-character(元字符)中,有"匹配单一的字符或特定位置的东西""添加在其他 meta-character(元字符)之后,指示循环 pattern 的东西"。

表 11.2 与单一字符或特定的位置相匹配的 meta-character(元字符)

字 符	说 明
.	与除了换行之外所有字符相匹配的 meta-character(元字符)。例如“abc.e”这个模式,与“abcde”和“abcZe”都匹配。加上之后,将要解说的旗标就可以变得能与换行相匹配了
^	与字符串的开头相匹配的 meta-character(元字符)。“^abc”模式与“abc”字符串相匹配,但是与“1abc”字符串不匹配。通常不把紧接着换行之后的内容看作字符串的开头。加上旗标后,紧接在换行后的内容也可以看作开头
$	与字符串的末尾相匹配的 meta-character(元字符)。“abc $”模式与“1abc”字符串相匹配,但是与“1abcd”字符串不匹配。通常不会把换行之前的内容看作字符串的末尾,但是若加上旗标,则可以把换行前的内容看作是字符串的末尾
￥d、￥D	￥d 与数字相匹配,￥D 与数字之外的内容相匹配
￥s、￥S	￥s 与空白或水平 tap 等的空白字符串相匹配,￥S 与空白字符串之外的内容相匹配
￥w、￥W	￥w 与包含大小写的英文字母和数字相匹配,￥W 与英文字母和数字之外的内容相匹配

表 11.3 其他添加在模式上表示反复使用的 meta-character(元字符)

字 符	说 明
*	添加在 meta-character(元字符)等上面使用,与前面的模式反复 0 次或以上的模式匹配。“ab*”与“a”、“ab”和“abbbb”都匹配
+	添加在 meta-character(元字符)等上面使用,与前面的模式反复 1 次或以上的模式匹配。“ab+”虽然与“a”不匹配,但是与“ab”和“abbbb”匹配
?	添加在 meta-character(元字符)上使用,与前面模式反复了 0 次或 1 次的模式相匹配。“ab?”与“a”和“ab”相匹配
*?,+?,??	在*、+、? 后添加上问号,可以与最少量的字符串相匹配。“＜.*＞”模式与“＜h1＞ti-tle＜/h1＞字符串相匹配。如果使用“＜.*?＞”模式,则在首次出现“＞”时停止检索,只与“＜h1＞”相匹配

表 11.4 与其他模式相匹配的 meta-character(元字符)

字 符	说 明
{m}	与前面的模式反复了 m 次的模式相匹配
{m,n}、{m,n}?	与前面的模式反复了 m～n 次之间的模式中的最长的字符串相匹配。如果加上问号,则与反复了 m～n 次之间的模式中的最短的字符串相匹配
[ ]	为了指定字符的集合而使用的 meta-character(元字符)。如果想把小写字母指定为模式,则可以像“[a-z]”这样使用
|	像“A|B”这样,在两种模式之间加上“|”,创建与其中某一个模式相匹配的模式
()	在括号内叙述模式,使其集团化

注意：如果检索 meta-character(元字符)本身，在模式中嵌入点号(.)或方括号，则有时会发生不可预知的结果或错误，请多加留意。如果想要与“.”这样的 meta-character(元字符)本身相匹配，则在前方放置反斜线(\)跳脱字符。如果无法在模式中对括号这样的符号做出对应，则会发生错误，请多加留意。

11.4.4 使用正则表达式对象

使用 Python 的 re 模块进行正则表达式处理的方法分为两种，但本书中仅介绍使用正则表达式对象的方法。

正则表达式对象是将由想要检索的字符与 meta-character(元字符)等组合编写的正则表达式模式指定为参数来创建的。对于这样创建的正则表达式对象，调用方法执行检索与置换等处理。为了创建正则表达式对象，调用名为 compile()的函数。

compile()函数：返回正则表达式对象

```
re.compile(正则表达式的 pattern[, flag])
```

把正则表达式模式作为参数传递，创建正则表达式对象。另外，对象的参数 flag 如果像 re.I 这样传递 flag，则可以将使用了正则表达式的检索方法设定得更详细。如果想要指定多个对象的情况下，则可以像“re.I | re.M”这样使用运算符“|”。flag 作为变量被定义在 re 模块中。如果像“import re”这样读取模块，则在模块名称与“.”之后将 flag 像 re.S 这样指定。flag 都是大写字母，并且每一种类都有短和长两种标记方式。编译时使用的是 flag 如表 11.5 所列。

表 11.5　编译时使用的 flag

flag	说　明
I、IGNORECASE	执行正则表达式的匹配时，不区分英文字母的大小写
M、MULTILINE	考量了换行，处理行的开头与结尾。影响“^”(只与开头相匹配)与“$”(只与行末相匹配)两种 meta-character(元字符)
S、DOTALL	使 meta-character(元字符)“.”能与包括换行在内的所有字符相匹配
A、ASCII	将¥w、¥W、¥b、¥B、¥d、¥d、¥s、¥S 变为 ASCII 字符特性数据库格式
L、LOCALE	将¥w、¥W 等特殊序列

此外，对于正则表达式对象，可以使用下面的方法，其中“regex”表示正则表达式。

1. findall()方法：将匹配了的所有字符串用列表返回

表记方法如下：

```
regex.findall(作为处理对象的字符串[, pos[, endpos]])
```

在所有作为处理对象的字符串中查找,找出与被设定为正则表达式对象的模式相匹配的字符串,作为结果返回的是一个字符串的列表。如果找不到匹配部分,则返回一个空列表。

在自定义参数 pos 中,用索引来指定开始检索的位置。如果省略,则会被看作设置为“0”,从处理对象字符串的最开头开始检索。

另外,endpos 以索引来指定检索结束的位置。如果省略,则将会检索到字符串的最末尾。

2. split()方法:每当匹配,就分割字符串

表记方法如下:

```
regex.split(作为处理对象的字符串[, 最大分割数])
```

在作为处理对象的字符串中查找,每当找到与被设定为正则表达式对象的模式相匹配的位置时,分割字符串。作为结果返回的是字符串的列表。如果用整数来指定第二参数,则在指定的数字处结束分割。如果省略,则将会持续分割到字符串的最末尾。

3. sub()方法:置换匹配的字符串

表记方法如下:

```
regex.sub(置换用的字符串, 进行置换的字符串[, 置换数])
```

在所有进行置换的字符串中查找,每当找到与被设定为正则表达式对象的模式相匹配的位置时,置换为置换用的字符串。如果用整数来指定第三参数,则在完成了指定数量的置换后终止。如果省略,则将会置换所有找到的字符。

4. search()方法:匹配的地方用匹配对象返回

表记方法如下:

```
regex.search(作为处理对象的字符串[, pos[, endpos]])
```

使用被设定为正则表达式对象的模式,从作为处理对象的字符串中检索匹配。返回值是匹配对象(match object)。其中,匹配对象中容纳了与匹配相关的信息。使用自定义的参数,可以指定检索的范围。如果找不到匹配对象,则返回“None”。

参数 pos、endpos 的意义与 findall()方法中的相同。

5. match()方法:匹配的地方用匹配对象返回

表记方法如下:

```
regex.match(作为处理对象的字符串[, pos[, endpos]])
```

与 search()方法的功能几乎相同,只是把字符串的开头当作匹配的对象。参数 pos、endpos 的意义与 findall()方法中的相同。

6. finditer()方法：返回匹配对象的迭代器

表记方法如下：

```
regex.finditer(作为处理对象的字符串[, pos[, endpos]])
```

使用被设定为正则表达式对象的模式，检索作为处理对象的字符串，将匹配的字符串从开头开始依次返回。方法返回的是返回匹配对象的迭代器。如果添加在 for 语句上使用，则可以一边向循环变量中代入匹配对象，一边进行处理。

11.4.5 将模式传递给参数，进行正则表达式的处理

在 re 模块中，定义了不用使用正则表达式对象，直接传递 pattern 进行处理的函数。使用这些函数基本上可以完成对正则表达式对象所进行的处理。re 模块中的函数如下：

1. findall()函数：将匹配的所有字符串以列表返回

表记方法如下：

```
re.findall(正则表达式 pattern, 作为处理对象的字符串)
```

与正则表达式对象的 findall()方法相同，将匹配的字符串列表化后返回。但是，不能指定检索的开始位置与结束位置。

2. split()函数：每当匹配就分割字符串

表记方法如下：

```
re.split(正则表达式 patteen, 作为处理对象的字符串[, 最大分割数])
```

与正则表达式对象的 split()方法相同，以字符串内的匹配作为基础来进行分割。

3. sub()函数：置换匹配的字符串

表记方法如下：

```
re.sub(正则表达式 pattern, 置换用字符串, 进行置换的字符串[, 置换数])
```

以字符串内的匹配为对象进行置换。与正则表达式对象的 sub()方法相同。

4. search()函数：将匹配的地方以匹配对象返回

表记方法如下：

```
re.search(正则表达式 pattern, 作为处理对象的字符串)
```

如果找到匹配，则返回匹配对象。与正则表达式对象的 search()方法相同。

5. match()函数：将匹配的地方以匹配对象返回

表记方法如下：

```
re.match(正则表达式 pattern, 作为处理对象的字符串)
```

只将字符串的开头作为对象进行匹配检索，返回匹配对象。与正则表达式对象的 match()方法相同。

6. finditer()函数：返回匹配对象的迭代器

表记方法如下：

```
re.finditer(正则表达式 pattern, 作为处理对象的字符串)
```

在字符串中如果找到匹配，则将返回匹配对象的迭代器返回。将其添加在 for 语句的循环中使用。与正则表达式对象的 finditer()方法相同。

11.4.6 使用匹配对象

如果用 search()或 match()函数进行正则表达式检索，则名为匹配对象的对象会作为结果返回。如果使用匹配对象，则可以获取关于检索中使用过的与正则表达式相匹配的字符串的详细信息。例如，获取检索过的字符串或开始位置等。

为了提取出匹配对象的信息，可使用下面的方法或属性，其中"M"表示匹配对象。

1. group()方法：返回匹配的字符串

表记方法如下：

```
M.group([集团的索引, …])
```

返回检索结果的字符串。在参数中赋 1 以上的整数，可以指定由 pattern 字符串的"(?)"包围的集团的位置。

2. group()方法：返回匹配的字符串

表记方法如下：

```
M.group()
```

将匹配对象中包含的集团全部返回。返回值是字符串的元组。

3. start()、end()方法：返回开始位置与结束位置的索引

表记方法如下：

```
M.start([集团的索引])
M.end([集团的索引])
```

用作为检索对象而赋予的字符串的索引来返回检索结果的开始和结束位置。向参数赋 1 以上的整数，可以得到关于集团的开始位置与结束位置。

4. re 属性

与检索中使用的正则表达式对象相连的属性。

5. string 属性

保存了作为检索对象字符串的属性。

11.4.7 正则表达式的示例

以下是使用了正则表达式模块的示例代码。有关于 urllib 模块的内容，请参阅 11.8 节的相关内容。在这个例子中，不使用 findall()函数，而是对正则表达式对象调用 findtier()方法，依次找出模式，然后将找到的模式作为匹配对象返回。与使用 findall()函数来获取匹配字符串相比，使用匹配对象的方法可以获取与匹配相关的详细信息。

使用正则表达式的 URL 的匹配

```
import re                                        # 导入 re(正则表达式)模块
from urllib importrequset                        # 导入 request 模块
url = "http://www.python.org/news/"              # 指定读取 URL
src = request.urlopen(url).read()                # 读取 Python 发行的 URL
src = src.decode("utf-8")                        # 将 bytes 类型转换为字符串类型

pat = re.compile(r'href = "(/download/releases/.+?)"')
                                                 # 抽出 link 的正则表达式模式
for match in pat.finditer(src):
    print(match.group(1))
/download/relrases/3.4.0/
/download/relrases/3.3.4/
/download/relrases/3.3.4/
/download/relrases/3.4.0/
...
```

11.5 获取操作系统参数的“sys”

sys 是一种模块，包含为获取与正在执行 Python 的系统相关信息的变量、为操作系统设定的函数，以及程序中可以使用的各种变量等；另外，还定义了在终止脚本的情况下使用的函数(exit)。

11.5.1 获取命令行的参数

sys.argv 是一个作为字符串列表来获取命令行的变量在启动 Python 脚本时就存在。当不给 Python 本身添加任何自定义参数启动 Python 时，第一个元素(argv[0])是脚本文件，需要将参数传递给之后的元素。当给 Python 本身传递“-c”等参数之后再启动脚本时，第一个元素就是“-c”。

11.5.2 程序的结束

要结束 Python 时,可使用 exit()函数。

exit()函数:结束 Python

```
sys.exit([数值])
```

在参数中指定结束状态(status)的数值。在 shell 等中,把“0”看作正常结束,“0”以外看作异常结束。exit()函数其实是引发一个名为“SystemExit”的异常。在执行了 exit()函数的上一层中,可以捕捉异常进行结束时的处理等。

11.5.3 其他函数与变量

以下归纳了 sys 模块中的其他函数或变量。

getdefaultencoding()函数:返回默认编码(default encoding)

```
sys.getdefaultencoding()
```

将 encode 转化为默认变化时使用的默认编码(default encoding)返回。

1. sys.stdin、sys.stdout 和 sys.stderr

返回与 Python 使用的标准输入(stdin)、标准输出(stdout)、错误输出(stderr)相对应的文件对象。通过调用对该文件对象进行读/写的方法,可以控制标准输入等。

例如,对 stdout 进行文件对象的更改操作,可以将 print()函数输出的对象更改为文件。

2. sys.path

导入模块时使用的保持了检索路径的列表。可以在程序上进行添加等操作。

11.6 获得及操作文件、进程等依赖 OS 信息的“OS”

os 是为了进行文件、进程等,与 OS 有联系的处理而汇集了很多函数的一种模块。若将创建文件与目录,或启动子进程等的处理,以不依存于平台的形式来安装,则需要使用该模块。

另外,这个 OS 模块也包含了与 Linux 等 OS 系统调用相同的处理以及 OS 依赖处理。

11.6.1 获取、操作与进程相关的信息

1. os.environ

os.environ 是像字典一样维持环境变量内容的对象。用它可以通过键来获取将特定的环境变量,或是更改设定。但是,只有当开启 Python 之后才可以创建变量。

因此，即使是在开启 Python 之后立刻使用 putenv() 等函数修改直接环境变量的值，这些值也不会对这个变量产生影响。

2. getenv()函数：获取环境变量

表记方法如下：

```
os.getenv(变量名称[, 值])
```

返回参数指定的环境变量的值。对于环境变量不存在的情况，返回自定义指定的值。

11.6.2 文件与目录的操作

1. chdir()函数：变更当前目录

表记方法如下：

```
os.chdir(目录的路径)
```

将当下正在操作的目录(当前目录)作为参数指定在被传递来的路径中。

2. getcwd()函数：返回当前目录的路径

表记方法如下：

```
os.getcwd()
```

返回当下正在操作的目录(当前目录)的路径。

3. remove()函数：删除文件

表记方法如下：

```
os.remove(path)
```

删除位于被指定为参数的路径中的文件。如果在指定的路径处存在目录，则会发生异常(错误)。想要删除目录时可使用 rmdir()函数。

4. rename()函数：更改文件或目录的名称

表记方法如下：

```
os.rename(更改前的路径,更改后的路径)
```

用于更改文件或目录的名称。更改后的路径所指定的位置如果已经有文件存在，则删除原有文件(在 Windows 环境下会发生异常)。如果存在目录，则会引发异常(错误)。也可以使用名为 renames()的函数，对包含在路径中的文件再一次进行处理。

5. mkdir()函数：创建目录

表记方法如下：

```
os.mkdir(path[, mode])
```

在作为参数给定的路径中创建目录。在 Linux 等中,评价自定义的 mode 参数(八进制的整数),可以指定目录的权限。当出现了不存在于路径中的目录时,发生错误。

6. makedir( )函数:再次创建目录

表记方法如下:

```
os.makedirs(path[, mode])
```

与 midir()函数相同,在作为参数给定的路径中创建目录。当出现不存在于路径中的目录时,也创建这些目录。

7. rmdir( )函数:删除目录

表记方法如下:

```
os.rmdir(path)
```

删除作为参数被指定的目录。如果指定的目录不为空,就会发生错误。

8. removedir( )函数:再次删除目录

表记方法如下:

```
os.removedirs(path)
```

与 rmdir()相同,删除指定的目录。如果指定的目录下还包含了其他目录或文件,将会把能删除的部分删除。

9. listdir( )函数:返回文件或目录的列表

表记方法如下:

```
os.listdir(path)
```

获取位于作为参数传递的路径所指定目录中的文件或目录名。将文件名等作为字符串列表返回。

10. walk( )函数:再次创建文件与目录的列表

表记方法如下:

```
os.walk([path[, 是否向下处理])
```

这是一个很有趣又很方便的函数。与传递给循环的序列相同,将其添加在 for 语句中使用。这样一来,从作为参数的路径为起点,按照目录树的顺序进行游走和处理。可以一边向较深层移动一边进行处理,也可以从较深层一边向较浅层移动一边进行处理。在 for 语句中添加 os. walk(),可以查询并返回下面 3 个值。用循环变量接收时,3 个变量用逗号(,)排列。

① 正在处理中阶层的路径(字符串);

② 阶层中包含的目录名称列表(字符串列表);

③ 阶层中包含的文件名称列表(字符串列表)。

如果在第二参数中指定 True 或是省略,则从第一参数指定的目录向下一层进行处理;若指定 False,则向上一层进行处理。

示例的阶层如图 11.2 所示。

假设有一个这样的阶层,使用 walk()函数来编写下面的循环。

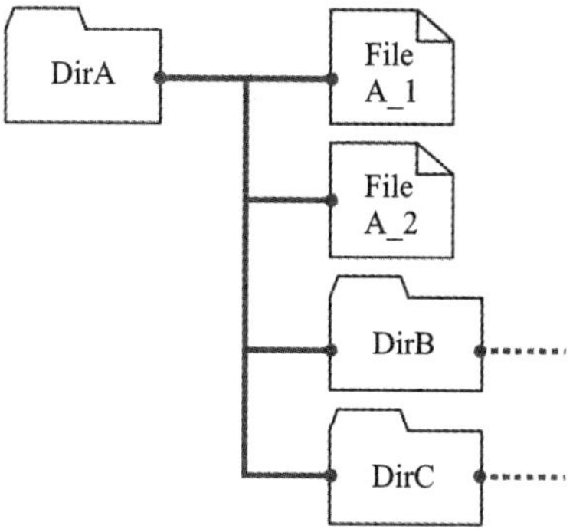

图 11.2　示例的阶层

```
for dirpath, dirnames, filenames in os.walk("/DirA"):
                                        # 循环块内的处理
```

在第一个循环中,下列各值将被代入各个循环变量中。

- dirpath:'/DirA';
- dirnames:['DirB', 'DirC'];
- filenames:['FileA_1','FileA_2']。

如果要从文件名或目录名中获取 fullpath(完整路径),则向 os.path.join()中传递 dirpath 与文件名或目录名就可以了。在之后的循环处理中,会向下到较深层继续进行处理。在循环处理中,如果要把带有“CVS”这样名称的特定目录从处理对象中排除,则需要操作循环变量。如果从目录名称的列表(dirnames)中删除带有特定名称的元素,则这个目录名就从处理对象中排除。像这样在目录树中游走,若对文件或目录进行处理,则使用该函数是非常方便的。那么,请大家思考一下,如果想要置换在某个阶层下的扩展名这样的处理,是否也可以使用呢?

11.6.3 进程管理

1. system()函数:将命令作为子进程启动

表记方法如下:

```
os.system(命令字符串)
```

作为子进程,执行赋予参数的命令字符串,并且会等待命令执行结束。在不使用与子进程之间的通信,单纯只启动命令时使用。对于需要与进程进行通信的情况,使用 subporcess 模块的 Popen 类。

2. startfile()函数:在关联的应用程序中打开文件

表记方法如下:

```
os.startfile(path)
```

只有在 Windows 中才能使用的函数。指定路径，并用与文件建立关联的应用程序打开。与双击文件，或者在 Windows 的命令提示符中使用 strat 命令的情况采用的处理方式相同。此函数会等待应用程序的启动。

11.6.4 在交换平台使用了路径的操作

用字符串表示文件路径时，有时会产生一些问题。像“目录”这样的，为了划分阶层而使用的字符是因 OS 而异的，因此，能在多个 OS 中顺利运行的程序是非常难编写的。在 Python 的“os. path”中，汇集了能够吸收各个 OS 间目录差别且能处理的函数。

1. exists()函数：查询文件或目录是否存在

表记方法如下：

```
os.path.exists(path)
```

查询作为参数传递的路径中，是否存在文件或目录。如果存在，则返回 True。当参数指向符号链接时，就算链接损坏，也返回 False。当使用 lexists()时，就算符号链接损坏，也返回 Ture。

2. getsize()函数：返回文件大小

表记方法如下：

```
os.path.getsize(path)
```

用“字节”来返回作为参数被赋予的路径中文件的大小。

3. isfile()函数：查询是否为文件

表记方法如下：

```
os.path.isfile(path)
```

查询参数路径，如果是文件则返回 True。

4. isdir()函数：查询是否为目录

表记方法如下：

```
os.path.isdir(path)
```

查询参数路径，如果是目录则返回 True。

5. join()函数：结合路径名称并返回

表记方法如下：

```
os.path.join(path1[, path2[, ...]])
```

将作为参数传递的多个路径结合，生成新的路径，以字符串返回。例如，如果向 path1 赋绝对路径，向 path2 赋相对路径，则绝对路径之后接续相对路径。如果向 path1 赋包含到文件名的路径，向 path2 赋文件名，则会去掉 path1 中的文件名，与 path2 的文件接续。

6. split()函数：分割路径返回

表记方法如下：

```
os.path.split(path)
```

将作为参数传递的路径，分割为表示目录的 header 部分与表示文件的部分，返回字符串的列表。如果把这个函数的结果传递给 join()函数，则在大多数情况下，原始路径将作为字符串返回。

7. dirname()函数：返回除去文件名称的路径

表记方法如下：

```
os.path.diename(path)
```

将作为参数传递的路径作为字符串来评价，去掉最后的文件名称部分，将路径的目录部分作为字符串返回。

11.7　使用数学函数“math”“random”

在 Python 中，可以使用数学函数来进行三角函数、对数等的运算。而运算所需要的函数都汇集在 math 模块中。本节除了介绍上面所说的 math 模块，也会一并对汇集了与随机数相关函数的 random 模块的使用方法进行介绍。

11.7.1　math——数学函数模块

在这个模块中定义了 π 这样的常量，以及为了进行三角函数等运算的函数。

1. pi

定义了数学中使用的常量 π，它是一个浮点数。

2. e

定义了数学中使用的常量 e，它是一个浮点数。

3. pow()函数：返回乘方

表记方法如下：

```
pow(x, y)
```

计算 x 的 y 次幂并返回。与“x＊＊y”相同。

4. sqrt( )函数:返回平方根

表记方法如下:

```
sqrt(x)
```

计算 x 的平方根并返回。

5. radians( )函数:返回弧度

表记方法如下:

```
radians(x)
```

将 x 从角度转化为弧度并返回。

6. degrees( )函数:返回度数

表记方法如下:

```
degrees(x)
```

将 x 从弧度转化为角度并返回。

7. sin( )函数:返回正弦

表记方法如下:

```
sin(x)
```

计算三角函数(正弦(sin))并返回。

8. cos( )函数:返回余弦

表记方法如下:

```
cos(x)
```

计算三角函数(余弦(cos))并返回。

9. tan( )函数:返回正切

表记方法如下:

```
tan(x)
```

计算三角函数(正切(tan))并返回。

10. exp( )函数:计算指定函数

表记方法如下:

```
exp()
```

计算与数学常量 e 的 x 次方相当的值并返回。

11. log()函数：返回自然对数

表记方法如下：

```
log(x[, 底])
```

计算 x 的自然对数并返回。如果赋自定义参数的底(base)值，则可以计算以这个值为底的对数。

12. log10()函数：返回常用对数

表记方法如下：

```
log10(x[, 底])
```

计算 x 以 10 为底的对数并返回。

11.7.2 random——生成随机数

在 random 模块中，定义了在程序中为了使用随机值的函数。

1. randint()函数：返回随机整数

表记方法如下：

```
random.randint(a, b)
```

随机生成“大于 a 小于 b”的整数。

2. uniform()函数：返回随机实数

表记方法如下：

```
random.umiform(a, b)
```

随机生成“大于 a 小于 b”的实数(浮点数)。

3. random()函数：返回 0 以上 1 以下的随机实数

表记方法如下：

```
random,random()
```

随机生成“大于 0 小于 1”的浮点数。

4. randrange()函数：返回随机整数

表记方法如下：

```
random.randrange([开始数,]终止数[, step])
```

赋予参数值，返回在指定区间内(开始值≤n<结束值)整数的函数。与 randint()函数不同的是，可以在参数 step 中指定递增基数。for 循环等操作中使用的 range()函数的参数与此函数中相同还是很好记忆的。

5. choice()函数:从序列中随机取出元素

表记方法如下:

```
random.choice(序列)
```

从作为参数传递的序列中随机选取元素并返回。不可以传递空序列,如果序列为空,则会发生异常(IndexError)。

6. shuffle()函数:将序列的顺序随机替换

表记方法如下:

```
random.shuffle(序列[, 产生随机数的函数])
```

将作为参数传递的序列中的元素随机排序。更改作为参数传递的序列本身。自定义参数 random 中,可以传递产生 0~1 间随机数的函数。如果省略,则 random()函数将不能使用。

7. sample()函数:从序列中随机取出多个元素

表记方法如下:

```
random.sample(序列, 元素数)
```

从第一参数的序列中随机抽取指定数量的元素,作为列表返回。抽取元素时,不抽取相同元素,元素的排列顺序也是随机的。一般在从标本用的母体集团中选取指定数量的样本时使用。

8. seed()函数:初始化随机数生成器

表记方法如下:

```
random.seed([x])
```

将 random 模块使用的随机数生成器初始化。对于不赋参数的情况,则需要使用系统时间。这个函数在导入 random 模块时被调用。

11.8 获取因特网上数据的"urllib"

若要获取因特网上的数据,则使用 urllib 模块。可以使用 Web 或 FTP 来获取数据,或是将数据 POST,操作 CGI 或 Web 服务。在 Python 2 中,urllib 之下收纳了函数与类,但是在 Python 3 中,这些函数和类按照功能进行了分类并最终汇集成了模块,这样使用起来更加方便。在这里,将函数等用"属于(urllib 的)request 模块的 urlopen"的含义,像"request. urlopen()"这样来表示。

如果只是想将 Web 或 FTP 上的数据保存到文件,那么使用 request. urlretrieve()函数就可以了。如果指定 URL 调用函数,则可以执行从创建文件到保存文件的所有操作。如果要从 URL 指定的网站获取数据，并在 Python 中处理，则需要使用 request. urlopen()函数。该函数会将一个类似文件的对象作为返回值返回。对于返回来的对象，使用 read()方法读取，并复制为字符串使用。也可以使用代理(Proxy)来访问指定的网络从而获取数据。在使用了网络的处理中，直到处理结束，否则不会中断处理。如果是因为没有连接到网络等原因，而从访问目标处没有得到回应，请注意这时处理已经中断。

注意：如果在 socket 模块的 setdefaulttimeout()函数中，将秒数作为参数来传递，则可以设定网络处理的超时计时器。如果在设定的时间内处理没有完成，则会发生"IOError"的异常(错误)。

如果向 CGI 或 Web 中 POST 数据，则需要将 parse. urlencode()与 request. uelopen()组合起来使用。将想要 POST 的数据转化为字典等，传递给 parse. urlencode()来创建数据，调用 urlopen. urlopen()时作为参数来添加，将数据 POST。

11.8.1　从 Web 或 FTP 中获取文件

urlretrieve()函数：指定 URL 获取文件

表记方法如下：

```
urllib.request.urlretrieve(url[, 文件[, post 用的数据]])
```

使用该函数可以从 Web 或 FTP 指定 URL，获取文件。保存用的文件名是自定义的，但是如果省略，则会被保存在临时文件用的目录中。因此，实际操作时是需要指定文件名来使用的。

只获取指定 URL 的数据，不获取 HTML 中的图像等。这个函数的返回值是将 2 个值作为元组来返回。第一个返回值是保存的文件的路径，第二个返回值用于获取 response header(响应头)信息。urlopen()返回的对象与调用 info()返回的对象是相同的，这里就不详细说明了。

若将 POST 用的数据作为参数赋值，则可以向 URL 发送 POST 请求。详细用法请参阅 11.8.6 小节中的 parse. urlencode()函数的用法。

11.8.2　使用 request. urlretrieve()函数的示例代码

用 request. urlretrieve()函数来试着编写一个简单的将 Web 上的数据保存为文件的示例代码。在以下的示例中，除了刚才介绍的 request 模块以外，还导入了一个包含于 urllib 模块中的 parse 模块。用斜杠(/)来分割 URL 的路径，可以很容易地提取出文件名。以下示例中的 URL 是虚拟的(dummy)，实际操作、练习中请将其与实际存在的 URL 进行替换后再执行。

将 Web 上的数据保存至文件

```
from urllib import request                                  # 导入 request
from urllib import parse                                    # 导入 parse
url = 'http://dname.com/somefile.zip'                       # 将 URL 代入变量
filename = parse.urlparse(url)[2].split('/')[-1]
                                                            # 分割 URL,获取文件名称
filename                                                    # 确认文件名称
```

'somefile.zip'

```
request.urlretrieve(url, filename)
                                                            # 获取文件,保存至当前目录
```

('somefile.zip', <http.client.HTTPMessage object at 0x1012c8190>)

11.8.3 从 Web 或 FTP 中读取数据

urlopen()函数:将从 URL 获取的数据以对象来返回

表记方法如下:

```
request.urlopen(url[, POST 用数据[, 超时]])
```

若要将从 Web 或 FTP 中获取的数据,在 Python 中处理,则使用 request.urlopen()函数是非常方便的。这个函数将从网络中获取的数据收纳在只能读取的类似文件的对象中,然后返回。

返回的对象只有在 read()或 readlines()等函数的读取操作中,可以与 open()函数返回的对象采取相同的处理方式。但是,被读取的数据为字节类型。为了将读取的数据作为字符串处理,必须指定编码,将其转换成字符串类型。请注意,在 urlopen()函数返回的类似文件的对象中,有 seek 位置。只要使用 read()等函数读取过一次之后,就算进行再次读取,seek 位置也会被设定在末尾处,数据不会返回。

当向 urlopen()函数赋予第二参数(POST 用数据)时,可以对 URL 发送 POST 请求。详细方法请参阅 11.8.6 小节中的 urlencode()函数的使用方法。

此外,如果将第三参数指定为秒数,那么在规定时间内没有应答的情况下,可以将处理中止。

11.8.4 在 urlopen()返回的对象中可以使用的方法

对于 urlopen()返回的对象,可以调用以下方法,其中,F 代表 urlopen()返回的类似文件的对象,[]中的参数为自定义(可以省略)。

1. read()方法:连续读取数据

表记方法如下:

```
F.read([整数的大小])
```

读取数据，然后作为字符串返回。如果不作为参数指定大小，则会将数据读取到最后。这一用法与文件对象的 read()（参见 4.11.2 小节）相同。

2. readline()方法：从数据中读取一行

表记方法如下：

```
F.readline([整数的大小])
```

从数据中读取一行，然后返回字符串。这一用法与文件对象的 readline()（参见 4.11.2 小节）相同。

3. readlines()方法：以行为单位连续读取

表记方法如下：

```
F.readline([整数的大小])
```

从数据中读取多行，返回将字符串作为元素包含在内的列表。这一用法与文件对象的 readlines()相同。

4. geturl()方法：返回 URL

表记方法如下：

```
F.geturl()
```

返回获取了数据的 URL。urlopen()使用 HTTP header，支持 redirect（重定向）。在作为参数赋予的 URL 已经被重定向的情况下，想要知道定向前的 URL，可以使用这个函数。

5. info()方法：返回元信息

表记方法如下：

```
F.info()
```

info()方法用于返回带有获取数据时同时传送过来的元信息的对象，也可以用于获取响应时的 header。这个方法返回的对象与字典相同可以进行访问。使用 keys()获取特征（property）名称列表，或者像“R. info()['content-length ']”这样获取 header 的值。

info()方法返回的对象实际是 mimetools. Message 类等，与 URL Schema 相对应的类的实例。详细内容请参阅 Python 的相关翻译文档等。

11.8.5　BASIC 认证

在访问 Web 上的文件时，有时想要使用 BASIC 认证。如果想要以简单的方式解决，则只要在作为参数传递到 request. urlopen()或 requeset. urlretrieve()的 URL 中，放入用户名与密码就可以了。例如：

```
http://用户名:密码@example.com/foo/bar.html
```

但是,这样认证中需要的信息就被包含在源代码中了,在使用时一定要多加小心。在使用 Windows 的命令提示符或 shell 这样的终端时,想要访问需要 BASIC 认证的 URL,Python 会出现要求输入用户名及密码的提示符。虽然每次都需要输入信息非常麻烦,但是使用这个方法后,重要信息就不会包含在源代码中了。

此外,还有一种方法,可以使用继承了名为 URLopener 或 FancyURLopener 类的类,对此本书就不做详细解说了。详细内容请参阅 Python 的相关翻译文档等。

11.8.6 用 POST 方式传输数据

urlencode()函数:从字典创建查询字符串

表记方法如下:

```
parse.ulencode(字典或是序列[, doseq[, safe[, encoding[, errors]]]])
```

由字典或序列创建被 URL 编码过的查询字符串。这里说的字符串是将"key=值"用"&"来连接的字符串。不包含"?",像空格或日语这样的多字节字符串,被转化为由"%"开头的字符串。使用 request.urlopen()或 request.urlretrieve(),通过 POST 方法向 CGI 或 Web 服务等发送数据时很方便。

向参数传递字典或是带有关键字与值这两个元素的序列,在传递序列时,指定参数 doseq 为 True。

在参数 safe 中指定从 URL 编码中去掉的字符串。默认时没有任何设定。

在参数 encoding 中指定包含在字典或序列中元素的字符代码。默认为 utf-8。

在参数 errors 中指定当出现 encoding 指定的字符代码所不支持的字符时所对应的方法。默认为 strict。关于这些内容请参阅 4.10 节。

另外,这个函数对于 URL 编码,与 quote_plus 函数()进行相同的处理。也就是说,空白字符串被转换为加号(+)。

以下是使用 parse.urlopen()函数来 POST 数据时的示例。POST 的 URL 是虚拟的,不会实际运行,但是处理的大概流程应该是可以掌握的。结果以类似文件的对象返回,代入到字符串等来使用。

用 urlopen 将数据 POST

```
from urllib import request                          # 导入 request
from urllib import parse                            # 导入 parse
postdic = { 'name': 'someone ', 'email ': 'foo@bar.com '}
                                                    # 创建查询字典
postdata = parse.urlencode(postdic)                 # 变更字典
postdata                                            # 确认内容
'name = somone&email = foo % 40bar.com'
```

```
file = reuqest.urlopen('http://service.com/process.cgi', postdata)
                                                    # 指定数据并 POST
```

11.8.7 其他函数

1. quote()函数:将字符串 URL 编码

表记方法如下:

```
parse.quote(字符串[, safe[, encoding[, errors]]])
```

将作为参数传递的字符串 URL 编码后返回。字母、数字与“_. - ”不进行转变。

参数 encoding、errors 虽然与 urlencode()函数相同,但是在 quote()方法的情况下,safe 的默认值为“/”。

在下面的例子中,Google 检索用的 URL 开头部分,将检索字符串 URL 编码后添加。

quete()函数的示例

```
from urllib import parse                              # 导入 parse
url = "http://www.google.com/webhp? Ie=UTF-8#q="
url += parse.quote('python サンプルコード')           # 进行 URL 编码
url                                                   # 显示 URL
'http://www.google.com/webhp? 1e=UTF-8#q=python%20%E3%82%B5%E3%83%B3
%E3%83%97%E3%83%AB%E3%82%B3%E3%83%BC%E3%83%89'
```

2. quote_plus()函数:对字符串进行 URL 编码

表记方法如下:

```
parse.quote_plus(字符串[, safe[, encoding[, errors]]])
```

除了 quote()函数的处理之外,还将空白字符串置换为半角加号(+)。像输入在 HTML form 中的数据一样,在可能包含有空白的情况下,使用这个函数很方便。另外,与 quote()函数不同,参数 safe 中没有设定默认值。

3. unquote()函数:对字符串进行 URL 编码

表记方法如下:

```
parse.unquote(字符串[, encoding[, errors]])
```

将 URL 编码后的字符串转化为普通字符串,进行与 quote()函数相反的操作。

在 encoding 中指定想要转化的字符代码,若省略则会变成“utf-8”。此外,在 errors 中指定当转化发生错误时的处理方法,默认为 replace。

4. unquote_plus()函数：对字符串进行 URL 编码

表记方法如下：

```
parse.unquote_plus(字符串[, encoding[, errors]])
```

虽然与 unquote()函数进行相同的处理，但是半角加号(+)被转化为空白。

11.9 创建字符串库虚拟文件的“io.StringIO”

io.StringIO 用于创建使用缓冲来运作的类似文件的对象。将文件读取的处理在内存中仿真，返回特殊的类似文件的对象。

在 Python 2 中，StringIO 是一个独立的模块，但是在 Python 3 中，却与进行类似处理的类一同被移到了 io 包中。在不写出文件的实体的情况下，想要进行像文件对象那样以 seek 位置为基础的读/写操作时使用；此外，有的函数需要将文件对象传递给参数，在使用这样的函数时也可以使用；在标准库中，也在处理网络的函数中使用。

StringIO()函数：返回类似文件的对象

表记方法如下：

```
io.StringIO([初始化用字符串])
```

返回使用字符串缓冲来运作的类似文件的对象。当传递自定义参数时，可以初始化类似文件对象的内容。返回来的对象与文件对象一视同仁，可以进行写出操作，也可以进行写入操作。

创建类似文件对象

```
from io import StringIO          # 导入 StingIO
f = StringIO()                   # 创建类似文件的对象
f.write("a" * 10)                # 写入 10 字符的 a
f.seek(0)                        # 将 seek 位置返回开头
f.read()                         # 读取文件内容
```

'aaaaaaaaaa'

在类似文件对象中可以使用的方法

除了 read()、readlines()、write()等在文件对象中可以使用之外，在 StringIO 返回的类似文件对象(格式中用“F”来表示)中还可以使用以下方法：

1. getvalue()方法：返回类似文件的对象中的所有内容

表记方法如下：

```
F.getvalue()
```

与 seek 位置无关，返回文件的所有内容。

2. close()方法：丢弃类似文件的对象

表记方法如下：

```
F.close()
```

释放类似文件对象所使用过的内存。

此外，在 io 包中也定义了处理二进制数据的名为 BytesIO 的类。使用方法与 StringIO 大致相同，不同的一点是不需要考虑编码，什么样的数据都可以收纳。

11.10　CSV(逗号分隔值)文件的操作

csv 是为了处理将多个元素用逗号(,)隔开排列的 CSV 文件而存在的模块。CSV 是在从电子表格或数据库中写出文件时经常使用的文件形式。CSV 文件的换行或分隔字符在形式上没有标准。根据应用程序的不同，可以使用各种形式的文件。

在 csv 模块中，使用 dialect 来处理形态各异的 CSV 文件，同时也有与 Excel 的写出文件形式相对应的 dialect 可以使用。另外，还可以创建独立的 dialect，本书对创建独立 dialect 的方法就不进行详细解说了。在 csv 模块中，定义了以下一些函数。

1. reader()函数：连续读取 CSV 文件的数据

表记方法如下：

```
csv.reader(文件对象[, dialect])
```

将 CSV 文件作为文件对象来指定并调用，这样将返回一个名为 reader 对象的对象。reader 对象常与 for 语句等一同使用。reader 对象是迭代器的一种，将会对 CSV 文件进行逐行读取处理。当 reader 对象对 CSV 文件进行逐行读取处理时，会将其分割成元素，并收纳在列表中返回。

名为 dialect 的参数是自定义的，如果不指定参数，则会套用读取 Excel 的 CSV 文件的设定。在 csv 中，还内置了名为“excel-tab”的读取 Excel 的 tab 分割文件的设定。

reader()函数的使用方法如下：

用 reader()函数打开 CSV 文件

```
import csv                                        # 导入 csv 模块
csvfile = open("test.csv", encoding = "utf-8")   # 打开 CSV 文件
for row in csv.reader(csvfile):                   # 代入逐行读取列表
    print(row)                                    # 显示列表…(省略显示的结果)
```

2. writer()函数:返回 writer 对象

表记方法如下:

```
csv.writer(文件对象[, dialect])
```

返回 writer 对象的函数。write 对象用于写出将元素根据设定而分割的 CSV 文件。将在读取可能的模式中打开的文件对象赋给参数并调用。此外,在自定义参数 dialect 中,指定 CSV 文件的形式。

实际的读取处理,使用 writer 对象的下列方法,其中,W 表示 writer 对象。

(1) writerow()方法:读取一行

表记方法如下:

```
W.writetow(序列)
```

如果将序列赋给参数,则会将元素写入创建 writer 对象时所指定的文件对象中。

(2) writerows()方法:读取多行

表记方法如下:

```
W.writerows(序列)
```

将序列传递给参数时会将元素隔开,写入多个行。

以下是使用 csv.writer()的示例代码。

用 writer()函数逐行写出

```
import csv                                        # 导入 csv 模块
csvfile2 = open("test2.csv","w", encoding = "utf-8")  # 打开 CSV 文件
writer = csv.writer(csvfile2)
for row in seq:                                   # 从序列逐行读取
writer.writerow(row)                              # 写出 1 行
```

11.11 对象持久化与序列化“shelve”“pickle”

在程序中经常会将设定等写成文件,当下次启动程序时,再将设定修复来使用的操作。想要进行这样的处理时,可以将在程序中使用的数值或字符串这样的对象写出作为文件,读取后也可以修复,非常方便。

如上所述,将内存中的对象内容写入文件,终止程序之后依然可以继续使用,这样的处理被称为对象持续化(“使对象的使用可以持久化而进行的处理”的意思)。如果是字符串,将内容原封不动地写入文件,就可以轻松实现持久化。但是,如果想要写出列表或字典那样构造比较复杂的对象,则是将对象的构造或类型的信息一起写

出，而不进行修复。

为了在文件中写出对象，需要将构造或类型等信息，转变为按顺序排列的字符串形式。这种将对象变化为字符串这样的一维形式的处理称为序列化。

将对象序列化，保存于文件的过程如图 11.3 所示。

图 11.3　将对象序列化，保存于文件

序列化是在持久化前阶段进行的处理。也就是说，能序列化的对象就可以持久化。大多数的对象都可以进行序列化，但是，像文件对象与线程这样的，状况发生改变就不能修复到原始状态的对象，不能进行序列化。因此，文件对象等不能进行持久化。Python 中，已经内置了可以轻松进行持久化与序列化的模块。

这里将介绍两个用于对象持久化与序列化的模块。

11.11.1　将字典持久化的“shelve”

使用 shelve 模块可以将字典的内容记录为文件，也可以修复。也就是说，字典可以进行持久化操作。在这个操作中，能使用像名为 shelve 对象的字典一样运用的对象。shelve 对象像文件那样打开来创建。将 shelve 对象像字典那样处理的话，字典的内容被写出作为文件，下一次创建 shelve 对象时，内容修复即可。

shelve 对象用下面的 open()函数生成。

open()函数：返回 shelve 对象

表记方法如下：

```
shelve.open(文件名称[, protosol[, writeback]])
```

用于指定文件名称，返回 shelve 对象。对于 shelve 对象，可以进行字典中能使用的所有操作，包括指定了键的代入与方法调用等操作，都可以进行与字典相同的操作。与键对应的值，不仅仅是数值与字符串，任何可以序列化的对象都可以保存。

对 shelve 对象进行的变更，不会立刻反映到文件中。大多数情况下，这并不是什么问题，但是，如果想要让变更立刻反映到文件中，则请在自定义参数 writeback 中设定为 True。

如果调用 shelve 对象的 close()方法，则会关闭文件，并将 shelve 对象中的内容写出。此外，实际创建的文件，是赋予 open()函数的文件加上了扩展名，但这会因环境的不同而不同，比如在 Windows 中是“.dir”，在 Mac 中是“.db”。

除非需要,否则传递协议的版本一般情况下不用特意指定。关于版本的内容,请参阅 11.11.2 小节中的 pickle 模块的解说。

以下是使用 shelve 模块的例子。

使用 shelve 模块

```
import shelve                          # 导入 shelve
d = shelve.open("shelvetest")          # 创建 shelve 对象
d.updata({"one":1,"two":2})            # 用 update 更新内容
list(d.items())                        # 将 shelve 对象元组化后一览
[('one', 1), ('two', 2)]
d.close()                              # 关闭 shelve 对象
```

执行以上代码之后,请在 Jupyter Notebook 其他的单元中执行下面的代码。

确认 shelve 对象的内容

```
import shelve                          # 导入 shelve
d2 = shelve.open("shelvetest")         # 修复 shelve 对象
list(d2.items())
```

```
[('one', 1), ('two', 2)]
```

11.11.2 执行对象持久化与序列化的“pickle”

pickle 是在执行 Python 对象的持久化与序列化时使用的,它是一个非常方便的模块。数值和字符串自不用说,像列表与字典、类的实例比较复杂的对象,也可以进行持久化。但是,文件或线程等的一部分对象是不能持久化的。如果想要处理不能持久化的对象,可能会引发名为“PickleError”的异常。虽然比起 shelve,pickle 能处理更多种类的对象,但是在持久化文件的写出与序列化的处理时,需要做出明确的指示。

使用 pickle 可以将对象序列化并写入文件,也可以将序列化后的对象作为字符串提取出。使用 pickle 进行的序列化称为 pickle 化。此外,使用 pickle 将序列化后的对象修复称为 unpickle 化。使用用 pickle 写出的文件,或者序列化后得到的字符串,可以修复原本的对象。按以上方法可以进行 pickle 化。

图 11.4 所示为利用 pickle 化、unpickle 化进行对象的持久化与修复。

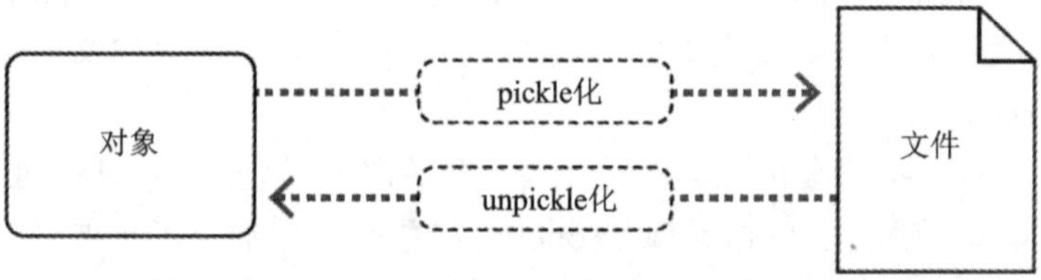

图 11.4　利用 pickle 化、unpickle 化进行对象的持久化与修复

pickle 化后的对象可以兼容于多个平台。例如，使用 pickle 在 Windows 下写出的文件，可以在 Linux 的 Python 中读取，也可以将对象修复。此外，pickle 化的字符串可经由网络互换，还可将 Python 对象在多个平台间传输。

但是，在将类实例等 unpickle 化的过程中，有时会出现代码被执行的情况，应尽量避免 unpickle 化由不可信赖的第三者创建的数据。

pickle 将对象序列化（unpickle 化）的方法有 5 种，可根据需要来分别使用。其中，写出与读取必须使用相同的版本。版本通过向进行持久化与序列化的函数传递参数来指定，如果不指定参数，则默认使用“版本 3”。具体如下：

① 版本 0：只用 ASCII 字符串来序列化对象。与旧 Python 间有后台兼容性。

② 版本 1：将对象用二进制形式（8 位字符串）来序列化。与旧 Python 间有后台兼容性。

③ 版本 2：Python 2.3 导入的形式。与比 Python 2.3 旧的版本之间有后台兼容性。

④ 版本 3：导入在 Python 3 中的版本。在没有指定协议的情况下，使用这个版本。虽然用 Python 2 的 pickle 模块不能 unpickle 化，没有兼容性，但是在没有特定理由的情况下，推荐使用这个版本。

⑤ 版本 4：添加在 Python 3.4 中的版本。这个版本能够支持较大尺寸的对象，可能将更多种类的对象 pickle 化。本书就不详细解说了。

直到 Python 2，还是将用 Python 写的 pickle 与用 C 语言编写的处理速度更快的 cPickle 分开。在 Python 3 中，pickle 替换了用 C 语言编写的 cPickle，cPickle 模块被废除了。

在 pickle 模块中，定义了以下函数与类：

1. dump()函数：将持久化对象写入文件

表记方法如下：

```
pickle.dump(持久化的对象, 文件[, protocol])
```

将需要持久化的对象与文件对象传递给参数然后使用。将对象 pickle 化后的数据写出为文件，可以进行对象的持久化。向参数文件中传递指定了可读取模式而打开的文件对象，也可以传递使用 StringIO 创建的虚拟文件。在自定义参数 protocol 中，序列化时使用的协议版本用整数来指定，如果省略，则默认指定为“3”，即使用版本 3 的协议来进行 pickle 化。

2. load()函数：从文件读取 pickle 化后的对象

表记方法如下：

```
pickle.load(文件)
```

指定 pickle 化后写出的文件，修复进行持久化之后的对象。修复后的对象作为函数的返回值返回。

在参数中不需要指定修复时使用的协议,协议会在 pickle 化时被写入,修复时就使用被写入的协议。

此外,在 load()方法中,备有为了与 Python 2 兼容而设定的编码的参数等,本书就不详细介绍了。

以下就是将 dump()与 load()函数组合使用的例子。

将对象 pickle 化

```
import pickle                                        # 导入 pickle 模块
o = [1,2,3,{"one":1},{"tow":2}]                      # 创建复杂的对象
pickle.dump(o, open("pickle.dump","wb"))             # 将对象 pickle 化
```

像这样,用 pickle 保存的对象可以用下面的方法来修复。

将 pickle 化后的对象修复

```
import pickle                                        # 导入 pickle 模块
o2 = pickle.load(open("pickle.dump","rb"))           # 从文件修复对象
o2                                                   # 确认修复后的对象
[1, 2, 3, {'ont': 1}, {'tow': 2}]
```

3. dumps()函数:将对象 pickle 化后以字符串返回

表记方法如下:

```
dumps(持久化的对象[, protocol])
```

将需要持久化的对象传递给参数然后使用。将对象 pickle 化,把字节类型的字符串作为返回值返回。dumps()函数是 dump()函数的字符串版。

4. loads()函数:读取 pickle 化后的字符串

表记方法如下:

```
loads(字节类型字符串)
```

将用 dump()函数等创建的 pickle 化字节的字符串传递给参数来修复对象。修复后的对象作为返回值返回。loads()函数是 load()函数的字符串版。

11.12 处理 JSON 数据的"json"

在 Python 中处理 JSON 形式的数据时,使用 json 模块。JOSN 是"JavaScript Object Notation"的简称,是以 JavaScript(ECMA-262 标准第 3 版)的一部分为基础来创建的轻量级数据交换格式。其不仅在 JavaScript 中可以使用,在以 Python 为代表的,Ruby、Perl 与 Java 等许多程序设计语言中都可以使用,主要用于以 Web 为媒

介的数据交换。

json 模块提供 Python 内置类型的数据与 JSON 数据的互相转换功能，可以将数值、字符串、字典这样的数据转化为 JSON 形式，或是将 JSON 形式的数据转化为 Python 的数据。

Python 的 json 模块所提供的接口与 pickle 模块的设计非常相似。掌握了 pickle 的使用方法，就可以得心应手地使用 json 了。

11.12.1　将 JSON 转换为 Python 的数据类型

为了将 JSON 形式的数据转换为 Python 的数据，需要使用以下函数：

1. loads( )函数：将 JSON 字符串转变为 Python 对象

表记方法如下：

```
json.loads(JSON 字符串)
```

将 JSON 字符串转换为 Python 的数据类型，然后作为返回值返回。按表 11.6 所列的对应关系进行数据的转换。

表 11.6　JSON 类型与 Python 数据的对应

JSON 的类型	Python 的类型	JSON 的类型	Python 的类型
object	字典	number(real)	float 类型
array	列表	true	True
string	字符串	false	False
number(int)	整数类型	null	Nane

2. load( )函数：包含 JSON 字符串的文件转换为 Python 对象

表记方法如下：

```
json.load(文件)
```

将位于文件或类似文件的对象中的 JSON 字符串转变为 Python 的数据类型，然后作为返回值返回。

11.12.2　Python 的数据类型转换为 JSON

在将 Python 对象转变为 JSON 形式的数据时，需要使用以下函数：

1. dumps( )函数：将 Python 对象转换为 JSON 字符串

表记方法如下：

```
json.dumps(Python 对象[, 对象的参数…])
```

在 dumps()函数中有很多的自定义参数，这里介绍几个比较常用的参数。

在 dumps()函数中,如果赋不能转变为 JSON 类型的对象,则会产生异常。如果向 skipkey 传递 Ture,则可以跳过不能转变的类型,这样就不会发生异常了。如果向 ensure_ascii 传递 Ture,则将会对日语版的非 ASCII 字符进行编码后再输出。这是一个默认的操作。如果向 ensure_ascii 传递 False,则非 ASCII 字符就会原封不动地被输出。

此外在 Python 2.6 之后的 Python 2 中,json. dumps()函数中有 encoding 参数,通过指定"euc-jp"等的编码,可以指定多字节字符串的编码。在 Python 3 的 json. dumps()函数中指定 JSON 字符串的编码时,需要向 ensure_ascii 传递 False,生成 JSON 字符串,使用 encode()来获取转变成目标编码的字节类型字符串。

2. dump()函数:变化为 JSON 字符串,写入文件

表记方法如下:

```
json.dump(Python 对象, 文件)
```

将传递给参数的对象转换为 JSON 字符串,然后写入指定文件夹。

11.12.3 json 的使用示例

现在尝试将从 Web 读取的数据转换为 Python 的数据类型。试着用 JSON 形式来读取 Github 的 repository,然后转换为 Python 的对象。下面就展示了 Guido 所拥有的 repository。

从 GitHub 读取

```
from urllib .request import urlopen
from json import loads                        # 导入 json 模块的 loads()函数
url = 'http://api.github.com/users/gvanrossum/repos'
body = request.urlopen(url).read()
body = body.decode('utf - 8')                 # 将 JSON 转换为字符串
repos = loads(body)                           # 将 JSON 转换为 Python 对象
for r in repos:                               # 显示 repository 的名称
    print(r['name'])
```

```
500lines
asyncio
ballot - box
path - pep
Pyjion
pyxl3
```

第 12 章

Python 与数据科学

近年来，在机器学习、深度学习与人工智能等领域，使用 Python 的机会越来越多。此外，数据科学将机器学习、深度学习等方法运用到了商务领域中，因此，在数据科学的领域中，Python 也日益受到重视。本章将简单介绍为什么 Python 会被使用在数据科学的领域中，并对具体的使用方法进行简单介绍。

12.1 NumPy 与 matplotlib

近年来，当提起机器学习、深度学习以及人工智能这样备受瞩目的关键词时，经常也会一同提起 Python。正在阅读本书的读者中，相信有很大一部分都是借由数据科学等关键字在阅读本书吧！

本章将对在数据科学领域中经常用到的 NumPy 与 matplotlib 的用法进行详细解释，在这之前，先简单讲解一下什么是 NumPy 与 matplotlib。

12.1.1 所谓的 NumPy 与 matplotlib

正如第 1 章中介绍的一样，在数据科学领域中，Python 被认为是一种广为使用的，也就是标准的程序设计语言。Python 被这样认为有几个重要的理由，其中最主要的理由是因为在 Python 中存在本节将要介绍的名为 NumPy 的 Python 数值计算库。

所谓 NumPy，是为了高速执行包括将数组作为对象的运算处理在内的，各种各样的运算处理而使用的库。在科学运算中，为了处理数据，经常会使用数组。数组是类似 Python 中列表类型一样的结构，为了将多个数据排列并一并进行运算处理而使用。

以在第 1 章中介绍的重力波观测为代表，Python 被运用在宇宙、气象、生命科学等领域中,在这些研究中大都用到了 NumPy。

在机器学习、人工智能与数据科学的领域中,为了处理大多数的数据,与科学运算相同,也经常用到数组。也就是说,NumPy 与 Python 的配合,满足了数据科学领域中作为运算工具来使用的重要条件。现在将简单介绍为什么在这个领域中,Python 被认为是一种标准。

NumPy 拥有悠久的历史,前身运算库 Numeric 公开于 1995 年,实际算下来其已经有 20 年的历史了。而科学与 Python 结合的历史则更加悠久,有的说法是,从 Python 发布的 20 世纪 90 年代起,科学与 Python 就有了联系。当时正值"缩小尺寸"现象兴起的时代,与观测机器性能提高的同时,不得不处理大量数据的科学家们,将一直使用的大型计算机更换为带有计算机服务器的计算机集群(cluster)的时代。作为 FORTRAN 程序设计语言的替代品,很多科学家开始关注这种简洁又好用的、名为 Python 的程序设计语言。这样,开发可以更高速地进行科学运算的专用库一事,就不得不提上议程。那时已经完成开发的是 Numeric,经过大规模的修改后更名为现在的 NumPy。

matplotlib 与 NumPy 搭配成为双刃剑,广受科学家们的喜爱。matplotlib 是 Python 中进行图表或图形绘制的绘图库,本书也在图表的绘制中使用了 matplotlib。

NumPy 与将其扩展后的 SciPy、matplotlib,被科学家们作为常用工具 MATLAB 的替代品来使用。MATLAB 是一种费用高达数十万日元(译者注:1 万日元约等于 600 元人民币)的工具。将 NumPy 与 SciPy、matplotlib 组合使用,就可以实现免费使用与 MATLAB 相同的功能。

matplotlib 最初发布在 2002 年,它也是一个拥有 10 年以上历史的库。包括 Python 在内,数据科学家们今天使用的工具大都经过了漫长的发展过程。

开发使用 NumPy 与 matplotlib 这样的库,并逐步使之完善的过程,有时也被称为"生态系"。这也许只是想要大家了解 Python 与数据科学的关系是由历史悠久的生态系所支撑的吧!

以进行科学运算的库为基础,在数据科学中使用的库如雨后春笋般出现了,例如:

① pandas(2008 年):用 R 风格的名为 DataFrame 的结构来支撑数据分析的库。

② scikit-leam(2010 年):机器学习用的库。

③ IPython Notebook(2012 年):是本书中作为代码的执行环境来使用的 Jupyter Notebook 的前身。IPython Notebook 的中心,高性能 shell IPython 发布于 2001 年。

这样的工具扩大了 Python 的世界,并覆盖了整个数据科学领域。现在,Python 再一次受到了大家的关注,特别是近年来,随着 Chainer 与 TensorFlow 这样的 Python 用的深度学习框架的出现,将 Python 与数据科学紧紧包围的生态系变得越来越丰富。数据科学与 Python 的生态系统如图 12.1 所示。

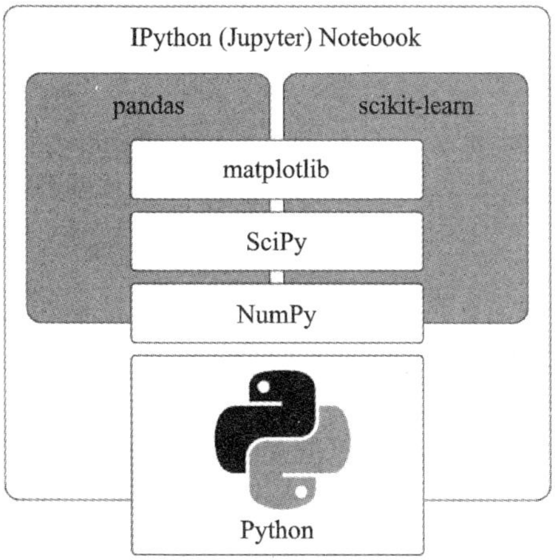

图 12.1　数据科学与 Python 的生态系统

12.1.2　使用 NumPy

NumPy 的中心是一个名为 ndarray 的数据类型。ndarray 是 n-dimentional array 的简称，正如其名，它可以处理多维数组。在 NumPy 库中，ndarray 以 array 这个名称被登记。在本书之后的内容中，将 ndarray 称为 NumPy 的 array，或是单独称为 array。

NumPy 的 array 是一种与列表非常相似的数据类型，虽然其被限制为只能处理数值，但却同时强化了其运算功能。此外，与使用 Python 列表的情况相比，其可以对大量的数据进行更高速处理。很难具体说明到底快了多少，但是应该快了大概 10 倍。

那么，就来试用一下 NumPy 的 array 吧！创建 array 时，可以使用从列表转变类型的方法，或者使用固定值与随机数来初始化等方法。在这里，我们读取提前准备好的数据来创建 array。将假设已经完成了的下列实验的虚拟数据提前写入文件。

假设有按钮与灯，对多位参加实验的人员进行"灯亮之后请按按钮"的实验。计算灯亮到按下按钮之间的时间。

将时间用毫秒为单位来测量得出的数据，已经写入文本文件，现在试着读取这个文本文件来创建 array。

如果读者下载本书中的示例代码，注意，在 Chapter12 文件夹中有一个名为 reaction.txt 的文件，请使用这个文件。使用 tmpnb 的读者，请首先进行文件上传等操作。

在上述基础上，在单元上执行下列代码，这样，NumPy 的 array 被创建，并代入到变量中。

从文件读取数据

```
import numpy as np                                        # 导入 numpy
reactions_in_ms = np.loadtxt('reactions.txt')
```

一般情况下,使用 import 语句的 as 句法,将 NumPy 用 np 来导入。np.loadtxt()指的是正在调用 NumPy 中的 loadtxt()函数。

接下来,试着表示数据的元素数量与概要。当需要查询元素数量时,虽然可以使用内置函数 sum(),但要看一下保存了 array 元素数量的 size 属性,还要用切片来显示开头的 20 个数据。示例代码如下:

使用 NamPy 的 array

```
print(reactions_in_ms.size)                               # 显示元素数量
print(reactions_in_ms[:20])                               # 显示开头的 20 个元素
```

```
1000
[491.  594.  451.  692.  560.  482.  477.  472.  646.  545.  480.
 660.  605.  615.  582.  513.  470.  572.  537.  488.]
```

原始数据是以毫秒为单位的数据。现在想要把这个数据的单位改为秒,并显示概要。将毫秒改为以秒为单位时,只需要将各元素用 1 000 来除就可以了。在使用了列表的情况下,需要使用 for 语句的循环或列表解析式,但如果是 NumPy 的 array,则使用下列表达式就可以了。

array 的除法

```
reaction_in_sec = reactions_in_ms/1000                    # 将毫秒转化为秒
print(reactions_in_sec[:20])                              # 显示开头的 20 个元素
```

```
[0.491  0.594  0.451  0.692  0.56  0.482  0.477  0.472  0.646
 0.545  0.48   0.66   0.605  0.615 0.582  0.513  0.47   0.572
 0.537  0.488]
```

观察上述代码不难发现,这是将 array 中的变量用除法运算符来除,这样就可以对各个元素进行同样的除法运算。同理,可以进行乘法运算、加法运算与乘方运算,也可以使用复合运算符来更改 array 本身。此外,如果将多个 array 与运算符组合,则可以执行 array 间的运算或行列式运算。当然,对于 array 是多维的情况也是相同的。这足以让我们了解到 NumPy 的强大性能。

现在试着显示一下统计概要。使用 NumPy 的函数来计算平均值、中位数、矩阵标准差等,示例代码如下:

NumPy 中各种各样的函数

```
print("平均值:", np.mean(reactions_in_sec))
print("中位数:", np.median(reactions_in_sec))
```

```
print("矩阵标准差:", np.std(reactions_in_sec))
print("最小值:", np.min(reactions_in_sec))
print("最大值:", np.max(reactions_in_sec))
```

```
平均值:0.48785
中位数:0.469
矩阵标准差:010193477081
最小值:0.261
最大值:0.928
```

这看上去是一个中位值小于平均值，且从中位数到最大值的幅面比从中位数到最小值的幅面长的数据。矩阵标准差是 0.1 左右，集中分布在平均值附近。

此外，使用 Anaconda 中含有的 pandas 库，可以简单地显示数据的概要。只需用 DataFrame 来代替 NumPy 的 array，仅调用 head( )或者 descritbe( )方法就可以了。

本书因篇幅有限，就不对 pandas 进行详细介绍了，有兴趣的读者可以在执行了上述代码单元后试一下下面的代码。首先将 array 转变为 DataFrame，然后用 head()来显示数据的概要。

使用 pandas 的 DataFrame 类型

```
import pandas as pd
reactions_df = pd.DataFrame(reactions_in_sec)
reactions_df.head()                           # 显示数据的概要
```

```
     0
0    0.664
1    0.481
2    0.511
3    0.612
4    0.526
```

接着显示元素数量、平均值(mean)及矩阵标准差(std)。操作非常简单，只需要调用名为 describe( )的方法。在 pandas 中，还包含了许多能在数据科学中运用的功能。

显示数据的平均值、矩阵标准差、最大值、最小值等

```
reactions_df.describe()
```

```
         0
count    1000.000000
mean     0.492834
std      0.101952
min      0.251000
25%      0.417000
```

```
50 %      0.478000
75 %      0.559000
max       0.843000
```

12.1.3 使用 matplotlib

接下来,我们使用 NumPy 的 array 来试着绘制一个图表。使用图表时,数据的性质与特征等会变得一目了然。

本书在列表等章节中,已经使用名为 matplotlib 的库来绘制图表,这里同样使用 matplotlib 来进行数据可视化操作。

为了掌握整体情况,我们试着绘制一个柱状图。首先在 Jupyter Notebook 的单元中写一个内置图表的咒语,然后导入 matplotlib 并使其可用,接着调用 matplotlib 的函数,试着描绘柱状图。

使用 matplotlib 绘制柱状图

```
%matplotlib inline
import matplotlib.pyplot as plt                # 导入 matplotlib
h = plt.hist(reactions_in_sec)                 # 绘制柱状图
```

绘制了一个先大幅上升,然后缓慢下降的图,如图 12.2 所示。由图 12.2 可以发现,刚才需要用数值看到的概要,现在变成了具体可见的图表。

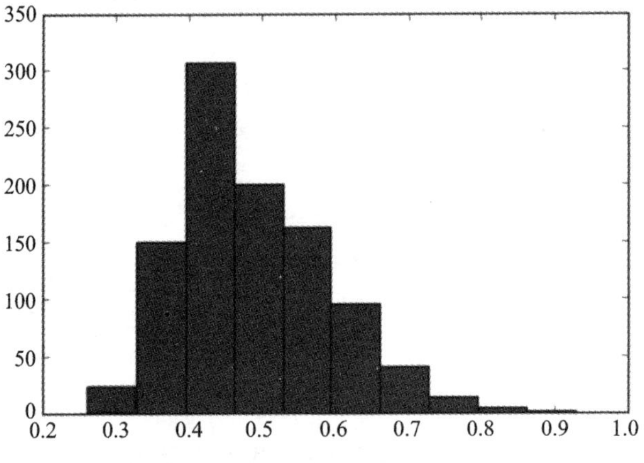

图 12.2 以按下按钮之间的时间为基础绘制的柱状图

对于测定从灯亮起到按钮被按下间的时间,类似这样的实验我们称为“反应测试”。取反应速度的平均值大约在 0.4 s。但是,在按钮被按下之前的过程是一个非常复杂的过程。首先,需要用视觉认知到灯被点亮,之后由大脑发出命令,然后用手指按下按钮。无论反应多么灵敏的人,大概都需要花 0.2 s 的时间,根据各种条件有时可能会花费更多时间。

12.2　使用 NumPy

正如在 12.1 节中简单介绍过的那样，使用内置在 NumPy 中的 array（ndarray）可以更轻松且更快捷地执行使用多维数组的处理。以科学技术计算为代表，如概率、统计等，在以这些为基础的机器学习、人工智能与数据科学中，在处理大量数据时，常常会使用数组。也就是说，能灵活运用 NumPy 的 array，是在机器学习、人工智能与数据科学等领域中使用 Python 的入口。

array 是一个与 Python 的列表类型相似的数据类型，它可以访问使用了索引与切片的元素，在部分操作上与列表类型相同。同时，它还具有列表类型所不具备的功能，如使用随机数的生成、数组的运算、行列运算或线性代数运算等。这里将以 array 的使用方法为中心，详细介绍 NumPy 的使用方法。

12.2.1　生成 NumPy 的 array

本小节将用 Jupyter Notebook 来学习一下 NumPy 的使用方法。使用 NumPy 之前，需要提前将其导入。这里，我们就照惯例用 np 这个名称来导入。

生成 NumPy 的数组有很多种方法，这里尝试用 Python 的序列（列表类型）来创建数组。此后，仅仅输入变量来显示 array 的内容。示例代码如下：

数组的创建

```
import numpy as np                                    # 导入 NumPy
a = np.array([0, 1, 2, 3])                            # 创建数组
a                                                     # 显示数组
```

```
array([0, 1, 2, 3])
```

向 array()中传递参数时，请注意不要省略方括号。如果省略了方括号，则列表作为第一参数就不能传递。这样一来就传递了多个参数，会引发异常。

传递序列的序列可以生成二维的数组，现在来实际操作一下，示例代码如下：

二维数组的创建

```
b = np.array([[0, 0, 0],[0, 0, 0],[0, 0, 0]])
b
```

```
array([[0, 0, 0],
       [0, 0, 0],
       [0, 0, 0]])
```

由结果可知，数字列被缩进了，变得更加清楚了。

在数组对象中有好几个属性，数组的信息包含在属性中。示例代码如下：

数组的属性

```
print(b.ndim)                                  # 维数
print(b.shape)                                 # 各维的元素数量
print(b.size)                                  # 大小
print(b.dtype)                                 # 类型
```

```
2
(3, 3)
9
int64
```

由上述代码可以观察到，名为 b 的数组中含有一个二维数据 3×3，由此可知元素数量为 9；dtype 是元素的数据类型。数据类型由初始化时使用的数据种类自动决定。在生成数组时，传递名为 dtype 的参数就可以更改类型。

此外，使用表 12.1 所列的函数也可以生成数组。其中，np 表示 NumPy 模块。

表 12.1　Numpy 的数组生成函数

函数名称	说　明
np.matrix()	由"12;35"这样的字符串生成数组
np.arange([开始值,]结束值[,step])	使用增减数值来生成数组。几乎可以使用与内置函数 range()相同的参数。step 数中，不仅可以使用整数，而且可以使用小数
np.ones(元素数量)	生成全 1 数组。向参数传递元组与列表，可以生成多维数组
np.zeros(元素数量)	与 np.ones()相似的函数，生成全 0 数组
np.linspace(开始值,结束值,元素数量)	将从开始值到结束值间的区间均分创建数组
np.random.rand(元素数量 0,元素数量 1,…])	使用 0 到 1 的随机数来生成数组。传递多个元素数量，可以生成多维数组。使用 np.random.randn()，遵循标准正态分布由随机数生成数组

此外，还可以像之前章节中介绍过的那样，可以由文件来生成数组。

已经创建了的数组，可以通过调用 reshape()方法来更改格式。将 np.zeros()函数与 reshape()方法组合，同样可以创建刚才的 3×3 的数组，示例代码如下：

转换为二维数组

```
b2 = np.zeros(9).reshape(3, 3)
b2
```

```
array([[0.,  0.,  0.],
       [0.,  0.,  0.],
       [0.,  0.,  0.]])
```

此外，将数组的 shape 属性改写为"b2.shape=3,3"，可以执行与 reshape()方法相同的操作。

数组对象的名为 T 的属性中包含了将 X 轴与 Y 轴替换，也就是说，将行与列替换旋转 90°的数组。

数组的旋转

```
a = np.arange(9).reshape(3, 3)
a
array([[0, 1, 2],
       [3, 4, 5],
       [6, 7, 8]])
```

```
a.T                                    # 表示旋转了 90°的数组
array([[0, 3, 6],
        [1, 4, 7],
        [2, 5, 8]])
```

12.2.2 使用数组的运算

将 NumPy 的数组与运算符组合，可以对数组的各个元素执行运算。示例代码如下：

在各元素上加 1

```
a = np.arange(1, 10)                              # 创建从 1 到 9 的数组
a + 1                                             # 在各元素加 1 后显示
array([2, 3, 4, 5, 6, 7, 8, 9, 10])
```

将多个数组组合，可以进行使用各元素的运算。但是，这需要将相同 shape 的数组组合在一起。如果将列表与列表进行加法运算，则可以得到连接，这与 NumPy 的数组是不同的。与加法运算相同，减法运算、乘法运算与除法运算都同样是进行各个元素的运算。示例代码如下：

数组的加法运算

```
a = np.arange(1, 10)                              # 创建 2 个从 1 到 9 的数组
b = np.arange(1, 10)
a + b                                             # 将 a 的元素与 b 的元素相加
array([2, 4, 6, 8, 10, 12, 14, 16, 18])
```

不能进行类型不相同的数组之间的运算。但是，在列或行中，只要一方有相同元素数量的数组，就可以进行运算。例如，试着将数组 3×3 与数组 3×1 进行乘法运算，代码如下：

数组的乘法运算 1

```
a = np.ones(9).reshape(3, 3)                     # 创建 3 个只有 1 构成的 3×3 数组
b = np.arange(1, 4)                              # 创建 1,2,3 的数组
a * b                                            # 显示乘法运算后的结果
```

```
array([[1. , 2. , 3. ],
       [1. , 2. , 3. ],
       [1. , 2. , 3. ]])
```

将这个机制称为广播机制(Broadcasting)。在示例代码中,对于 a 将 b 进行纵方向的依次计算。因为是使用元素数量较少的数组进行运算,所以操作起来很方便。

使用 Broadcasting,可以将 3×1 与 1×3 的数组组合起来,创建 9×9 的数组,代码如下:

数组的乘法运算 2

```
np.zeros((3, 1)) * np.zeros((1, 3))
```

```
array([[0. , 0. , 0. ],
       [0. , 0. , 0. ],
       [0. , 0. , 0. ]])
```

通过使用内置在 NumPy 中的函数,可以运算数组的合计。无论是一维还是多维,都同样可以计算合计。示例代码如下:

元素的合计

```
a = np.arange(9).reshpe(3, 3)                 # 从 0 到 8,创建 3×3 的数组
np.sum(a)                                     # 计算合计
```

```
36
```

在 np.sum 中有一个很有趣的功能,那就是传递名为 axis(轴)的参数,可以通过指定轴来指定运算合计的方向。例如,将 axis 指定为 0,则以列为单位计算合计。在下面的例子中,使用刚才创建的 3×3 的 a 数组来计算每一列的合计,作为结果,可以得到带有 3 个元素的数组。代码如下:

进行每一行的加法运算

```
a = np.arange(9).reshape(3, 3)           # 从 0 到 8,创建 3×3 的数组
```

```
array([[0, 1, 2],
       [3, 4, 5],
       [6, 7, 8]])
```

```
np.sum(a, axis = 0)
```

```
array([9, 12, 15])
```

向 axis 赋 1,可以计算每一行的合计。作为结果得到的数组也同样有 3 个元素,返回“array([3,12,21])”的结果。

除了 np.sum 以外,还有计算平均值的 np.mean(),计算中位数的 np.median(),计算矩阵标准差的 np.std(),计算方差的 np.var()等。此外,np.max()与 np.min()可以计算最大值与最小值。无论哪个函数,都与 np.sum()一样,都可以接收 axis 这个参数,指定轴。

另外，使用 np.dot()函数可以计算矩阵的乘积。从 Python 3.5 开始，增加了一种新功能，使用计算行列乘积的运算符@，可以完成与 np.dot()相同的操作。在 NumPy 中，还有许多其他用于行列运算的工具，本书就不一一介绍了。

12.2.3　访问元素

访问数组元素时，可以与列表类型相同，使用索引来访问。多维数组除了像[1][2]这样用索引来访问外，还可以通过用逗号传递多个索引来访问。示例代码如下：

访问元素

```
a = np.arange(9).reshape(3, 3)          # 从 0 到 8,创建 3×3 的数组
a[1, 2]                                 # 显示 1,2 的元素
5
```

使用索引指定数组的元素并代入，可以像列表那样替换元素。但是，代入并不会改变数组的 dtype。就算在带有整数元素的数组元素中代入 1.5 这样的浮点数，也是以舍去小数点后的数字的状态进行代入的。此外，元素是不可以删除的。

在数组中，与列表类型等相同，可以使用切片。将切片组合，可以将多维数组的一部分作为多维数组提出。从代入参数 a 的数组中，取出右下方 2×2 的部分，代码如下：

使用切片

```
a[1:, 1:3]                  # 取出右下 2×2 的数组
array([[4, 5],
       [7, 8]])
```

另外，将列表作为索引传递，可以将列表上的数值看作索引，取出多个值。现在创建一个 1 到 9 的数组，将列表作为索引传递，试着只提取出偶数代码如下：

向索引指定列表

```
d = np.arange(1, 10)                # 创建 1 到 9 的数组
d[[1, 3, 5, 7]]                     # 只取出偶数
array([2, 4, 6, 8])
```

12.2.4　数组的连接

已经有了用于 NumPy 的数组间相互连接的函数，在进行横方向的连接时，使用 np.hstack()，示例代码如下：

横方向连接

```
a = np .arange(4).reshape(2, 2)           # 2×2,从 0 到 3 的数组
b = np.arange(5, 9).reshape(2, 2)         # 2×2,从 5 到 8 的数组
np.hstack((a, b))
```

```
array([[0, 1, 5, 6],
       [2, 3, 7, 8]])
```

在进行纵方向的连接时,使用 np.vstack(),示例代码如下:

纵方向连接

```
a = np.arange(4).reshape(2, 2)              # 2×2,从 0 到 3 的数组
b = np.arange(5, 9).reshape(2, 2)           # 2×2,从 5 到 8 的数组
np.vstack((a,b))
```

```
array([[0, 1],
       [2, 3],
       [5, 6],
       [7, 8]])
```

此外,如果是一维数组,则可以用函数 np.column_stack()来叠加纵列。

12.2.5 复制数组

假设将某个 array(a)代入其他的变量(b)中。这时,对数组 b 进行操作,数组 a 将会怎么样呢?示例代码如下:

array 间的代入

```
a = np.zeros(4)                  # 使用 4 个 0 创建数组
b = a                            # 向 b 代入
b += 1                           # 向各元素加 1
a                                # 显示 a 的内容
```

```
array([1., 1., 1., 1.])
```

本应对 b 执行的操作,同时也对 a 执行了。由于 Python 的代入并不是复制,而是参阅,如果"b=a",就会变成 a 与 b 都指向同一个数组对象。使用切片来提取数组的一部分时也是同样的。切片只是参照原本数组中的一部分,这被称为 view。

想要将某个数组作为另一个对象来提取,则使用 copy()方法。示例代码如下:

array 的复制

```
a = np.zeros(4)                  # 使用 4 个 0 创建数组
b = a.copy()                     # 向 b 代入
b += 1                           # 向各元素加 1
print(a)                         # 显示 a 的内容
```

```
array([0., 0., 0., 0.])
```

12.3 使用 matplotlib

matplotlib 是一个功能强大的图表绘制库,它分为好几个包,这里将重点介绍本

书中多次出现的 pyplot 包。此外，在 pyplot 中还有 instance base 的接口，本书只介绍函数 base 的接口。

12.3.1　使用 plot()来绘制图表

一般情况下，pyplot 使用 import 语句的 as，以 plt 这样一个名称来导入。想要绘制图表时，使用 pyplot 中的 plot()函数可以完成大多数绘制。

使用 Jupyter Notebook 时，不要忘了将图表显示在单元中的小魔法。只需要向 plt.plot 中传递 NumPy 的 array 就可以绘制图表了，刻度会自动生成。示例代码如下：

绘制正弦的图像

```
%matplotlib inline
import numpy as np
import matplotlib.pyplot as plt

s = np.sin(np.pi * np.arange(0.0, 2.0, 0.01))
t = plt.plot(s)                          # 绘制正弦的图像
```

创建出的正弦图像如图 12.3 所示。

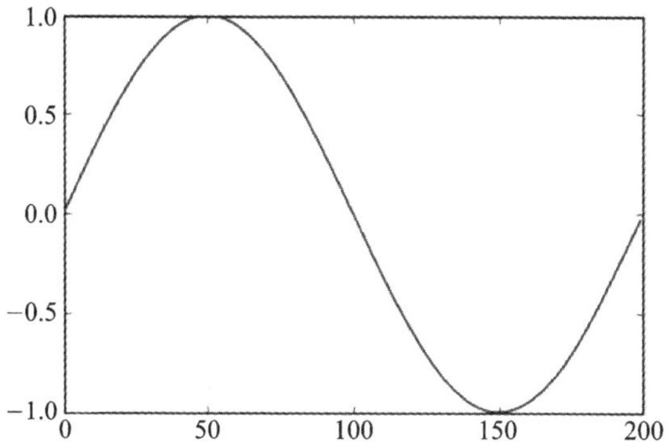

图 12.3　创建出的正弦图像

如果赋 2 个 array，就会变成二维的点。给第 3 个参数指定 marker，使用名为 alpha 的关键参数来更改透明度，绘制散布图。此外，如果使用 plt.scatter()设置为 plt.scatter(x,y,alpha=0.1)，则可以更简便地绘制散布图，代码如下：

绘制散布图

```
x = np.random.randn(5000)               # 遵循标准正态分布生成随机数
y = np.random.randn(5000)
t = plt.plot(x, y, 'o', alpha = 0.1)
```

创建出的散布图如图 12.4 所示。

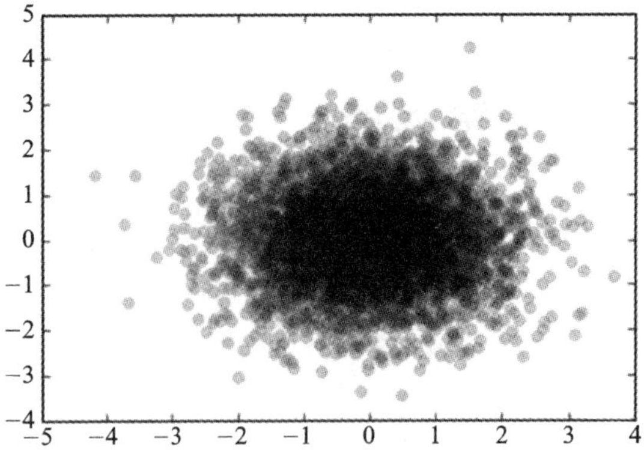

图 12.4　创建出的散布图

多次调用 plt.plot(),可以将图像重叠。使用最小二乘法进行被赋值数据的线性近似,然后描绘结果吧!将数据作为点绘制之后,使用得到的斜线(m)与切片(c)来绘制直线。另外,下面使用的 linalg.lstsq()用于导出 m 与 c 的函数,这里就不详细介绍了。将两种图像重叠,来确认一下是否可以近似。代码如下:

将图像重叠

```
x = np.array([1.628, 3.363, 5.145, 7.683, 9.855])
y = np.array([1.257, 3.672, 5.841, 7.951, 9.755])
a = np.array([x, np.ones(x.size)])
a =a.T
m, c = np.linalg.lstsq(a, y)[0]                 # 求使用最小二乘法将数据近似的直线
t = plt.plot(x, y, 'o')                         # 绘制数据
t = plt.plot(x, (m * x + c))                    # 绘制近似直线
```

多个图像重叠绘制后,如图 12.5 所示。

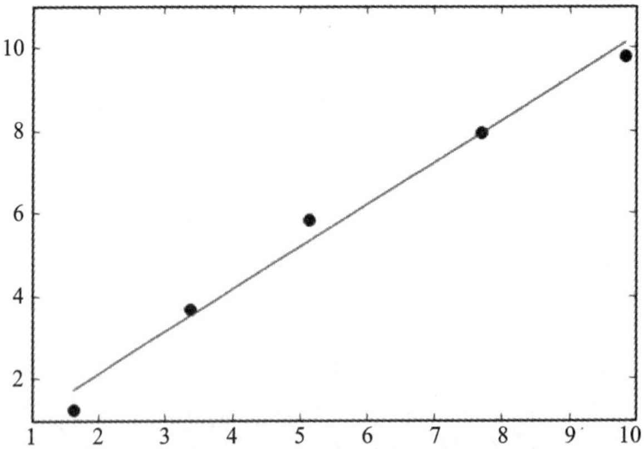

图 12.5　多个图像重叠绘制

12.3.2　控制 plot()的绘制

在 plot()中有表 12.2 所列的对象参数，可以通过使用参数来控制想要绘制的线。其中，对于有简略形式的几个参数，在“说明”一列中已将其所有的参数名称都列举了出来。

表 12.2　plot()函数的自定义参数

参　数	说　明
alpha	用小数来指定透明度
color，c	用字符串指定颜色。除了用 red 或 blue 这样的字符串外，用 r 或 b 这样简短形式也可以指定
linestyle，ls	用字符串指定线的样式。也可以用“-”“—”“:”这样的字符串来指定
linewidth，lw	指定线的粗细
marker	使用“+”“,”“.”，或“1”“2”这样的字符串指定 marker 的种类
markerfacecolor，mfc	用字符串指定 marker 内部的颜色，用 markeredgecolor、mec 指定边线的颜色
markersize、ms	指定 marker 的尺寸。用 markeredgewidth、mew 指定边线的粗细

在 sin 的图中增加参数，试着变化一下线的样式。向 linestyle 传递字符串，指定为点线样式，指定 linewidth 绘制粗线，代码如下：

改变线的样式

```
s = np.sin(np.pi * np.arange(0.0, 2.0, 0.01))
t = plt.plot(s, linestyle = '-  - ',linewidth = 4)
```

显示出的图像如图 12.6 所示。

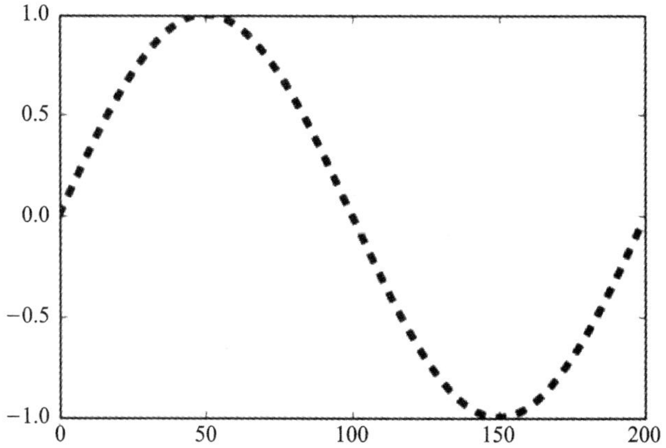

图 12.6　显示出的图像

12.3.3 加入字符

在 pyplot 中,带有几个用于向图表加入字符的函数,下面介绍其中几个比较常用的,如表 12.3 所列。

表 12.3 pyplot 的函数

函数名称	说　明
plt.xlabel(S)	用字符串指定 X 轴的标签。plt.ylabel()指定 Y 轴的标签
plt.title(S)	用字符串(S)指定图表的样式
plt.Text(X,Y,S)	在 X、Y 的位置嵌入字符串,字符串中可以使用"$～$"中的 TeX 公式
plt.xticks(P,S)	指定 X 轴的刻度标签。P 是数值,S 是字符串的序列,分别指定位置与标签字符串。使用 plt.yticks(),可以指定 Y 轴的刻度标签

此外,在向图表中嵌入字符串时,使用日语会导致不能正常运行。因为图表的字符串是作为图像来嵌入的,matplotlib 中需要捕获日语字体的信息。

如果像下面这样指定字体,就可以使用日语字体来嵌入字符串。在这里,我们以在 macOS 中运行 Jupyter Notebook 为前提,指定名为 Osaka 的字体。代码如下:

指定显示用的字体

```
import matplotlib.pyplot as plt
plt.rcParams['font.family'] = 'Osaka'
```

还有其他在初始化文件中嵌入字体设定的方法,这里就不详细介绍了。另外,像下面这样操作,可以获取能在系统中使用的字体的列表。根据每个系统的不同,安装的字体也不相同,请指定您的使用环境中可以用的字体。代码如下:

显示字体的一览

```
import matplotlib.font_manager as fm
fm.findSystemFonts()
```

在 tmpnb 中,不可以使用带有日语的字符,因此,不能将日语的字符嵌入到图表中。

12.4 将日本的人口可视化

这里尝试使用 NumPy 与 matplotlib 的组合,来进行数据加工与数据可视化。网络上可以查找到各种各样的公开数据,这里试着使用一下比较容易得到的日本人口数据。自古以来,日本的户籍制度都较为完善,因此我们可以掌握较为精确的人口数据。

日本人口数据由总务省统计局(http://www.stat.go.jp/data/)或是国立社会

保障·人口问题研究所(http://www.ipss.go.jp/)等机关公开发布,从中选用几种过去较为准确的数据。

为了方便使用,本节将要使用的数据都已事先处理后保存为文件,与示例代码收纳在一起。在执行代码之前,先下载示例代码并将其处理为可由 Jupyter Notebook 读取的状态。另外,与本节相关的内容都参考了中公新书的《欢迎来到人口学》(河野稠果 著)。

12.4.1 读取人口数据

首先读取主要的数据。在文件中,人口数据按男女分别保存在文件中。人口以5岁为一阶段进行划分,收集了从1944年到2014年间的数据,成为一个每阶段的人口作为横轴(列),年份作为纵轴(行)的二维数组。格式为CSV(逗号分隔)。指定分隔字符串(delimiter),作为 NumPy 的 array 来读取。读取的 CSV 文件中,在第一行有标题,所以传递参数"skiprow=1"跳行读取。另外,在各行的第一列有年份,为了跳读,向名为 usecols 的参数传递使用 range()创建的序列。代码如下:

按性别读取1944年到2014年间以5岁为一阶段划分的数据

```
import numpy as np

p_male = np.loadtxt('male_1944_2014.csv', delimiter=",",
                    skiprows=1, usecols=range(1, 22))
p_female = np.loadtxt('female_1944_2014.csv', delimiter=",",
                      skiprows=1, usecols=range(1, 22))
```

为了之后的操作,同时将男女合计的数据与每一年的数据一同创建。如果使用 NumPy,则这类处理可以在一行中完成书写。将以5岁为一阶段的人口更改为每年的人口时,使用 array 的 sum()。在 p_total 中收纳着以5岁为一阶段的各阶段人口数据。通过传递参数"axis=1",可以计算每行的合计,也就是各阶段人口的合计。代码如下:

获取每阶段与每年的人口数据

```
p_total = p_male+p_female              # 合计男女的以5岁为一阶段的人口
p_yearly = p_total.sum(axis=1)         # 更改为每年的人口
```

试着将每年的人口数据转化为图表。向X轴传递1944年到2014年的序列,刻度表示的是年份,同时也显示着网格(grid)。代码如下:

将每年的人口图表化

```
%matplotlib inline
import matplotlib.pyplot as plt

t = plt.plot(rang(1944, 2015), p_yearly)
```

```
plt.ylim((0, 130000))
plt.grid(True)
```

日本的人口(从 1944 年到 2014 年)如图 12.7 所示。

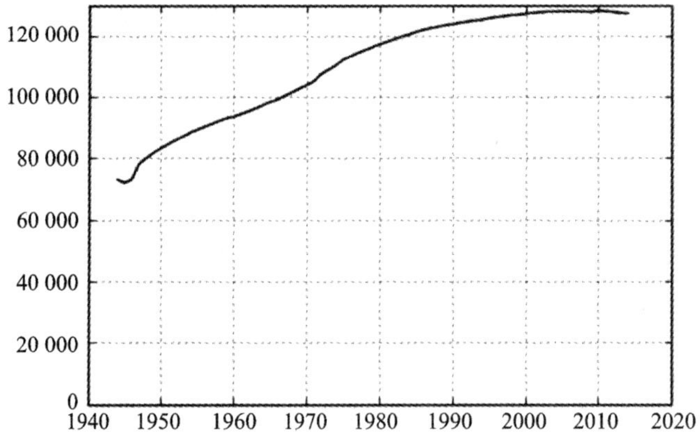

图 12.7　日本的人口(从 1944 年到 2014 年)

日本的人口在 2008 年达到顶峰,之后慢慢开始减少。根据政府与相关机构的人口预测来看,日本人口在此后将会以较缓的幅度慢慢减少,人口减少社会将要到来。特别是最近,少子化(译者注:儿童出生率低)的新闻不绝于耳,但其实日本的人口减少现象从更早以前就已经开始了。为了指示这一现象,我们读取出生率的相关数据,将其可视化。代码如下:

绘制出生率(合计特殊出生率)的图表

```
tfr = np.loadtxt('total_fertility_rate.csv',
                 delimiter = ",", skiprows = 1)
t = plt.plot(range(1960, 2015), tfr, ls = ":")
t = plt.plot([1960, 2015], [2.07, 2.07])        # 在置换水准(2.07)处划线
```

日本的出生率(从 1960 年到 2014 年)如图 12.8 所示。

这里读取的"出生率"准确的说法应该是"合计特殊出生率"。所谓合计特殊出生率,简单说来就是一位女性在一生中所生孩子的数量。在这里说的"一位女性"也包含因为各种原因而没生孩子的女性。

这个世界上有男性和女性,如果单纯这样考虑,那么一位女性一生中生育两个孩子就可以避免人口的减少。但实际上,有一些人因为意外事故或是疾病等而失去生命,导致人口减少。调查研究表明,在医疗水平发达、死亡率较低的日本,一位女性一生中生育 2.07 个孩子就可以维持人口数量。我们将这个数据称为"人口置换水准"。图 12.8 中的横线就表示人口置换水准。仔细观察可以发现,从 20 世纪 60 年代后半段开始,日本的出生率就已呈现低谷状。这一年是被称为"丙午"的年份,是出生率极

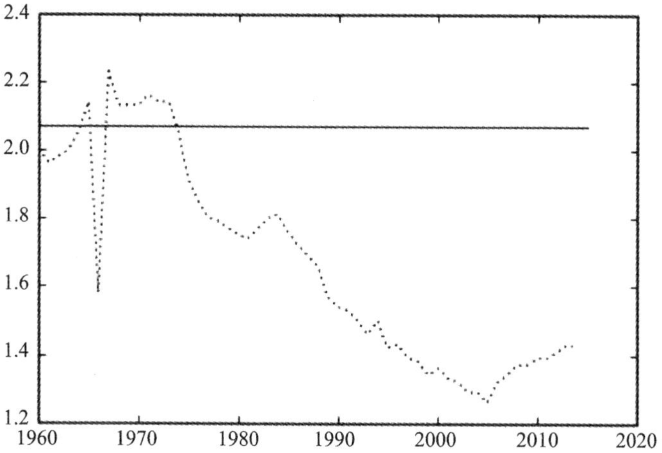

图 12.8　日本的出生率(从 1960 年到 2014 年)

低的年份。再观察一下图 12.8,可以发现,出生率在 20 世纪 70 年代的后半段跌破了人口置换水准,从那之后再也没有恢复到人口置换水准之上。从图 12.8 中可以看出,日本人口减少现象是经历了 20 世纪 70 年代开始的低出生率之后出现的。

12.4.2　绘制人口金字塔

接下来,我们来看一下从 1970 年开始的出生率低下给人口的分布所造成的影响。因为已经有按性别分类与按年龄分类的数据,现在用这些数据试着绘制一个人口金字塔。

首先,创建绘制人口金字塔的函数。在函数将保存了年份与人口的数组作为参数传递给函数。show_pgraph()函数的定义如下:

show_pgraph()函数的定义

```
from matplotlib import gridspec
defshow_pgraph(year, arr1, arr2, arr3,
               ymin, ymax, ydim = 1):
    #显示人口金字塔
    #获取表示人口的索引
    idx = int((year - ymin)/ydim)
    #生成人口金字塔与人口图表的网格(grid)
    gs = gridspec.GridSpec(2, 2, height_rations = (3, 2))
    #决定图表的配置
    ax = [plt.subplot(gs[0, 0]),plt.subplot(gs[0,1]),
        plt.subplot(gs[1, :])]
    #绘制男性人口金字塔
```

```
    ax[0].barh(range(0, 101, 5), arr1[idx], height=3)
    ax[0].set(ylim=(0, 100), xlim=(0, 6000))
    ax[0].invert_xaxis()
    ax[0].yaxis.tick_right()
    #绘制女性人口金字塔
    ax[1].barh(range(0, 101, 5), arr2[idx], height=3)
    ax[1].tick_params(labelleft='off')
    ax[1].set(ylim=(0, 100),xlim=(0, 6000))
    #绘制人口图表,画出每一年的线
    ax[2].plot(range(ymin, ymax+1, ydim), arr3, ls=":")
    ax[2].plot([year, year], [0, 140000])
```

在定义了函数之后,试着在其他单元中调用函数。显示一下 1950 年的人口金字塔图。这一时期婴儿死亡率高,此外,因为当时日本正处于工业革命前夕,所以这是一个出生人口多、死亡人口也多的时代。所以,人口分布呈现一个比较完整的金字塔形。20 岁之后的男性人口出现缺口是因为发生了第二次世界大战。示例代码如下:

绘制人口金字塔图表

```
show_pgragh(1950, p_male, p_female, p_yearly, 1944, 2014)
```

1950 年的日本人口金字塔如图 12.9 所示。

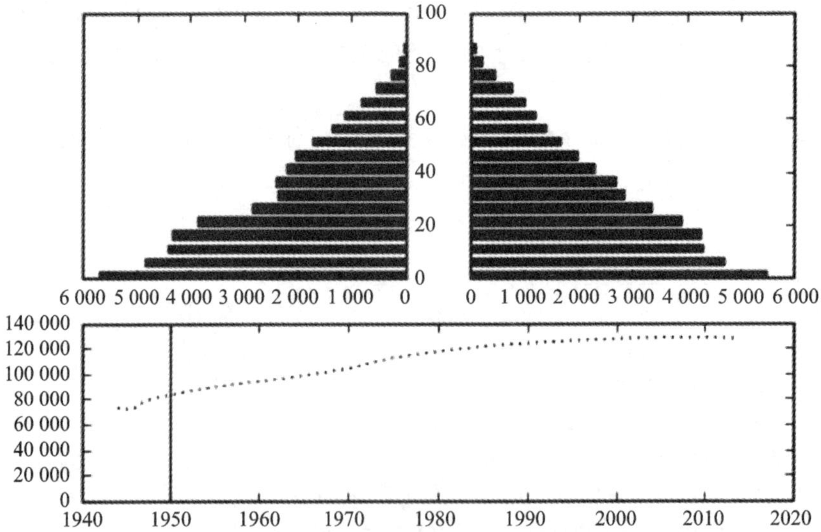

图 12.9　1950 年的日本人口金字塔

12.4.3　将图表绘制在交互式中

我们已经掌握了按时间排列的一系列数值,下面就来绘制多个年份的人口金字塔图。使用 Jupyter Notebook 的 Widget 功能来显示滑块(silder),使图表在交互式(interactive)中可以更改。代码如下:

使用滑块绘制图表

```
from ipywidgets import interact, IntSlider, fixed

t = interact(show_pgraph, year = IntSlider(min = 1994, max = 2014,
    step = 5), arr1 = fixed(p_male), arr2 = fixed(p_female),
    arr3 = fixed(p_yearly), ymin = fixed(1944),
    ymax = fixed(2014),ydim = fixed(1))
```

使用滑块来显示人口金字塔,如图 12.10 所示。

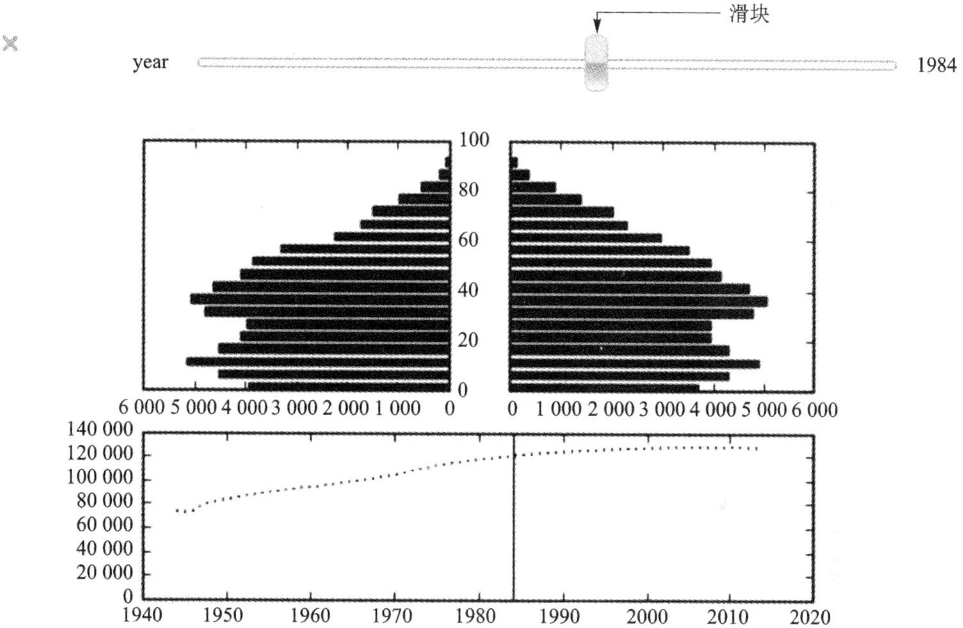

图 12.10　使用滑块来显示人口金字塔

出生率跌破人口置换水准的 20 世纪 70 年代后半段,人口金字塔图变成了吊钟的形状。

女性在生理学上有可生育年龄,虽然会有个体差异,一般来说 15 岁到 49 岁的女性承担着生育任务。新生儿的数量等于这个年龄段女性的总数乘以出生率。出生率低就意味着下一代担任生育任务的女性减少。如果这种情况反复发生,那么出生人口数量将减少,这是人口减少的一种表现方式。

另外,经历了高速发展期,日本医疗技术日益发达,死亡率下降,人口平均寿命延长。第二次世界大战后出生的被称为"团块世代"的人群得到了这种恩惠。由图 12.10 可以发现,"团块世代"的人口数量像大波浪一样上下起伏。这个上升的因素覆盖了出生率低下,阻止了人口减少,所以日本的人口保持着持续增长。

“团块世代”的女性到达适育年龄时,又迎来了一个小小的波浪,但这次的波浪因为晚婚与进一步发展的少子化,所以没能引发下一个波浪。结果是高龄化与少子化同时进行,随后人口数量到达峰值,这就是导致人口数量减少的原理。

12.4.4 推算未来人口数量

下面来推算一下未来人口数量。人口数量的推算是一个非常困难的工作,专门机关进行的推算都有时会出现错误,这里只是为了对 NumPy 的使用方法进行说明,故尝试一下人口数量的推算。

为了推算未来的人口数量,首先要考虑人口是因为什么而减少或增加的。

人口减少大都因为疾病、自然衰老与意外事故等,将这些原因整合的各年龄的死亡率命名为“生命表”。这个数据是可以获取的,所以使用这个数据。这次使用的人口数据是以每 5 岁为一个阶段,获取与之相对应的生命表。因为医疗技术的日益发达等,所以死亡率会发生改变。为了将其简单化,这里将死亡率固定为 2014 年的水平。

人口增加是因为新生儿的出生。获取每个年龄段(每 5 岁为一个阶段)的出生率,由过去的出生率,准备出与人口置换水准(2.07)相当的数据,以及与政府的人口数量推算中作为高位推算使用的值(1.6)相当的数据。虽然出生率在不停地变化,但这里为了使操作变得简单,故限定为两种情况。另外,从严格意义上来说,人口的增减与人口在国内外的流出与流入是有关联的,在这里就忽略不计了。

已经规定了大致的方法,现在收集必要的数据,作为 NumPy 的 array 来使用。代码如下:

将各数据读取到数组

```
lifechart = np.loadtxt('lifechart2014.csv', delimiter = ",",usecols = [3])
                        # 读取 2014 年的死亡率(每 5 年为一阶段)
rev_lifechart = np.ones(lifechart.size) - lifechart
                        # 创建用 1 减去死亡率的 array
rep_level = np.array([0.0041, 0.107, 0.19, 0.0697, 0.017, 0.0021, 0.0001])
                        # 与人口置换水准相当的出生率(从 15 岁起每 5 岁为一阶段)
high_rate = np.array([0.0036, 0.0514, 0.1593, 0.0927, 0.0187, 0.0023, 0.0001])
                        # 与高位推算值相当的出生率
```

使用这个数据,推算从 2014 年起 100 年之内的人口数量情况。推算针对每 5 年的人口数量进行。

首先,使用 15 岁到 49 岁间女性人口数量与出生率计算出新生儿的数量。新生男婴与女婴的比例大约是 100∶105,女婴的数量较多。用这个比例来推算新生男婴与新生女婴分别的数量。

然后，将最近每 5 年的人口 array 与死亡率相乘，进行有关于人口减少的处理。此后，进行过人口数量减少处理的 array 去掉最后的元素，将其与新生儿数量结合，创建下一个 5 年的人口 array。将这个操作重复 20 次，就能推算出 100 年的人口数量。

因为基本方案已经确定，我们用 Python 的代码来试着执行。向名为 recover_in 的变量中代入出生率回到人口置换水准的年份。这里以 25 年返回到 2.07 的设定来进行人口推测。代码如下：

人口的推算处理

```
#定义推测男女人口数据的 array
fp_male = np.array(p_male[-2:])
fp_female = np.array(p_female[-2:])

# 回到人口置换水准的期间(除以 5)
recover_in = 5
for i in range(20):
    # 以 5 年为单位来重复 100 年的量
    # 以最近每 5 岁为一阶段来初始化新人口
    new_fp_male = fp_male[-1]
    new_fp_female = fp_male[-1]
    # 设定出生率
    if i > recver_in:
    f_rate = rep_level
    else:
        f_rate = high_rate
    # 将 15 岁到 49 岁间的女性人口数量乘以出生率,计算新生儿数量
    newborn = np.sum(new_fp_female[3:10] * f_rate) * 5
    #最近的每 5 岁为一阶段人口的索引
    #向右移动,将新生儿数量向左连接
    new_fp_male = np.hstack(
        ([newborn * 0.4878], new_fp_male[:-1]))
    new_fp_female = np.hstack(
        ([newborn * 0.5122], new_fp_female[:-1]))
    #在各阶段人口数量应用死亡率
    new_fp_male *= rev_lifechart
    new_fp_female *= rev_lifechart
    #添加新的推测人口数量
    fp_male = np.vstack(
        (fp_male, new_fp_male))
    fp_female = np.vstack(
        (fp_female, new_fp_female))
```

```
# 创建男女合计的每 5 岁为一阶段的人口的 array 与每 5 年的推算总人口 array
fp_total  = fp_male + fp_female
fp_sum  =  np.array([np.sum(x) for x in fp_total])
```

将推测出的结果显示在图表中,代码如下。尝试着改变 recover_in 的值,应该可以描绘含有各种各样斜线的图表。

显示图表

```
t = plt.plot(range(2013, 2120, 5), fp_sum)
t = plt.ylim([0, 130000])
plt.grid(True)
```

图 12.11 所示是 4 种人口推测曲线。从人口多的线开始,分别设定为立刻恢复到人口置换水准、15 年后恢复、50 年后恢复以及保持高位推算不变的 4 种情况。

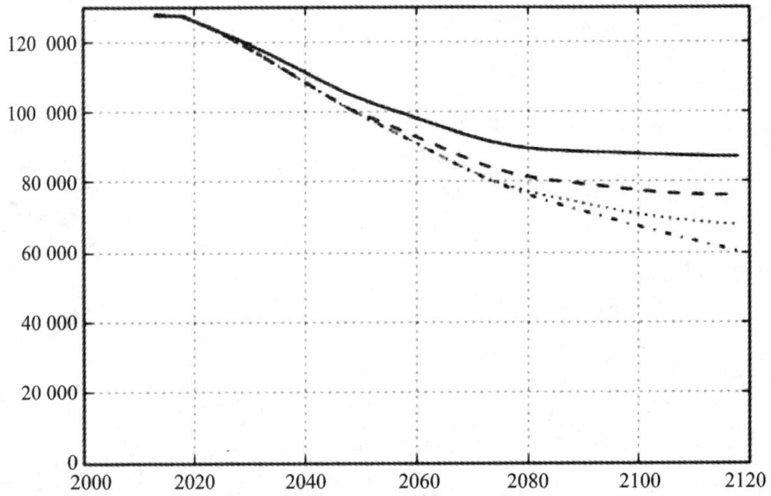

图 12.11　改变了条件的人口推测

就算出生率恢复到了人口置换水准,到人口数量相对安定还需要一段较长的时间。就算现在孩子突然增加了,这些孩子能够生育下一代也还需要 20 年以上。日本人口绘制了缓慢下降的线,需要记得这些都是无法避免的。

接下来,使用推算得出的数据绘制人口数量金字塔图。使用 show_pgraph()函数,再一次绘制交互式的图表,代码如下:

将人口推测图表化

```
t  = interact(show_pgraph, year = IntSlider(min = 2013, max = 2113,
              step = 5), arr1 = fixed(fp_male), arr2 = fixed(fp_female),
              arr3 = fixed(fp_sum), ymin = fixed(2013),
              ymax = fixed(2120),ydim = fixed(5))
```

绘制使用了推测数据的人口金字塔，如图 12.12 所示。

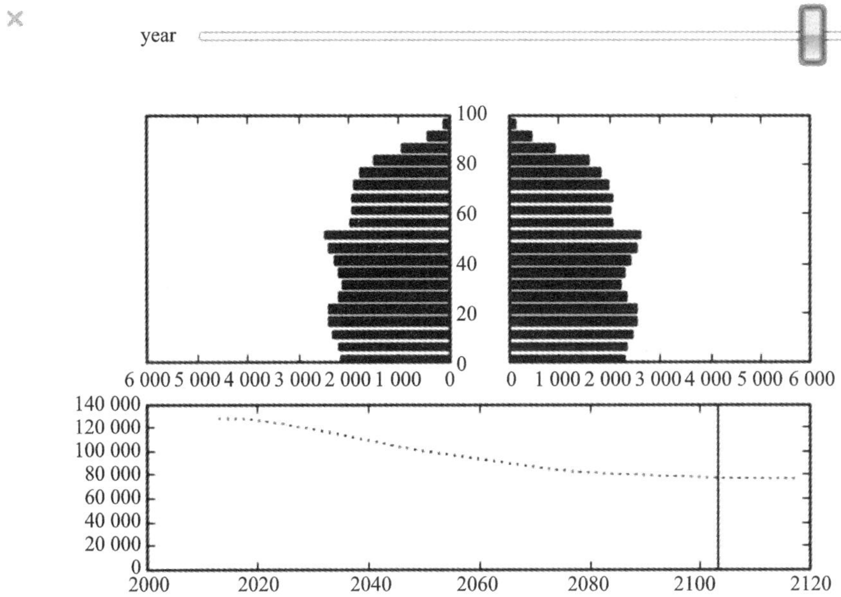

图 12.12　绘制使用了推测数据的人口金字塔

在图 12.12 中，使用了出生率在 25 年后回到人口置换水准情况(recover_in=5)的数据。在人口基本维持均衡的附近，出现了“出生热”年龄层的同时，维持着吊钟的形状。

不需要写 Python 程序，显而易见，日本进入了长期的人口数量下降阶段。说起人口数量下降，很多时候会给人一种消极的感觉，在最后这部分想谈一谈人口数量减少的积极的一面。

至今为止，人类已经经历过了多次的人口数量减少阶段。14 世纪，欧洲发生了大规模鼠疫，引发了严重的劳动力不足，随后产生了各种各样的改革。例如，历来因为血缘关系而限制就业的同业公会，也允许没有血缘关系的人参加了。历史学家哈利认为，人类社会能动地应对人口数量减少的结果是产生了许多技术改革，这与之后的文艺复兴密不可分。

与人口减少同步进行的人口老龄化也有它积极的一面。有研究认为，长寿可以让年轻人为将来做许多经济上的准备，这就带来了国家经济实力的上升。

但是，如果出生率依然保持在现在这个低迷状态，在不久的将来，日本社会将不可避免地迎来 65 岁以上的高龄者占据人口一半的社会状况。为了维持社会的可持续发展，为了保证人口中有一定的劳动力，有必要将现在的出生率进一步提高。

在这里，如果进一步对少子化进行讨论，就有一些偏离主题了。但是有一点想要说的是，就算将持续了 100 年少子化对策的法国除外，可以看到，以西北欧为中心的发达国家,近 10 年的出生率有了大幅度的改善。少子化有所改善的国家大都坚持个人主义,而没有改善的国家大都保持着权威主义的家族构成。停留在顽固的价值观而渐渐萎缩,或是接受多样性,持续发展,可以说,我们生存在这样一个不得不从两个选项中做出选择的世界。

缓慢的人口数量减少与高龄化促进了变革,进而引发社会的改革。人口减少缓解了人口密度过大的问题,大多数人认为这是一个生活很舒适的社会。如果人口数量减少能够推进这样的社会的实现,这当然是一件值得欢迎的事。比起为数字的增减而一喜一忧,那么期待将要由此带来的新世界会是更愉悦的生活方式。

12.5 Python 与机器学习

近年来,经常能听到机器学习(machine learning)这个词。机器学习最初是人工智能研究领域的一部分。人工智能的目的是,把本来由人类进行的认知与判断等比较高难度的行为,交由计算机这样的机器去执行。机器学习始于这样的研究,用计算机来实现与人类学习相同的功能的研究。

计算机来学习是怎么一回事呢?我们将人类进行的学习定义为“使用输入(看,听,触摸)来学习与之相适的输出(反应)”。先暂且放下“人类可以掌握学习过程本身”这一观点不谈,如果计算机也能实现同样的事情,就可以让计算机也进行学习。图 12.13 所示为从前的程序设计与机器学习的比较。

对于计算机来说,输入是指数据,也就是说数值。可以将机器学习简单地定义为使用许多数据,让计算机来学习人类所进行的判断。

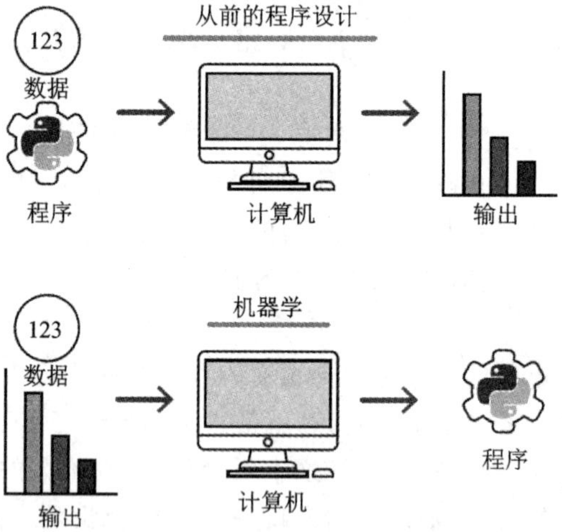

图 12.13 从前的程序设计与机器学习的比较

在计算机中处理很多数据的情况时使用数组。为了与判断相结合,处理数据时使用概率与统计的方法。根据机器学习的这些要求，到目前为止，一直使用着 R 这样的为了特殊目的而特殊化了的程序设计语言或开发环境。

但近年来，使用机器学习的领域渐渐多样化，例如，对图像与自然语言进行预处理等，有时也需要处理数据库中大量的数据。为了应对这样的变化，并自如地运用数组操作、数值运算、统计处理等，有许多用户开始偏向于用途更广泛的 Python。

此外，除了 NumPy、SciPy 与 matplotlib 这样比较传统的库外，随着新型库 scikit - learn 的出现，可以更简便地运用机器学习的方法，在这个领域中 Python 用户也随之迅速增加。

在这里，使用 Python 与 scikit - learn，来看机器学习中几个简单的方法。一边实际体验的方法，一边简单地学习一下机器学习究竟是什么东西，以及为了在 Python 中进行机器学习应该怎么做。

12.5.1 用机器学习进行数值的预测

在机器学习中，有时需要解决预测与某个 X 值相对应变化的 Y 值的问题。如果能解决这个问题就可以用于由过去的营业额数据来预测将来的营业额数据，有可能还可以用于由过去的股票价格来预测将来的股票会涨还是会跌。

在 12.4.4 小节中，我们尝试着预测了日本的人口，试着解决了预测对应年份发生变化的人口数量的问题。这时，是使用各个阶段的人口数量与死亡率、女性人口数量与出生率来进行运算的一种处理方法，也就是说，需要进行逻辑思维。在机器学习中，已经准备了许多实际观测到的 X 与 Y 数据，使其通过对法则的学习来预测与 X 相对应的 Y。

在机器学习中预测数值的方法有几个类型，这里试着使用一下比较简单的名为最小二乘法的这一方法。也就是说，进行多项式近似，找出根据原本数据绘制出的曲线，来试着预测值。在 scikit - learn 中有使用了最小二乘法的分析器可以使用。

首先，把将要进行预测的数据用 NumPy 创建。对 sin 创建加上遵循标准正态分布的随机数的数据。在 scikit - learn 中，需要将学习的数据作为行来排列。之所以要像“[:,np.newaxis]”这样，正是这个原因。代码如下：

数据的创建

```
import numpy as np

# 设定随机数的 seed
np.random.seed(9)
# 生成 0 到 1 之间的 100 个数值，混入随机数元素之前的 x
x_orig = np.linspace(0, 1, 100)

def f(x):
    # 返回与 x 相对应 sin 的函数
```

```
    return np.sin(2 * np.pi * x)

# 生成从 0 到 1 之间的 100 个零散的示例数据(x)
x = np.random.uniform(0, 1, size=100)[:, np.newaxis]
# 对应 x 的 sin 加上随机数值,生成示例数据(y)
y = f(x) + np.random.normal(scale=0.3, size=100)[:, np.newaxis]
```

完成数据的创建之后,为了之后方便使用,将其分割为学习用的数据与测试用的数据。此后,将原本的 sin 曲线用点状线来补足,将生成的数据绘制成图表。可以看到,sin 线的周围分散地分布着许多点。求能在这些点之间顺利通过的曲线,也就是说,本次的目标是从训练数据中求出可以清楚说明数据的模型。代码如下:

图表的创建

```
%matplotlib inline
import matplotlib.pyplot as plt
from sklearn.cross_validation import train_test_split

# 分为学习用数据与测试用数据
x_train, x_test, y_train, y_test = train_test_split(x, y, test_size = 0.8)

# 绘制原始的 sin 与示例数据
plt.plot(x_orig, f(x_orig), ls=':')
plt.scatter(x_train, y_train)
plt.xlim((0, 1))
```

学习用数据图如图 12.14 所示。

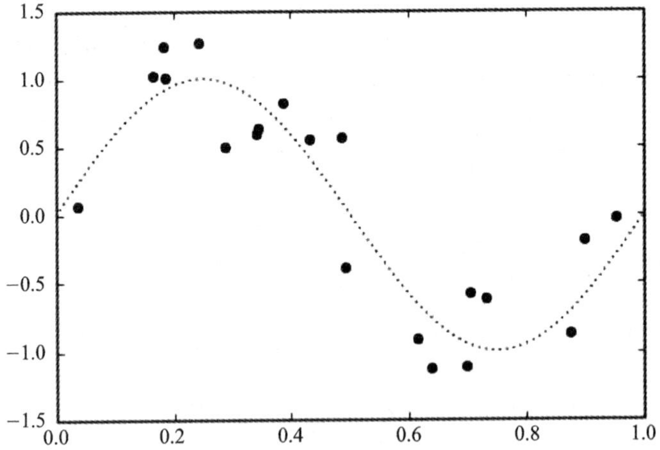

图 12.14 学习用数据图

然后,试着学习数据,创建模型。这次使用的是最小二乘法的多项式近似的方法，先放下详细的定义，首先执行代码，感受一下机器学习。尝试几个在学习数据时所赋的参数(deg=次数)，用图表来表示学习程度的变化。示例代码如下：

显示示例图表

```
from sklearn.linear_model import LinearRegression
from sklearn.preprocessing import PolynomialFeatures
from sklearn.pipeline import make_pipeline

# 进行绘制 2×2 图表的准备
fig, axs = plt.subplots(2, 2, figsize=(8,5))

# 显示对次数 0, 1, 3, 9 进行学习后的结果
for ax, deg in zip(axs.ravel(), [0, 1, 3, 9]):
    #创建管道(pipeline)
    e = make _pipeline(PolynomialFeatures(deg),
              LinearRegression())
    # 用学习 set 进行学习
    e.fit(x_train, y_train)
    # 赋原始的 x 来预测
    px = e.predict(x_orig[:, np.newaxis])
    # 绘制预测结果的图表与测试数据的点
    ax.scatter(x_train, y_train)
    ax.plot(x_orig, px)
    ax.set(xlim=(0, 1), ylim=(-2, 2),
         ylabel='y', xlabel='x',
         title='degree={}'.format(deg))

plt.tight_layout()
```

学习的模样如图 12.15 所示。

简单来说，“最小二乘法的多项式近似”指的是“根据赋予的数据来解连立方程式，求能在数据的正中央穿过的曲线的表达式”。如果将次数设置为 0，则是一根没有倾斜的直线；如果是 1，就是一根有倾斜度的直线。如果提高次数，则曲线将变得复杂，可以求出与赋的值相对的，能以更近距离通过的曲线表达式。在曲线表达式中赋 x 的值，就可以得到 y 的值。这样就可以预测出与 x 对应的 y 值。

在图 12.15(a)～(d)中，次数 9 的曲线(见图 12.15(d))通过了离赋予的数据较近的地方，但是与创建原始数据时使用的 sin 图表并不相似。次数 3 的图(见图 12.15(c))与原本的图形状相似。为了确认这个情况，这次就使用测试数据来确认学习的结果。

测试代码如下。首先，赋予学习数据来创建模型。使用创建的模型来预测测试数据，查看与实际数据之间的误差，测量在什么程度上实现了准确预测。这样的处理

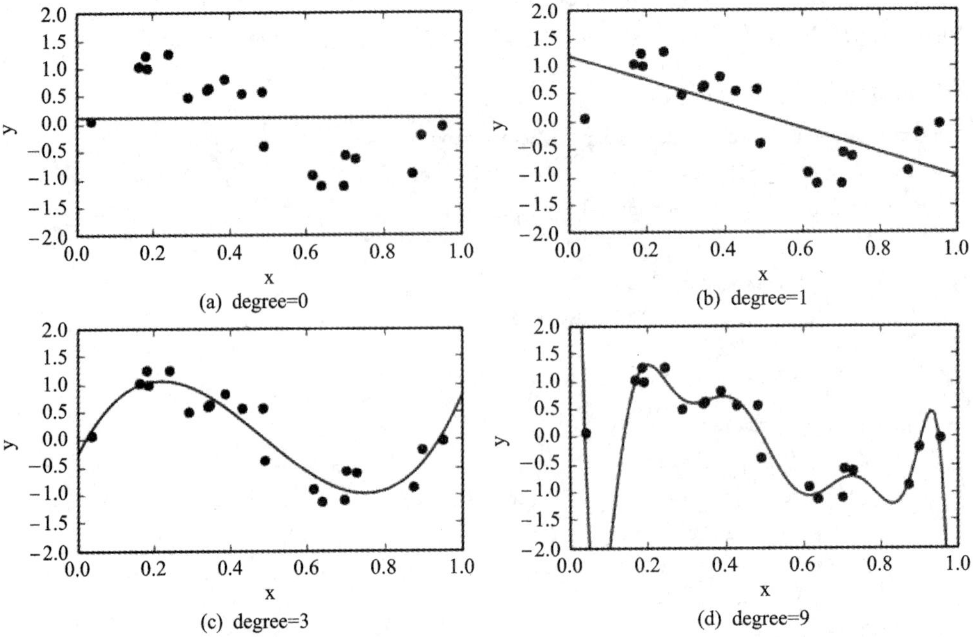

图 12.15　学习的模样

像刚才一样,改变次数来执行,将误差平方后的平均值(均根值、RMS)用图表来表示。

将与预测值之间的误差图表化

```
from sklearn.metrics import mean_squared_enror

# 保存与实际数据间误差的 array
train_error = np.empty(10)
test_error = np.empty(10)
# 查询次数 0 到 9
for deg in range(10):
    # 创建模型
    e = make_pipeline(PolynomialFeatures(deg),
              LinearRegression())

    e.fit(x_train, y_train)
    # 使用测试数据,查询预测值与实际值之间的误差
    train_error[deg] = mean_squared_error(y_train, e.predict(x_test))
    test_error[deg] = mean_squared_error(y_test, e.predict(x_test))
```

```
#绘制图表
plt.plot(np.arange(10), train_error, ls = ':', label = 'train')
plt.plot(np.arange(10), test_error,ls = '-', label = 'test')
plt.ylim((0, 1))
plt.legnd(loc = 'upper left')
```

次数与误差如图 12.16 所示。

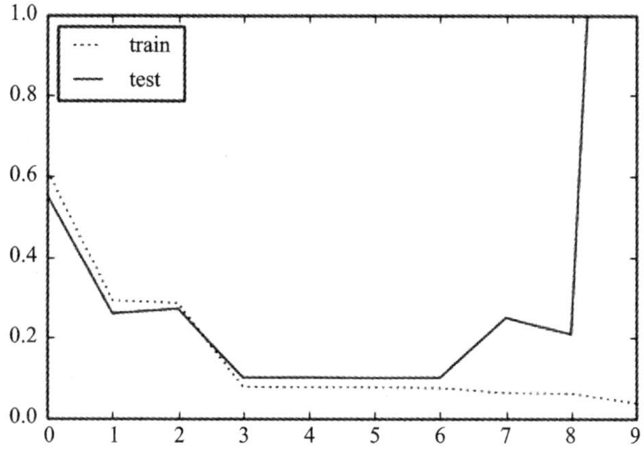

图 12.16　次数与误差

为了便于比较,学习中使用的数据作为模型来预测时产生了误差,将此误差用点线来表示。当次数上升时,误差会随之变小。由于模块本身就是为此而学习的,所以这是理所当然的事。为了确认学习的程度,有必要观察一下使用与学习中所不同的数据得到的预测。

这次想要确认的是,用实线绘制的测试数据图表。从 7 往后,误差都在扩大。也就是说,过度地对学习数据进行学习,虽然可以进行预测,但是对其他的数据(测试数据)却不能预测了。这样的现象称为过度学习(over deeplearning)。由图 12.16 可以看出,从 3 到 6 之间误差较小。对于这个数据,次数取 3 是比较好的。

像这样,机器学习就是一边赋值来使模型学习,一边评价结果的工作。将这个工作反复进行,寻找出最适当的参数,创建更好的模型。

12.5.2　机器学习的算法

在机器学习中有几种经常使用的方法,其中最小二乘法是只是机器学习方法中的一种。根据学习的数据内容与想要得到的结果,可分别使用各种算法。下面将介绍几种 scikit - learn 中所提供的比较有代表性的算法。

1. 回　归

预测销售额与价格、吸烟率与肺癌的发病率等这样连续变量的数据,被称为回归。在 scikit - learn 中,有可以防止过度学习,同时也可以执行回归的 Lasso(lasso

回归)与 Redge(redge 回归)。

2. 分　类

可以通过给予学习数据标签并进行学习来使用机器学习进行分类,在对广告邮件进行判定、对新闻网站进行分类或识别图片时都可以使用。在 scikit - learn 中,有 SVC(Support Vector 分类器)、NearestNeighbors(最近邻法)、RandomForestClassifier(随机森林分类)、naive_bayes(朴素贝叶斯分类器的库)等分类。

以上的分类与赋予的数据相对应,并准备了回答,所以被称为"有教师学习"。在机器学习中,也有只赋予数据来发现规则性的算法。接下来将要介绍的就是这种"无教师学习"的算法。

3. 聚　类

聚类(cluster ring)指的是将相近的数据整合,常用于分析顾客分类、寻找不包含在 cluster 中的数据、发现异常等。在 scikit - learn 中,有 Kmeans(K 平均法)、MeanShift(均值漂移算法)等方法。

虽然有深度学习等一部分没有安装的算法,但是 scikit - learn 中安装了许多机器学习方法。此外,也备有函数可以加工用于进行学习的数据,也有用于评价学习结果的辅助函数。学习用的接口也是统一的,非常便利。

机器学习的算法,是以数学、统计的知识为基础来创建的,像 scikit - learn 这样的库的优点在于,就算不深入触碰算法的详细部分,也可以尝试着进行机器学习。已有许多"这样的分析,只要使用这样的算法就好"的实际见解,所以可以尽情尝试想得到的方法。当然,如果需要对算法进行调整或是需要进行比较正式的操作,还是需要一定的数学与统计知识的。有关 black box 的其他知识,可以在之后再进行学习。与其毫无目的地学习数学,不如带着目的去学习,这样会得到事半功倍的效果,也能保持较高的积极性。

12.5.3　由姓名来判定性别

作为使用 scikit - learn 的例子,接下来尝试使用贝叶斯理论的机器学习。贴上男女性别的标签,让其学习姓名的平假名(译者注:日语中的表音文字),然后创建一个可以从姓名来判断男女性别的分析器。为了可以将男性化姓名与女性化姓名的韵律在学习中使用,将姓名的平假名分割为每两个一组的数据来使用。使用事先贴上标签的数据来进行学习,所以这是一个"有教师学习"。

在学习中使用的数据放在了本书的示例中。将文件设置为 Jupyter Notebook 可用,并读取,作为 NumPy 的 array 来处理对待。在文件中,表示男女性别的 boy/girl 标签后接续姓名的平假名,这样形式的行大约有 5 000 个。示例代码如下:

array 的创建

```
import numpy as np
from sklearn.cross_validation import train_test_split

np.random.seed(9)
# 读取带有男女标签的姓名的平假名
txtbody = open('names.txt', encoding = 'utf - 8')
# 转化为 NumPy 的 array
jnames = np.array([x.split() for x in txtbody], dtype = 'U12')
# 分割为姓名与性别
names_train, gender_train, = jnames[:, 1], jnames[:, 0]
```

学习用的数据被称为“矢量(vector)”,创建学习用数据被称为“矢量化”。在预测数值的例子中,学习数据与被作为预测对象的都是数值,取了比较容易学习的形式。因此,省略了矢量化的过程。

但是,因为这次是使用文字数据来进行学习,所以需要提前进行处理。将学习数据转化为数值,并对其处理,使其能用目标算法来学习。具体是进行什么处理呢?需要数值化将姓名分割为 2 字符的字符串的出现频率。

在将元数据矢量化之前,先创建函数来把字符串分割为 2 字符一组。试用下述函数来确认字符串是如何被分割的。

split_in_2words()函数的定义

```
def split_in_2words(name):          # 将姓名以每 2 字符进行分割的函数
    return [name[i:i + 2] for i in range(len(name) - 1)]

split_in_2words("とものり")
['とも', 'もの', 'のり']
```

接下来,创建学习数据,创建矢量化前阶段的数据。数一下将平假名姓名分割为 2 个字符后字符串出现的次数。这种形式的数据称为 BoW(Bag of Words)。在 scikit - learn 中,备有用于计算字符串出现次数的类(CountVectorizer),就使用这个类来计算字符串出现的次数。通过向 analyzer 参数传递刚才创建的函数,将 array 的姓名分割为 2 字符一组。首先传递学习用的姓名列表,创建 CountVectorizer 对象,代码如下:

CountVectorizer 对象的创建

```
from sklearn.feature_extraction.text import CountVectorizer
bow_t = CountVectorizer(analyzer = split_in_2words).fit(names_train)
```

这样一来,将位于学习数据中的姓名分割为 2 个字符后的字符串,就全都被赋予了数值(ID),并收纳在 bow_t 变量中。接下来数一下字符串的出现次数。像下述代码那样向 bow_t 赋姓名,就可以计算字符串的出现次数了。

计算“かんかん”的出现次数

```
name = 'かんかん'
b1 = bow_t.trainsform([name])
print(b1[0])
```

```
  (0, 283)      2
  (0, 1898)     1
```

从输出数据中试着反向查询字符串。因为小括号中第二个数字是字符串的 ID,那就赋予这个 ID 来显示一下字符串吧！因为 ID 会发生改变,所以请输入执行前一个代码后显示的 ID。“かんかん”被分割为“かん”“んか”“かん”3 个字符串,于是会得到“かん”出现了 2 次这样一个结果。代码如下:

字符串的反向查询

```
print(bow_t.get_feature_names()[283])
print(bow_t.get_feature_names()[1898])
```

```
かん
んか
```

那么,用学习数据来数一下字符串的出现次数,代码如下:

查询字符串出现的字数

```
names_bow = bow_t.transform(names_train)
```

接下来使用名为 TF - IDF 的方法,来创建用于权重计算与正规化的对象。使用出现次数来为将字符串的重要程度转化为数值做准备。使用 scikit - learn 中的 TfidfTransformer(),传递刚才创建的 names_bow 对象并调用 fit()。代码如下:

TfidfTransformer 对象的生成

```
from sklearn.feature_extraction.textimport TfidTransformer


tfidf_t = TfidTransformer().fit(names_bow)
```

为了观察在 tfidf_t 中进行了怎样的变换,对以姓名“かんかん”为基础来创建的 b1 对象进行权重计算,代码如下:

权重计算的执行

```
tfidf1 = tfidf_t.transform(b1)
print(tfidf1)
```

```
  (0, 1898)     0.530554460022
  (0, 283)      0.847650850852
```

至此,完成了学习的准备工作。对字符串的出现次数进行权重计算,使用应用了贝叶斯理论的算法来学习。这次使用的是名为 MultinomialNB 的，被称为是朴素贝叶斯的多项模型的算法。代码如下：

学习的执行

```
from sklearn.naive_bayes import MultinomialNB
# 执行字符串的权重计算与正规化
names_tfidf = tfidf_t.transform(names_bow)
# 学习的执行
namegender_detector = MultinomialNB().fit(names_tfidf, gender_train)
```

使用刚才将“かんかん”这个姓名进行权重计算的 tfidf1 对象，来进行性别的判定。应该会带有“男性的姓名”标签。代码如下：

性别的判定

```
print(namegender_detector.predict(tfidf1)[0])
boy
```

接下来，赋字符串，使用预测性别的函数，对各种各样的姓名进行判定。代码如下：

predict_gender()函数的定义

```
def predict_gender(name):
    bow = bow_t.transform([name])
    n_tfidf = tfidf_t.transform(bow)
    return namegender_detector.predict(n_tfidf)[0]
```

调用函数，就算是测试数据中没有的姓名，也会返回与之相对应的结果。代码如下：

函数的执行

```
print(predict_gender("のんな"))
girl
```

这次创建的分析器可以对典型的姓名进行分类。但是像“はるみ(harumi)”“はるこ(haruko)”“ともこ(tomoko)”“ともよ(tomoyo)”“ともみ(tomomi)”这样，经常在男性的姓名中听到的发音，如果出现在了女性的姓名中，那么这样的姓名会被认为是男性的姓名。

一边进行数据分类，一边进行学习与测试，这次我们创建的分析器大概可以达到80%的正确率。使用字符串处理来创建达到80%正确率的逻辑，这是一件非常困难的事。只需要赋予数据就能达到如此高的正确率，正是机器学习的魅力所在。但是，使用平假名姓名来判定性别这种方法，用于判断的信息量可能有点少。如果与带有汉字的姓名来组合使用，也许精确程度会变得高一些。

12.5.4 机器学习、数据科学与 Python

与数值预测的示例相比,性别判定的示例在创建学习数据的过程时更加复杂。如果只是在处理像平假名姓名这样简洁的数据,那还算简单,但如果是将新闻或博客的长文章进行分类,则处理会变得更加复杂。

如果是英语那样的语言,则可以使用空格来提取出单词;但是,如果像日语的句子这样单词与单词之间没有空格的字符串,用计算机来处理,则是一件非常困难的事。首先将字符串根据词素来分隔成单词,并给单词分配词性,再将名词与动词等必要的数据进行细分。此外,为了使学习结果不出现变动,将执行正规化。

如果将要进行学习的对象是图像,则需要进行将图像虚化并平坦化,或是进行减色处理、将轮廓与特点抽出等处理。如果是声音文件,则进行傅里叶变换的情况应该比较多。像这样,根据作为对象的数据种类进行各种各样的预处理。

关于机器学习究竟是什么,这里有一个比较通俗易懂的图(见图 12.17),源自于名为 Drew Conway 的作者写的 *Data Science Venn Diagrm* 中。

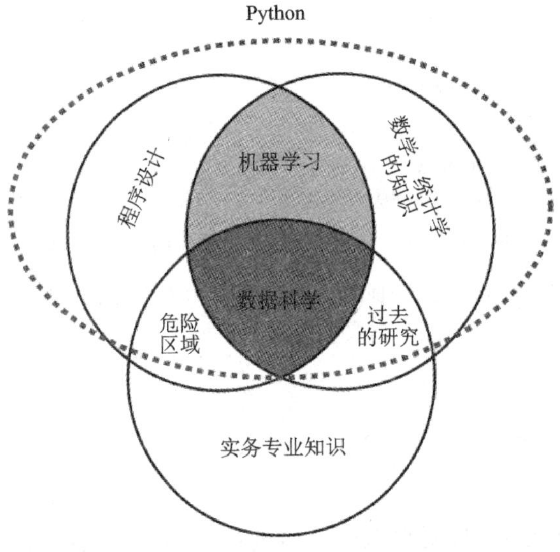

图 12.17 Data Science Venn 图

读到这里,想必各位读者对机器学习应该有所了解了吧!所谓机器学习,就是一个数学、统计学知识与程序设计知识相结合的领域。所以,大家看到图 12.17 应该会有一种恍然大悟的感觉吧!

scikit - learn 中备有许多机器学习中使用的 utility。例如,在性别判定中使用过的 CountVectorizer 与 TfidfTransformer 等。因为有了这样一些工具,机器学习也变得更容易执行了。

在前一页的图中，叠加画上了 Python 的范围，可以看出，不仅仅是机器学习，这周围的领域，也都是包含在 Python 中的。例如，在程序设计中处理语言时使用的自然语言处理、图像处理与声音处理等，Python 中都备有非常丰富的库。使用这些库时可以使用各种各样的数据，使机器学习能够更轻松地进行。这就是在机器学习领域中，Python 发挥着自己优势的理由。

如图 12.17 所示，如果将 Python 向商务领域延伸，则 Python 甚至可以覆盖到数据科学的领域。也就是说，不仅仅是在机器学习领域中，在数据科学领域中，Python 也广受关注。

12.5.5 深度学习的登场和未来

纵观机器学习的发展历史可以发现，机器学习的产生可以追溯到 20 世纪 70 年代到 80 年代第二次人工智能热的时候。可是，因为当时的计算机性能与内存等储存装置的不足，没能带来很大的成果。

到了 20 世纪 90 年代，计算机性能突飞猛进，正好业界同时也处在 down sizing 时期，与一部分科学家开始注意 Python 是同一时期。机器学习的“将数据统计处理，发现新的意义”这一方法，在商业界广受瞩目。分析销售额数据时，发现了“买了 A 商品的人，也会买 B 商品”这样的规律，大家就是以这样的用途开始使用机器学习的。

进入 21 世纪，在 pattern 分析、文章分类等中，贝叶斯理论开始被广泛使用。随着网络的普及，人们可以较为便宜地获取大量数据，以此为背景，机器学习的适用领域也变得越来越广泛。

话说回来，看起来万能的机器学习，也并不是没有瓶颈的。例如，在创建学习时使用的教师数据就需要花费大量的时间与精力。请回忆一下用姓名来判断性别时的相关内容。计算机并不擅长处理像自然语言或图像这样的抽象信息。因此，为了学习数据，将抽象信息转化为数值是一个必须经历的操作，这个操作是很困难的。

突破了这个瓶颈的，正是深度学习。在 2012 年的 ILSVRC 视觉识别大赛上，获得优胜的多伦多大学代表队使用的就是深度学习。在那之前，一线的研究者们在图像数值化方法与算法上下了许多功夫，使误差率降低到了百分比的小数点以下。就是在这样背景下的比赛中，深度学习突然出现，而且它还以绝对优势取得了胜利，赢得了大家的关注。

深度学习的一大特点是，能将原数据按原样直接吸收学习。将数值化后的学习数据称为特征向量，把将数值转化为特征向量的这个过程称为特征提取。在深度学习中，使用被称为 RNN(Recurrent Neural Network，循环神经网络)的方法，根据学习来自行特征提取。可以说，赋予数据可以学习与人类特有的抽象概念相近的东西。因此，深度学习可以进行更多样化的学习。一直以来，从侧脸判定出人都是一个难题,但有了深度学习后,这样的难题也有可能实现了。

以图像识别为代表的深度学习运用,在图像识别之后,深度学习也被运用在了各种各样的领域中,到了第 3 次 AI 热时,其起到了重要的牵引作用。深度学习是比较新的方法,它需要使用 Python 中的库,在 Python 中还有几种非常方便使用的库,可以尝试一下。例如,Chainer(http://chainer. org/)是得居诚也开发的深度学习库。Google 发布的 TensorFlow(http://www. tensorflow. org/)也是很受大家喜爱的库。

与诺贝尔奖获得者汤川秀树一同,位于日本素粒子物理学领军地位的坂田昌一曾说过,“革新一定是在学问境界领域发生”。也就是说,新的发现存在于课题与课题领域之间,或者是潜藏在将课题深入挖掘后的地方。近年来,机器学习与深度学习这样的 AI 周边技术,大量的数据这一背景,称为革新的巨大原动力,这个潮流今后也将持续下去。打开课题境界的重要工具在我们的手里。

本书的初次出版在 10 年前,那时无法想象大家都随身带着智能手机,Python 与 AI 紧密相连的时代已经来临。10 年后将会变成怎样的世界呢?就在对未来世界的想象中结束这章的内容吧!

第 13 章 Python 2

本章将对 Python 2 进行解说。Python 2 是在 Python 3 之前开发使用的版本，与本书介绍的 Python 3 相比，有一部分功能不能兼容。

13.1 Python 3 与 Python 2 的不同点

现在，在 Python 的开发企划中，大家对版本 3 的开发比较积极。今后数年，版本 2 还是依然会被维护，但“2.7”已经被定位为 2 代中最后的版本。

从长远的角度来看，今后 Python 3 将会被运用在更广泛的领域，但是在撰写本书时（2016 年 10 月），有依然在使用 Python 2 的情况。例如，Google 的云服务 Google App Engine，依然只能支持 Python 2。这里，想要为大家总结一下在使用 Python 2 时应记住的一些信息。

Python 2 与 Python 3 的关系：首先，Python 2 是 Python 3 的下位版本；其次，Python 3 是以 Python 2 为基础的，并提高了作为编程语言的一贯性。

Python 2 与 Python 3 的非兼容性大概可以分为 3 个种类，如下：

① 在 Python 3 中被削减的功能。有一些功能可以在 Python 2 中使用，但在 Python 3 中不能使用。

② 在 Python 3 中增加了的功能。在 Python 3 中增加了的功能，在 Python 2 中基本上都不能使用。

③ 在 Python 3 中发生了改变的功能。就算与 Python 2 有同等功能，但是有的功能在 Python 3 中的样式却发生了改变。

学习 Python 3 的人，在使用 Python 2 时应注意的是，“就算有能替代的功能与语法，也应尽量沿用 Python 3 的样式。”关于①，Python 3 中不能使用的功能就不要在 Python 2 中使用了，关于②，当然在 Python 2 中不能使用；关于③，需要事先将发生改变的地方理解透彻。

接下来将对 Python 2 与 Python 3 的不同点进行具体说明。

13.1.1 在 Python 3 中被削减掉的功能

在 Python 3 中被削减掉的功能在 Python 2 中尽量不要使用。这样,正式迁移到 Python 3 中时,可以用相同的样式来书写代码。

1. 内置类型的方法被废除

在 Python 3 中,用于检查字典的键的方法 has_key()被去掉了,取而代之的是使用“'key'in d”这样的“in”运算符。这个功能在 Python 2 中也可以使用,所以将样式统一就可以了。

另外,在 Python 3 中,返回键的一览时使用的 keys()方法,返回值的一览时使用的 values()方法,返回键与值的组合时使用的 items()方法,都变成了返回名为 view 的粒度较低的类似迭代器对象。通过避免把元素看作是列表获取复制,以及通过索引来访问元素等编程样式,应该是可以避免这些情况发生的。

2. xrange()函数被废除

内置函数 range()用于生成在循环中使用的序列。在 Python 2 中,当循环数多的时候,更推荐使用 xrange(),而不是 range()。因为 range()生成的是列表对象,如果元素数量多,则会消耗更多的内存,对性能有不利影响。xrange()返回的是类似迭代器的对象,所以每当 for 语句需要循环变量时,就会生成下一个元素并返回。也就是说,不无端浪费内存空间。

在 Python 3 中,range()也开始返回迭代器了,因此 xrange()就不需要了,随即被废除。在用 Python 2 来书写代码时,考量一下所生成序列的大小,如果必要再使用 xrange()就可以了。

另外,在 Python 3 中,除了 range()之外,map()、filter()与 zip()这样的函数,都变为返回迭代器了。在 Python 2 中,无论哪一个函数都会将作为参数赋予的元素一一处理,返回列表。

变为返回迭代器之后,就可以更有效地利用内存空间了。期待着函数的返回值为列表,对返回值指定索引这样的程序会引发错误。把用 Python 2 编写的程序迁移到 Python 3 中时,应多加注意。

13.1.2 在 Python 2.7 中可以使用的 Python 3 功能

在 Python 中,将 import 语句与__future__语句组合,以“from __future__import 功能名称”的形式可以添加功能。在 Python 2.7 中,可以用这个功能加入一部分 Python 3 中的功能。

下面就对 Python 2.6 与 Python 2.7 中可以使用的 Python 3 功能进行简单的

介绍。

1. print_function

利用“from __future__import print_function”可以将 Python 2 的 print 语句更改为 print()函数。

2. unicode_literals

将字符串(str)类型的字面量作为 Unicode 字符串类型来处理,与 Python 3 中的操作相同的操作。在“from __future__importunicode_literals”执行之后,“"あいうえお"”与“u"あいうえお"”都作为字符串对待。想要定义字符串(str)类型,可以使用“b"～"”字面量。

13.1.3　在 Python 3 中改变了的功能

虽然在 Python 2 中有相同的功能,但是对于在 Python 3 中发生改变的功能还是应多加注意。

1. Unicode 字符串

在 Python 2 中,有两种字符串类型:一种是字符串(str)类型,另一种是这里将要介绍的 Unicode 字符串类型。原本在 Python 中,只有与 Python 3 中的字节类型相当的字符串类型。为了维持后方兼容性,字符串类型被保留,并且添加了 Unicode 字符串。

Python 2 中,在处理 ASCII 字符与二进制数据时,如果使用字符串类型,则会非常方便。其他的字符串,特别是含有汉字与平假名等的字符,在 Python 中处理时使用 Unicode 字符串。

为了在 Python 中定义 Unicode 字符串,在字符串定义的 quotation 前放置“u”。示例代码如下:

UNICODE 字符串的定义

```
ustr = u"日本语"          # 定义 Unicode 字符串
print ustr                # 使用 print 语句显示字符串
```

日本语

Unicode 字符串拥有几种方法,使用其中名为 encode()的方法可以将 Unicode 字符串转换为各种各样的编码。转换过后得到的不是 Unicode 类型,而是字符串类型的数据。在处理 EUC-JP 或者 Shift JIS 等 Unicode 之外的字符串数据时,Python 2 中作为 8 位字符串来处理。

Python 2 的字符串类型与 Unicode 字符串类型有一些不同的地方,现在使用用于查询字符串等序列类型数据长度的内置函数 len(),在 Python 2.7 的交互式脚本来做一下实验,代码如下:

查询字符串的长度

```
>>>ustr = u"abcあいう"
>>>len(ustr)                    # 查询 Unicode 字符串的长度
6
>>>bytestr = ustr.encode("utf-8")
>>>len(bytestr)                 # 查询 UTF-8 的 8 位字符串的长度
12
```

用 len()函数来数 Unicode 字符串的长度,得到"6"。将 Unicode 字符串用 encode()方法来进行更改,变为相当于 UTF-8 的 8 位字符串,再数一下长度,得到"12"。也就是说,同样的字符串,长度却发生了变化(见图 13.1)。

将汉字与平假名等日语的字符串用计算机来处理,1 个字符用多个字节来表示。如果是 Python 2 的 Unicode 字符串类型,那么无论 1 个字符是多少字节,都可以正确计算字符的数量。另外,将 8 位字符串作为数据持有的字符串类型中,1 个字节计数为 1 个字符。因为平假名的部分表示为多个字节,所以会返回更大的数值。

对于 UTF-8 中表示"あいう"字符的情况,1 个字符串由 3 个字节构成。因此,字符串类型返回的结果为 12 个字符。

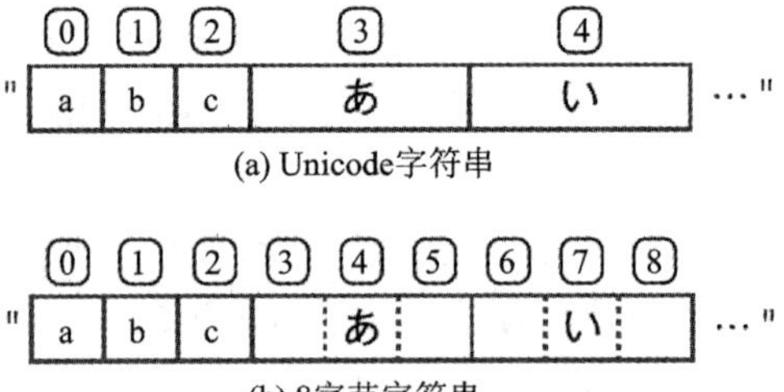

(a) Unicode字符串

(b) 8字节字符串

图 13.1　Unicode 字符串与 8 字节字符串的差别

像上面看到的这样,字符串与 Unicode 字符串在计算字符时的方法是不一样的。因为字符的计数方法不一样,当使用索引取出字符的一部分时,处理方法也会发生变化。从含有日语的字符串类型中使用索引取出一部分字符时,根据情况,会将字符中间的数据取出,也就是说,会发生乱码的情况。

使用 8 位字符串时,为了避免发生乱码等问题的同时也能处理含有日语的字符串,需要另外进行判别字符分界的处理。在 Python 2 中,处理含有日语的字符串时就使用 Unicode 吧!

此外,到 Python 3.2 为止,都不能使用名为"u" ~ ""的字面量。从 Python 3.3 开始,才可以用字面量"u" ~ ""来定义字符串类型。为了能轻松创建 Python 2 与 Python 3 都对应的程序,增加了这样的功能。

2. print 语句

在 Python 3 中作为函数来安装的 print()，在 Python 2 中，是作为语句来实装的。Python 中，一行里不能书写多个语句，但是函数可以作为公式嵌入到语句中。也就是说，在语法上的基本处理是不同的。

print 语句置换成了 print() 函数，可以说是 Python 2 更改为 Python 3 时最令人瞩目的一点。虽说是这样，只表示一个对象的类似下列 print 语句，Python 2 中与 Python 3 中都可以使用带有括号的相同写法来运行。

```
print("spam")
```

在 Python 3 的 print() 函数中，可以通过赋予参数来控制运行。例如，如果在 print() 之后不换行，则可以像下面这样赋予 end 参数。

在 print()后不换行(Python 3)

```
print("Hello", end = "")
print("World")
```

```
Hello World
```

Python 2 中，进行如下操作，将逗号补足在末尾。

在 print 后不换行(Python 2)

```
>>>print'foo',
foo
```

此外，在 Python 3 中，传递 file 参数可以更改 print() 函数的输出位置，代码如下：

```
print("Some error occured!", file = sys.stderr)
```

如果要将上述代码在 Python 2 中运行，则需要将文件指定为重定向，如下：

```
print >>sys.stderr "Some error occurred!"
```

3. input()函数

input() 函数在 Python 2 与 Python 3 中的运行是完全不一样的，请大家务必留意。

从键盘输入，返回结果的 input() 函数在 Python 3 中返回的是字符串。在 Python 2 中，input() 函数将输入的字符作为 Python 的形式来评价并返回结果。

例如，在 Python 2 的 input() 中输入"2"，则会返回数值"2"；输入字符串"foo"，则会对命名空间中的"foo"名称进行评价，搜寻变量。如果有名为 foo 的变量，则会返回这个变量的内容；如果没有，则会出现异常。

之所以进行这样的改变，是为了避免将输入的字符串作为表达式来评价，在不经意之间调用了方法或函数。

在 Python 2 中想要进行与 Python 3 的 input()相当的处理时,使用 raw_input()函数。

4. int 类型与 long 类型的综合

在 Python 2 中,根据数值的大小,有两种整数类型:依存于 C 语言 long 的 int 类型与在内存允许范围内尽可能处理大数值的 long 类型。在 Python 3 中,被综合成为与 Python 2 的 long 类型相当的类型。在 Python 2 中,有为了表示 long 类型而在末尾加上“L”的字面量,但是这个字面量在 Python 3 中被废除了。

类型的更改都是自动进行的,因此,没有必要非常注意这个变化。

5. 关于除法的变更

在 Python 3 中,int 类型之间的除法一定会返回 float 类型的数值。但是在 Python 2 中,int 类型之间的除法一定会返回 int 类型。如果结果是包含了小数点的数值,则会以小于这个小数的最近整数作为结果。例如,“1/2”的结果为“0”。

Python 3 中,想要得到 int 类型时需使用“//”运算符。这个运算符在 Python 2 中也可以使用。

在除法运算结果中,在精度遇到问题的情况下,像“1/2.0”这样赋予 float 类型的数值就可以了。

6. 二进制、八进制的字面量记载

在 Python 3 中,为了不让八进制的字面量变为十六进制等的字面量,变更为“0o666”的样子,用数字 0 与英文字母“o”相接来记述数值。到 Python 2 为止,在记载八进制的字面量时,都是像“0666”这样,用以 0 开始的数值记载。字面量的记载没有兼容性,所以需要使用各自版本专用的字面量。

在 Python 3 中,为了记载二进制,增加了“0b1010”字面量,同时,也增加了可以将整数转换为相当于二进制的字符串的内置函数 bin()。bin()函数的返回值是与二进制字面量记载相同的“0b”开始的字符串。

二进制字面量在 Python 2 中是不存在的,因此不能使用。要将用 0 与 1 记载的相当于二进制的字符串转换为数值,就需要变成“int('1010', 2)”。

7. 与异常相关的变更

对于 Python 2 的“异常”,其自身内部就有一些不清晰与功能重复的地方,是一个备受争议的功能。在 Python 3 中,异常中的一部分内容发生了改变。

例如,指定接受的异常种类并接受异常对象的情况,在 Python 3 中像以下这样书写:

```
try:                              # 捕捉异常的处理
exceptOSError as e:               # 异常发生时的处理
```

在 Python 2.7 中，相同的语法已经被 backport，所以可以使用。

在 Python 2.6 之前的版本中，以上代码是像以下这样书写的，用逗号来代替关键字“as”。

```
try:                          # 捕捉异常的处理
exceptOSError,e:              # 异常发生时的处理
```

对于不接受异常对象的情况，因为不需要相当于“～as e”的部分，所以在 Python 2.6 之前与之后，乃至 Python 3 都可以写相同的代码。

8. 关于对象比较的变更

在 Python 2 中，可以像“1＞'1'”这样，进行不同类型之间的比较。在 Python 3 中，如果要比较不同类型，就会发生下述代码中的异常。

不同类型间的比较(Python 3)

```
>>> 1 >'1'
Traceback (most recent call last):
    File "<stdin>", line 1, in <module>
TypeError: unorderable types: int() >str()
```

直到 Python 2 之前，像“1＜'2'”这样，在不一样的类型之间进行比较都会变为 True。因为返回了一个看上去正确的结果，所以容易误解为在内部已经进行了正常的转换。这是在进行比较时，如果遇到类型不同的情况，则 Python 会以类型的信息为基础，为了方便而返回了大小，绝对不是在内部自动进行了类型的转变。作为测试，显示一下“10＜'2'”等的结果会更加容易理解。

到 Python 2 为止，就算对象的类型不同，也可以进行比较。因此，在字符串与数值同时存在的列表中可以进行分类。但是在 Python 3 中，如果类型不同，就会导致异常。因此，在多种类型的对象作为元素所拥有的列表中，不能进行分类。

Python 3 对于类型会进行缜密的比较，如果与这一特点相适应，应该没有什么大问题。

13.1.4　模块的再配置、名称变更

在 Python 3 中，进行了一部分标准库的废除与模块名称的变更、再配置。

在 Python 3 中，对“PEP 8”这样的变量命名时，都有明确的规定。规定为“模块名称必须由小写英文字母组成”。但是，在 Python 2 的标准库中，有“Queue”“ConfigParser”等以大写英文字母开头的名称。此外，还有一些像“urllib”“urllib2”这样名称容易混淆的模块也混杂在其中。Python 2 的标准库存在着上述问题，但无论是哪个问题，都因为会破坏后方兼容性而没有做出任何修改地留下了。在 Python 3 中，对于模块的问题也动了刀。

进行了置换或名称发生了改变的模块,需要变更导入模块的代码。

1. 被废除了的模块

在 Python 3 中,下列模块被废除了:

① md5(替换为了 hashlib);

② sets(作为代替,使用内置类型中的 set 类型);

③ irix、BeOS、Mac OS 9 专用的模被废除。

2. 配置发生改变了的模块

在 Python 3 中,以下模块的配置发生了变更:

① StringIO 变成了 io 模块的类;

② HTMLParser 类被移动到了 html 模块下;

③ Tkinter 模块全都移动到了 tkinter 模块下,turtle 原样保留;

④ 定义在 urllib、urllib2、urlpares 等中的类与函数,整合为名为 urllib 的包,例如,urlopen 放置在了名为 urllib. request 的模块中;

⑤ httplib、BASEHTTPServer、CGIHTTPServer、Cookie 等模块配置在了 http 包之下。

3. 名称发生变更的模块

在 Python 3 中,以下模块的名称发生了变更:

① "ConfigParser"变更为"configparse";

② "Queue"变更为"queue";

③ "copy_reg"变更为"copyreg";

④ "_winreg"变更为"winreg"。

13. 2 从 Python 2 到 Python 3 的迁移

Python 2. 7 担任着向 Python 3 过渡的桥梁作用,添加在 Python 3 中的许多变更,在 Python 2. 7 中大多都有所体现。正在使用 Python 2 的用户,可以先通过使用 Python 2. 7 在一定程度上为使用 Python 3 做准备。要将用 Python 2 编写的代码转化为 Python 3 用的代码,首先要改写为能对应 Python 2. 7 以上的代码。

代码转换器

在 Python 3 发生的变更中,虽说有一部分能够对应 2. x 版本,但是要实现全部功能的对应是不可能的。

在 Python 3 的发行版中,附有被称作"2to3"的代码转换器。使用这个转换器,在一定程度上可以将 2. x 版本的代码转换为与 3 对应的代码。

这个代码转换器并不是像使用了正则表达式等的字符串置换这样的简单构造，其语法分析器读取 Python 的代码，分析语法构造，并将其转换为对应版本 3 的代码。

用一句话来简单地说明现在语法分析器所对应的范围，“可以辨别字节代码级”。像“u " ~ " ”这样的字面量转换为“ " ~ " ”，“print " ~ " ”转换为“print(" ~ ")”这样的函数调用。也可以迂回被删除了的 has_key()方法，吸收异常周围的语法变更，等比较高级的转换。

相反，在字节代码级不能辨别的类的非兼容性，在这个代码转换器中是不能处理的。例如，为了在 Python 中可以较简短地书写，有时会如下书写：

```
k = some_dic.has_key
if k('some_key'):
...
```

像这样，调用代入过变量中的方法的代码，在字节代码级并不知道其是否有兼容性，要实际执行之后才能判断。此外，使用了 setattr()、getattr()等的代码也同样是代码转换器不能转换的。

另外，在 Python 3 中对字符串的处理发生了很大的变化。例如，处理从文件或网络上读取到的字符串。在 Python 2 中，首先作为字符串(str)类型的字符串来读取，大多数情况，使用根据需要能转换为 Unicode 类型的样式来创建程序。但在 Python 3 中，读取到的字节字符串需要明确指定编码并转换为字符串类型。

这种变更在代码转换器中是无法应对的。需要仔细观察代码，反复进行测试，在必要时需要手动进行一些加工。

13.3　结束语

直到数年前，主要的架构与库都还不能对应 Python 3，出现了难以从 Python 2 迁移到 Python 3 的情况。但是，在撰写本书时，许多架构与库都可以对应 Python 3 了。在不久的将来，可能会出现先进的库或架构只能对应 Python 3 的情况。

对于 Python 2 的最后一个版本 2.7，除了对新发现的不足进行改善之外，已经停止了新的开发，进入了维护模式。官方公告称，这个维护也将在 2020 年终止。维护终止之后，就算是发现了新的不足，能对应此不足的版本也不会公开发行了。这么说来，所有 Python 的用户都不得不迁移到 Python 3 了。

Python 一边将范围扩展到网站开发、云端、数据科学、机器学习、AI 等领域，一边随着时代的发展，扩展着用户的范围。如果要开始使用 Python，那么可以说从 Python 3 开始使用才是正确的选择。

print()函数的便利功能

在 Python 2 的 print 语句中,通过在末尾加上逗号(,)可以无需换行就能显示。在 Python 3 的 print()函数中,传递 end 参数,可以控制末尾的字符串。像"print('foo',end='')"这样,指定末尾的字符串为只有空白的字符串,可以不换行就进行表示。

print()函数还可以取其他参数。赋予 file 参数可以更改输出目标。在下面的例子中,为了向标准错误输出中输出字符串使用了 print()函数。

```
print("Some error occurred!", file = sys.stderror)
```

如果要在 Python 2 中执行和上述例子相同的操作,则需要像"print >>>sys.stderr, " ~ ""这样来书写,不仅看起来不好看,而且也很不容易记忆。

此外,print()函数中赋予 sep 参数可以指定显示多个对象时用的分割字符串,代码如下:

```
print("Spam", 1, {'a':1, 'b':2}, sep = '|')
Spam | 1 | {'a':1,'b':2}
```